高等职业教育装配式建筑系列教材

装配式钢结构施工技术与案例分析

主　编　王　鑫　刘立明

副主编　孙晓静　张建国

参　编　苏　磊　张怡河　彭占文
　　　　曹启光　浦双辉　吴继宇
　　　　付　瑶　祁　晶　孙大龙

主　审　赵腾飞

机械工业出版社

本书突出职业类院校教育特色，以培养高端技能型人才为目的，偏重于解决装配式建筑施工与管理的实际问题，以培养学生理论联系实际的能力。本书共8章，第1章为装配式建筑概述，第2章为装配式钢结构建筑介绍，第3章为装配式钢结构建筑BIM技术应用，第4章为北京成寿寺装配式钢结构项目案例，第5章为装配式钢结构构件制作与运输，第6章为装配式钢结构建筑虚拟施工，第7章为装配式钢结构建筑结构施工，第8章为装配式钢结构建筑部品部件施工。

本书可作为职业院校土建类专业相关课程的教材，也可作为土建工程技术人员的自学参考用书。为方便教学，本书配有电子课件以及施工现场操作视频，凡使用本书作为教材的教师可登录机工教育服务网 www.cmpedu.com 注册下载。咨询电话：010-88379375。

图书在版编目（CIP）数据

装配式钢结构施工技术与案例分析 / 王鑫，刘立明主编．—北京：机械工业出版社，2020.9（2023.1 重印）
高等职业教育装配式建筑系列教材
ISBN 978-7-111-66482-6

Ⅰ．①装…　Ⅱ．①王…　②刘…　Ⅲ．①装配式构件—钢结构—建筑施工—高等职业教育—教材　Ⅳ．① TU758.11

中国版本图书馆 CIP 数据核字（2020）第 169568 号

机械工业出版社（北京市百万庄大街 22 号　邮政编码 100037）
策划编辑：常金锋　责任编辑：常金锋
责任校对：王　欣　封面设计：鞠　杨
责任印制：常天培
固安县铭成印刷有限公司印刷
2023 年 1 月第 1 版第 2 次印刷
184mm × 260mm · 12.5 印张 · 298 千字
标准书号：ISBN 978-7-111-66482-6
定价：39.80 元

电话服务　　网络服务
客服电话：010-88361066　机　工　官　网：www.cmpbook.com
010-88379833　机　工　官　博：weibo.com/cmp1952
010-68326294　金　书　网：www.golden-book.com

机工教育服务网：www.cmpedu.com

前言 | PREFACE

装配式钢结构作为装配式建筑三大结构体系之一，具有抗震性能好、建筑品质高、制作简单、施工快、绿色和环保等优点。近年来，在国家和各级地方政府大力推广装配式建筑的大背景下，我国装配式钢结构建筑取得了较大进展。在引领行业发展方面，示范项目的带动作用非常明显。相对于装配式混凝土建筑而言，装配式钢结构建筑具有以下优点：无现浇节点，安装速度更快，施工质量更容易得到保证；钢结构是延性材料，具有更好的抗震性能；相对于混凝土结构，钢结构自重轻，基础造价低；钢结构是可回收材料，更加绿色环保；精心设计的钢结构装配式建筑，比装配式混凝土建筑具有更好的经济性；梁柱截面更小，可获得更大的使用空间。

2016 年 9 月 27 日国务院办公厅印发了《关于大力发展装配式建筑的指导意见》(国办发〔2016〕71 号)，提出力争用 10 年左右的时间，使装配式建筑占新建建筑面积的比例达到 30%。该政策的出台将会促进预制装配式建筑的发展，同时也为装配式建筑技术带来了更大的挑战与更高的要求。

2017 年 2 月 21 日，《国务院办公厅关于促进建筑业持续健康发展的意见》(国办发〔2017〕19 号）印发，指出建筑业是国民经济的支柱产业，并提出包括深化建筑业简政放权改革、完善工程建设组织模式、加强工程质量安全管理、优化建筑市场环境、提高从业人员素质、推进建筑产业现代化以及加快建筑业“走出去”的七大方面的具体措施。因此，为适应建筑业高等教育新形势的需求，本编写组广泛查阅相关资料，结合国内大型装配式钢结构示范项目案例，吸纳国内大型装配式施工和生产企业一线技术人员共同开发编写了本书。装配式建筑共分为混凝土结构大类、钢结构大类以及木结构大类，本次编写主要针对目前比较流行的混凝土结构大类和钢结构大类进行详细讲述，分别编写了《装配式混凝土结构施工技术与管理》和《装配式钢结构施工技术与案例分析》，这两本书为“姊妹篇”。本书结合了目前装配式钢结构建筑的相关政策和国家现行标准规范，重点介绍了装配式钢结构结构施工技术、重难点分析、构件的吊装与运输、建筑 BIM 技术应用、信息化应用技术、施工质量控制与验收，同时进行了相关的案例分析。本书编写过程中力求内容精炼、图文并茂、重点突出，并配套施工现场视频和动画，制作了与本书配套的教学课件，便于相关人员更好地掌握装配式建筑的知识。

本书由辽宁城市建设职业技术学院王鑫、北京建谊投资发展（集团）有限公司刘立明主编。北京建谊投资发展（集团）有限公司赵腾飞担任主审，张鸣担任顾问。北京建谊投资发展（集团）有限公司孙晓静、亚泰集团沈阳现代建筑工业有限公司张建国担任副主编。参加编写的人员还有北京建谊投资发展（集团）有限公司苏磊、张怡河、彭占文、曹启光、浦双辉、吴继宇、付瑶、祁晶，沈阳卫德科技集团有限公司孙大龙。

本书根据高职院校土建类专业人才培养目标、教学计划以及装配式建筑相关技术课程的教学特点和要求，结合国家装配式建筑品牌专业群建设，并以《装配式钢结构建筑技术标准》(GB/T 51232—2016）等规范、规程、图集为依据编写，以提高学生的实践应用能力，具有实用、系统、先进等特点。

本书在编写过程中，参考了大量优秀企业的项目资料，并得到相关行业从业人员的指导和帮助，在此表示真挚的感谢。由于编者水平有限，书中难免有不足和不妥之处，敬请各位专家、读者批评指正。

本项目化教材是2019年度辽宁省教育厅科学研究立项课题“基于全产业链模式的装配式建筑人才培养模式研究”（项目编号：lncj2019-03，主持人：王鑫，辽教办[2019]117号）的研究成果。

编　者

目　录 | CONTENTS

第1章　装配式建筑概述 | CHAPTER 1

内容提要

目前我国建筑施工主要采用现场施工为主的传统生产方式，这种生产方式工业化程度不高、设计建造比较粗放、建筑产品质量不稳定、建设效率低、劳动力需求量大、材料损耗和建筑垃圾量大、资源和能源消耗较大，不能满足节能、环保的可持续发展建设要求。装配式建筑是绿色、环保、低碳、节能型建筑。我国在经济建设中坚持可持续发展的原则，以人为本，发展装配式建筑，特别是住宅项目把节约资源和保护环境放在突出的位置，大大地推动了装配式建筑的发展。

学习目标

1. 了解装配式建筑发展历程。
2. 了解目前我国装配式建筑的发展现状及代表建筑。
3. 掌握装配式建筑的定义、优势和缺点。

1.1　装配式建筑发展历程

装配式建筑是指结构系统、外围护系统、设备管线系统、内装系统的主要部分采用预制部品部件集成的建筑。装配式建筑把传统建造方式中的大量现场作业工作转移到工厂进行，在工厂加工制作好建筑用部品、部件，如楼板、墙板、楼梯、阳台等，再运输到建筑施工现场，通过可靠的连接方式在现场装配安装而成，装配率越高，工业化程度越高。这种建筑方式具有施工速度快，劳动强度低，耗时少的特点。

1.1.1　国内装配式建筑发展

古代时期我国的装配式建筑曾一度居于世界领先的地位，其中天坛（图1-1）是现今我国保存下来的最完整、最重要、规模最为宏大的一组封建王朝的祭祀建筑群，也是我国古代建筑史上最为珍贵的实物资料与历史遗产，同时天坛也是最具有代表性的是装配式建筑，该建筑采用榫卯结构（图1-2），实现了完全装配，是装配式木结构建筑的代表作。

图1-1　天坛

图 1-2 榫卯结构

我国近代的装配式建筑出现于20世纪50年代第一个一五计划时期。国务院在1956年5月发出的《关于加强和发展建筑工业的决定》中明确提出："为了从根本上改善我国的建筑工业，必须积极地有步骤地实行工厂化、机械化施工，逐步完成对建筑工业的技术改造，逐步完成向建筑工业化的过渡。"建筑生产工业化和机械化的初步探索，对完成当时国家建设任务有着巨大的促进作用。我国最早于1957年在北京进行了装配式大型砌块试验住宅建设，该住宅采用纵墙承重方案。在工厂中生产大型砖砌块，预应力多孔楼板，钢筋混凝土波浪型大瓦及轻质隔墙等预制构件，在现场进行装配，该住宅在施工中8天盖好了一栋四层住宅。通过该试验住宅的建设，使工程师及施工技术人员深刻体会到工业化施工的优越性：砌块和构件制造不受季节影响，不仅缩短了工期，也保证了工程质量。同时，现场机械运输、吊装，大大节省了工人的劳动量。建筑外观及墙体连接处理如图1-3所示。

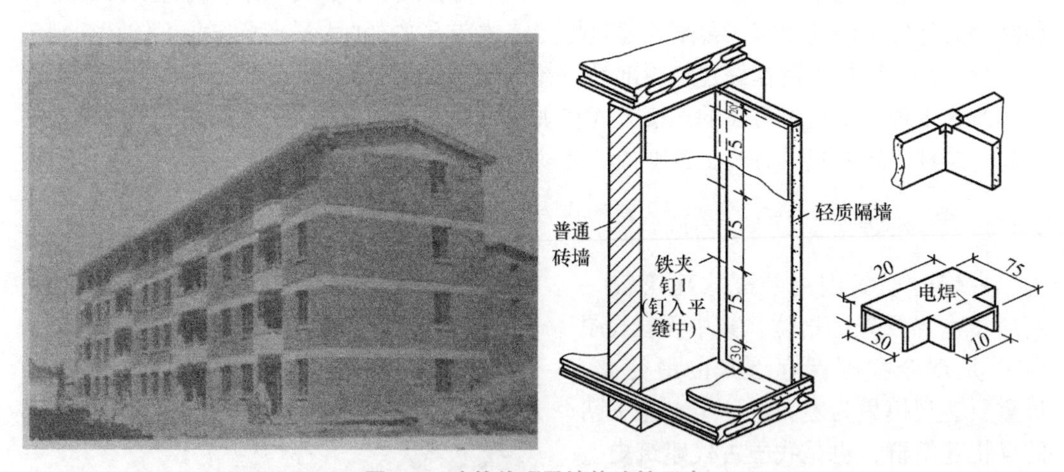

图 1-3 建筑外观及墙体连接示意

1977年1月，我国建研院收到了IMS体系英文资料（《CIMS—A PREFABRICATED PRESTRESSED CONCRETE SKELETON STRUCTUREB》），我国的整体预应力装配式板柱建筑的研究与开发开始启动。原国家建委、建工总局和国家科委相继下达科研任务，在北京、成都、唐山、重庆、渡口、石家庄、广州、沈阳、天津、常州及兰州等地推广应用这一体系约25万 m^2，其中建筑高度最高的是成都珠峰宾馆（图1-4），15层，高 56.7m；建筑层数最多的是北京中建一局四公司住宅楼，18 层，高 50.5m；矩形建筑柱网最大的是北京密云商场柱网尺寸为 117m × 117m ；六角形建筑柱网最大的是常州纺校展厅，对角跨度 20m；单层楼板面积最大的是首都体育馆速滑馆地下室顶，单层面积达 14530m^2（图 1-5）。该体系的研究成果分获 1985 年国家科技进步三等奖和 1987 年国家科技进步二等奖，也是建设部“八五”科技成果推广项目之一。1994 年，中国计划出版社出版了《整体预应力装配式板柱建筑技术规程》（CECS52 ：1993）；2010 年，四川省建筑科学研究院联合中建建筑科学研究院对该老版规程进行了修订。

图 1-4　成都珠峰宾馆

图 1-5　首都体育馆

20 世纪 70 年代我国装配式建筑发展达到了繁荣时期，而 80 年代中期开始，装配式建筑逐渐被大众所淡忘，一度以“建筑产业化”“住宅产业化”代替了“建筑工业化”的提法，工程师也只是在极少量的高层建筑中采用了叠合梁和板结构。20 世纪 80 年代后期，装配式建筑的发展突然停滞并很快走向消亡。近年来，装配式混凝土技术又重新在我国兴起。最近 10 年的发展，我国初步建成具有中国特色的装配式住宅体系，即形成了以轻钢结构为主，以木结构、轻钢 - 木结构、轻钢 - 钢筋混凝土结构和轻钢 - 钢结构为补充的装配式住宅结构体系。并且，在住宅技术研发方面也有了进一步的探索，比如沈阳卫德住工现在推行的装配式住宅建设第四代 PC 工厂。当前我国的装配式住宅已经有了长足的进步，但是装配式住宅所涉及的前期策划、施工建设以及后期物业等均不为各相关配套行业所熟悉，因此在实施的过程中还有很多技术衔接问题。配套技术的整合正是装配式住宅推广的关键，从我国目前的情况来看，这一过程仍需经历很长的一段时间。从市场占有率来说，我国装配式建筑市场尚处于初级阶段，全国各地基本上集中在住宅工业化领域，尤其是保障性住房这一狭小地带，前期投入较大，生产规模很小，且短期之内还无法和传统现浇结构市场竞争。但随着国家和行业陆续出台相关发展目标和方针政策的指导，面对全国各地向建筑产业现代化发展转型升级的迫切需求，我国各地 20 多个省市陆续出台扶持相关建筑产业发展政策，推进产业化基地和试点示范工程建设。相信随着技术和管理水平的进步，我国装配式建筑将有广阔的市场与发展空间。

1.1.2　国外装配式建筑发展

国外发达国家的住宅产业化经历了三个阶段：20 世纪 50~60 年代是住宅产业化形成的初期，重点是建立工业化生产体系；20 世纪 70~80 年代是住宅产业化的发展期，重点是提高住宅的质量和性能；20 世纪 90 年代后，是住宅产业化发展的成熟期，重点转向节能、降低住宅的物耗和对环境的负荷、资源的循环利用，倡导绿色、生态、可持续发展。西欧是装配式建筑的发源地，早在 20 世纪 50 年代，为解决第二次世界大战后的房荒问题，欧洲的一些国家大力推广装配式建筑，其他国家也纷纷效仿，掀起了世界区域内的建筑工业化热潮。

（1）美国　美国地域大，发展多元化，预应力预制构件应用广泛。美国装配式住宅（图 1-6）建设盛行于 20 世纪 70 年代。1976 年，美国国会通过了国家工业化住宅建造及安全法案，同年出台一系列严格的行业规范标准。据美国工业化住宅协会统计，2001 年，美国的装配式住宅已经达到了 1000 万套，占美国住宅总量的 7%。在美国大城市住宅的结构类型以混凝土装配式和钢结构装配式住宅为主，在小城镇多以轻钢结构、木结构住宅体系为主。美国住宅用构件和部品的标准化、系列化、专业化、商品化、社会化程度很高，几乎达到 100%。

图 1-6　美国装配式酒店

（2）德国　德国的装配式住宅主要采取叠合板、混凝土、剪力墙结构体系，采用构件装配式与混凝土结构，耐久性较好。德国是世界上建筑能耗降低幅度最快的国家，近几年更是提出发展零能耗的被动式建筑。从大幅度的节能到被动式建筑，德国都采取了装配式住宅来实施，体现了装配式住宅与节能标准相互之间的充分融合。

（3）日本　日本于 1968 年就提出了装配式住宅的概念。1990 年推出采用部件化、工业化高效率生产方式，住宅内部结构可变且适应居民多种不同需求的中高层住宅生产体系。在推进规模化和产业化结构调整进程中，日本住宅产业经历了从标准化、多样化、工业化到集约化、信息化的不断演变和完善过程。

（4）英国　英国政府积极引导装配式建筑发展，明确提出英国建筑（图 1-7）生产领域需要通过新产品开发、集约化组织、工业化生产来

图 1-7　英国装配式百货公司

实现。政府出台一系列鼓励政策和措施，大力推行绿色节能建筑，以对建筑品质、性能的严格要求促进行业向新型建造模式转变。在促进装配式项目实践的同时，英国选择发展钢结构的道路，钢结构建筑、模块化建筑，新建占比70%以上，形成了从设计、制作到供应的成套技术及有效的供应链管理。

（5）法国　法国是世界上推行装配式建筑最早的国家之一，法国装配式建筑的特点是以装配式混凝土结构为主，钢结构、木结构为辅。法国的装配式住宅多采用框架或者板柱体系，焊接、螺栓连接等均采用干法作业，结构构件与设备、装修工程分开，减少预埋，生产和施工质量高。法国主要采用的预应力混凝土装配式框架结构体系，装配率可达80%。1960年起步，1980年后渐成体系，绝大多数为预制混凝土构造体系，尺寸模数化、构件标准化，少量采用钢结构和木结构，装配式连接多采用焊接和螺栓连接。

（6）加拿大　加拿大从20世纪20年代开始探索预制混凝土的开发及应用，到20世纪70年代普遍得到应用。建筑较多采用剪力墙加空心楼板，严寒地区混凝土装配率高。其装配式建筑特点与美国相似，构件通用性高，大城市多为装配式混凝土结构和钢结构，小镇多为钢或钢-木结构，6度以下地区采用全预制混凝土结构（含高层）。

（7）新加坡　新加坡装配式建筑以剪力墙结构为主。该国80%的住宅由政府建造，组屋（公共房屋）项目强制装配化，装配率达到70%，大部分为塔式或板式混凝土多高层建筑，装配式施工技术主要应用于组屋建设。

（8）丹麦　丹麦建筑产业化发达，产业链完整。以混凝土结构为主，受法国影响，强制要求设计模数化。预制构件产业发达，结构、门窗、厨卫等构件标准化，装配式大板结构、箱式模块结构等。

（9）瑞典　瑞典以木结构建筑为主，装配式木结构产业链极其完整和发达。发展历史上百年，涵盖低层、多层及高层，90%的房屋为木结构建筑。

1.2　装配式钢结构建筑现状

装配式建筑较传统建造方式具有明显的优势：

（1）设计形式多样化　目前住宅设计和住房需求脱节，承重墙多、开间小、分隔死，房内空间无法灵活分割。而装配式房屋采用大开间灵活分割的方式，住宅采用灵活大开间，其核心问题之一就是要具备配套的轻质隔墙，而轻钢龙骨配以石膏板或其他轻板恰恰是隔墙和吊顶的最好材料。

（2）功能现代化　节能、隔声、防火、抗震等。

（3）制造标准化　传统建筑物外表面若是依靠现场施工制成多种美观的图案，粉刷彩色涂料不出现色差且久不褪色，是十分困难的。但装配式建筑外墙板可以轻易做到这点。况且，工厂在生产过程中，材料的性能都可随时进行精密控制。

（4）时间最优化　预制建筑最大的优点是缩短了现场施工的时间，对工期有更高的可预测性。预制建筑的项目能够节省时间源自工厂制造和现场施工可以同时进行。在建筑工程中很少使用预制基础，因此现场在建造基础的同时工厂加工生产结构、构造构件以及服务系统和室内集成模块。

（5）技术可持续化　尽管在建造过程中，使用集成构件早已经被提上了设计师和技术专家的议程，但是装配式建造理论体系中并没有和环境保护理论体系发生交叉。如今，人们已意识到建筑垃圾造成的严重环境破坏。在诸如木材加工、砌砖、粉刷和装饰的过程中的切割和原料混合工序中由于没有集成装配的过程，也会产生多余而造成浪费，这种在建造过程中产生的浪费份额巨大。这些优势也是它颠覆传统建造方式最终占据建筑业主场阵地的主要原因。

钢结构作为一个相对新型的行业，自20世纪80年代末开始，在建设领域开始得到广泛的应用。20世纪90年代后，随着经济的发展、钢铁工业技术和产能的提升，高层建筑、体育场馆、机场航站楼等建筑物逐渐增多，钢结构进入了快速发展期。钢结构建筑与传统的建筑方式相比，具有强度高、自重轻、抗震性能好、施工周期短、工业化程度高、环境污染少等优点。由于钢结构建筑的诸多优点，目前发达国家钢结构占建筑总用钢量的比例一般都在40%以上，在美国工程建设中，钢结构占51%，混凝土结构占49%，大约70%的非民居和2层及以下的建筑，均采用轻钢架体系。在欧洲、美洲、日本、韩国、我国台湾等地，钢结构用量已占到建筑总用钢量的40%以上。

装配式钢结构建筑相比传统建筑能更好地满足建筑上大开间灵活分隔的要求，并可通过减少柱的截面面积和使用轻质墙板，提高面积使用率，户内有效使用面积提高约6%。将钢结构体系用于住宅建筑可充分发挥钢结构的延性好、塑性变形能力强，具有优良的抗震抗风性能，大大提高了住宅的安全可靠性，尤其在遭遇地震、台风灾害的情况下，能够避免建筑物的倒塌性破坏。钢结构住宅体系自重轻，约为混凝土结构的一半，可以大大减少基础造价。同时施工速度快，工期比传统住宅体系至少缩短三分之一，因而可降低综合造价，综合造价降低5%。钢结构住宅施工时大大减少了砂、石、灰的用量，所用的材料主要是绿色，可回收或降解的材料，在建筑物拆除时，大部分材料可以再生或降解，不会造成过多的建筑垃圾，切实符合我国住宅产业化和可持续发展的要求。以下是国内较具代表性的装配式钢结构建筑：

（1）中银大厦（图1-8） 该大厦为混凝土-钢结构立体支撑体系，结构采用4角12层高的巨型钢柱支撑，室内无一根柱子。采用几何不变的轴力代替几何可变的弯曲杆系来抵抗水平荷载，利用多片平面支撑的组合，形成一个立体支撑体系，使立体支撑在承担全部水平荷载的同时，还承担了高楼的几乎全部的重力，从而进一步增强了立体支撑抵抗倾覆力矩的能力。

图1-8 中银大厦

（2）上海金茂大厦（图1-9） 该大厦为框筒结构体系。核心为现浇钢筋混凝土，外框为钢结构与混凝土结构复合建造超高层建筑的典范。大厦采用超高层建筑史上首次运用的最新结构技术，整幢大楼垂直偏差仅2cm，楼顶部的晃动连半米都不到，这是世界高楼中最为出色的建筑之一。

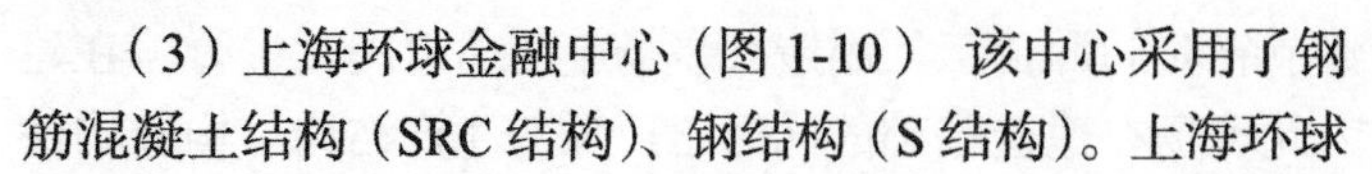

（3）上海环球金融中心（图1-10） 该中心采用了钢筋混凝土结构（SRC结构）、钢结构（S结构）。上海环球金融中心是以办公为主，集商贸、宾馆、观光、会议等设施于一体的综合型大厦。巨型结构的支撑采用钢管混凝土，这样可以增加构件的刚度和延性。采用混凝土填充还有一个好处是增加顶部较薄钢管的抗屈。

图 1-9 上海金茂大厦

图 1-10 上海环球金融中心

（4）国家体育场（图 1-11） 该体育场采用钢筋混凝土框剪结构和弯扭构件钢结构，工程造价 33 亿元，建筑面积 25.8 万 m^2，外部钢结构的钢材用量为 4.2 万 t，整个工程包括混凝土中的钢材、螺纹钢等，总用钢量达 11 万 t。主体钢结构形成整体的巨型空间马鞍形钢桁架编织式“鸟巢”结构，钢结构总用钢量为 4.2 万 t。

图 1-11 国家体育场

（5）国家大剧院（图 1-12） 该大剧院采用框架 - 剪力墙混凝土壳体钢结构，建筑面积 21.944 万 m^2，外部结构为椭球形双层钢网壳结构，覆盖其内部的歌剧院、音乐厅和大剧场。该建筑钢壳体为超大型空间钢结构。其长轴为 212.24m，短轴为 143.64m，竖轴为 45.35m。整个结构完全形成后为稳定的壳体结构。

图 1-12 国家大剧院

（6）国家游泳中心（图 1-13） 又称水立方，采用钢混剪力墙 + 钢结构 + 膜结构体系，建筑面积 79532m^2，总用钢量 6900t，为跨度最大的膜结构建筑（最大跨度 130m）。该场馆创造性地设计出了新型多面体空间刚架结构。

图 1-13 国家游泳中心

（7）首都博物馆新馆（图 1-14） 该馆采用框架 - 剪力墙、钢结构屋盖，工程造价 7.8 亿元，建筑面积 61680m^2。首都博物馆新馆上部大跨度钢结构受力复杂，在国内首次采用热完成工艺成型方管作为主桁架的弦杆与腹杆，桁架的腹杆与弦杆直接相贯焊接，采用多种方式提高节点承载力，使设计更加经济合理。

图 1-14 首都博物馆新馆

钢柱、钢梁承重的钢结构常用于厂房、超高层民用建筑和地标性建筑。其特点是自重轻，施工快，可以修建到 500 多米甚至更高的高度。缺点在于钢材的耐腐蚀性差、建筑保养困难，且保养费用昂贵。钢材最怕高温，火灾是钢结构房屋的天敌（世贸大厦是钢结构，其设计所能承受的荷载很大，只凭飞机的撞击是不能让其倒塌的。但是撞机后飞机起火，钢结构不耐高温，飞机的燃烧使得钢结构承载能力极速降低，致使世贸大厦倒塌）。

到 2020 年，全国装配式建筑占新建建筑的比例将达到 15% 以上，其中重点推进地区达到 20% 以上，积极推进地区达到 15% 以上，鼓励推进地区达到 10% 以上。培育 50 个以上装配式建筑示范城市，200 个以上装配式建筑产业基地，500 个以上装配式建筑示范工程，建设 30 个以上装配式建筑科技创新基地，充分发挥示范引领和带动作用。

为了解决和避免钢结构在实际工程应用中产生的不良效果，我国对于新型钢结构建筑体系的研发力度也在不断加大，如同济大学的束柱体系、天津大学的异形柱体系、西安建筑科技大学以多腔柱体系为代表的小柱组合体系、远大集团和北京建筑大学的分层装配式体系层轻钢体系、威信模块化建筑体系、建谊集团“百年宅”建筑体系等，都居于我国装配式钢结构建筑产业发展前列。基于当前社会的发展趋势，钢结构建筑在我国仍有巨大的潜力和前景。我国实行“绿色建筑”政策和不断推进城市化，城市人口不断增加，住房压力和需求不断扩大，钢结构节能环保和灵活布置的特性，减轻了传统建筑带来的能源消耗和环境破坏以及建筑空间不足的压力。由此可见，新型的节能钢结构建筑依然会是未来中国建筑业的发展趋势。

本章小结

当今世界生产力快速发展的根本原因是在于科学技术的日新月异。作为被世界众多国家视为经济支柱的建筑业，科学技术的迅猛发展和不断创新极大地推动了建筑业的迅猛发展。近十年来，随着我国经济的飞速发展，施工技术的提高以及劳动力成本的不断上升，装配式建筑被重新启用，并以全新的技术进入新的发展阶段。目前我国已经有了一些代表性的装配式建筑项目和示范工程，在结构体系研究上也取得了一些成果和进展，但在实践应用中还存在一些关键问题有待解决。装配式建筑正朝着构件生产过程标准化、通用化、高品质化以及节能环保化等方向发展，我国正加快迈向建筑工业化进程新的发展阶段。

随堂思考

1. 装配式建筑的定义是什么?
2. 装配式建筑有哪些优点和缺点?
3. 查资料，简述世界代表性国家装配式建筑的发展历程。

第 2 章　装配式钢结构建筑介绍 | CHAPTER 2

内容提要

装配式建筑可以极大地促进混凝土结构、钢结构、木结构等绿色建筑材料的发展，是建筑方式的重大变革，还将带来建筑队伍结构的重大变革，这是实现高水平建筑节能和绿色建筑的重要途径。我国装配式钢结构建筑起步较晚，近年来，随着城市建设的发展和高层建筑的增多，我国装配式钢结构产业的大规模研究开发、设计制造、施工安装发展十分迅速。本章通过对装配式钢结构建筑在工程中常见分类的介绍，使读者初步对装配式钢结构工程有一个总体性的了解，进而深入学习其他章节的内容。

学习目标

1. 掌握装配式钢结构建筑的种类及特点。
2. 了解装配式钢结构建筑体系。
3. 了解装配式钢结构工程中的常用部品部件。

2.1　装配式钢结构建筑的分类

钢结构是由钢制材料组成的结构，是主要的建筑结构类型之一。装配式钢结构建筑是指在工厂生产钢结构部件，在施工现场通过组装和连接而成的钢结构建筑。主要由型钢和钢板等制成的钢梁、钢柱、钢桁架等构件组成，各构件或部件之间通常采用焊缝、螺栓或铆钉连接。因其自重较轻且施工简便，所以广泛应用于大型厂房、场馆、超高层等领域。

2.1.1　门式刚架结构

门式刚架结构（图 2-1）是指主要承重结构为单跨或多跨实腹式刚架（刚架就是梁、柱单元构件的组合体，是柱和直线形、弧形或折线形横梁刚性连接的承重骨架结构体系），具有轻型屋盖和轻型外墙，可以设置起重量不大于 20t 的中、轻级工作制（A1-A5）桥式吊车或 3t 悬挂式吊车的单层房屋钢结构。门式刚架轻型房屋钢结构属轻型钢结构的一个分枝。该类结构起源于美国，经历了近百年的发展，目前已成为设计、制作与施工标准相对完善的一种结构体系。

门式刚架结构体现了轻钢结构的特点，即轻型、快速、高效，应用节能环保型新型建材，实现工厂化加工制作、现场施工组装，方便快捷、节约建设周期；结构坚固耐用、建筑外型新颖美观、质优价宜、经济效益明显；柱网尺寸布置自由灵活，能满足不同气候环境条件下的施工和使用要求。其上部主构架包括刚架斜梁、刚架柱、支撑、檩条、系杆、山墙骨架等。因此，门式刚架结构广泛应用于工业、商业及文化娱乐公共设施等工业与民用建筑中。

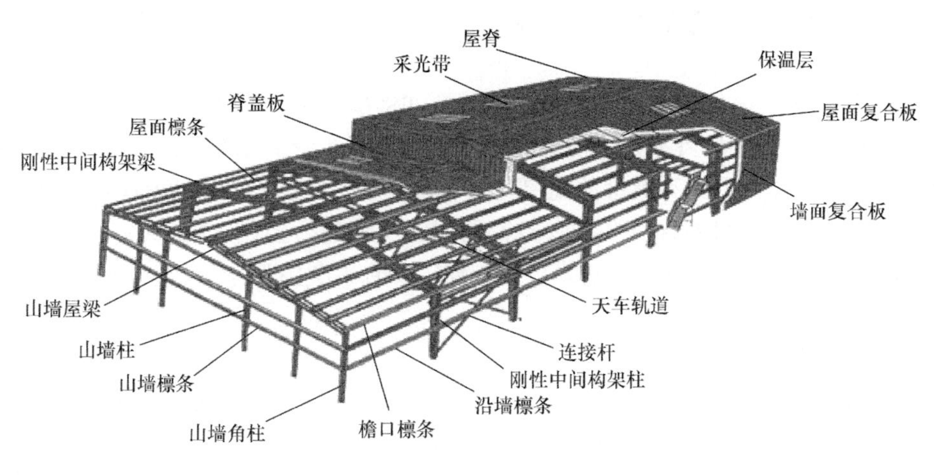

图 2-1　门式刚架结构

（1）门式刚架结构的布置

1）刚架的建筑尺寸和布置。刚架的跨度一般为 9~24m；高度：取地坪柱轴线与斜梁轴线交点高度，宜取 4.5~9m；柱距：应综合考虑刚架跨度、荷载条件及使用要求等因素，宜取 6m、7.5m 或 9m，最大 12m；挑檐长度：根据使用要求确定，宜为 0.5~1.2m；温度分区：纵向温度区段≤ 300m、横向温度区段≤ 150m。门式刚架的柱高与跨度的比例（高跨比 H/L）是选型的主要参数。从结构观点看，由于柱高的减少将使推力增大，因而对三铰门架来说，最好的形式是高度大于跨度。但对两铰门架来说，由于跨中弯矩的存在，跨度稍大于高度就十分合理。一般选用的合理高跨比为 0.75。

2）檩条和墙梁的布置。檩条一般应等间距布置，但在屋脊处应沿屋脊两侧各布置一道，在天沟附近布置一道；墙梁的布置，应考虑设置门窗、挑檐、遮雨篷等构件和围护材料的要求；门式刚架轻型房屋钢结构的侧墙，在采用压型钢板作围护面层时，墙梁宜布置在刚架的外侧，其间距随墙板板型及规格而定。

3）支撑和刚性系杆的布置原则。在每个温度区段或分期建设的区段中，应分别设置能独立构成空间稳定结构的支撑体系。在设置柱间支撑的开间，应同时设置屋盖横向支撑，以构成几何不变体系；屋面端部支撑宜设在温度区段端部的第一或第二个开间；柱间支撑的间距应根据房屋纵向柱距、受力情况和安装条件确定。

（2）门式刚架结构的性能

1）门式刚架屋面体系的整体性可以依靠檩条、隅撑来保证，从而减少了屋盖支撑的数量，同时支撑多用张紧的圆钢做成，更加轻便。

2）门式刚架的梁、柱多采用变截面杆件，同时可以根据需要改变腹板高度、厚度及翼缘宽度，可有效利用建筑空间，同时能够节省材料。

3）组成构件的杆件较薄，对制作、运输、安装的要求高。

4）构件的抗弯刚度、抗扭刚度比较小，结构的整体刚度也比较柔。

目前我国在进行门式钢架轻型房屋钢结构设计时主要采用的是《门式刚架轻型房

屋钢结构技术规程》（CECS 102：2002），在进行屋面檩条和墙面檩条设计过程中亦可参照《冷弯薄壁型钢结构技术规范》（GB 50018—2002），两套规范在设计檩条的过程中的区别在于：根据《冷弯薄壁型钢结构技术规范》（GB 50018—2002），当拉条位于远端时，可以认为当檩条远端翼缘受压时，拉条起到平面外支撑，可减小檩条的计算长度。

市面上流行的结构软件如 PKPM、3D3S、PS2000 等，都可以方便地对门式刚架进行建模和计算。其中 PKPM 建模最为方便、快捷，但是计算结果最为保守，新版的 PKPM 可以对翼缘宽厚比和腹板的高厚比进行控制。3D3S 建模比 PKPM 稍显麻烦，但是计算结果经济，并且对构件各项参数都可以方便地进行控制。PS2000 是一款对门式刚架比较有针对性的计算软件，建模极其方便，并且出图美观。

2.1.2 多、高层钢结构

高层钢结构一般是指 10 层及 10 层以上（或 28m 以上），主要是采用型钢、钢板连接或焊接成构件，再经连接而成的结构体系。高层钢结构常采用钢框架结构、钢框架—支撑结构、钢框架—混凝土核心筒（剪力墙）结构等形式。钢框架剪力墙结构在现代高层、超高层建筑中应用较为广泛，属于钢—混凝土混合结构，使钢材和混凝土优势互补，可充分发挥材料效能。

（1）多层结构房屋

1）框架体系。框架结构（图 2-2）是最早用于高层建筑的结构形式，框架在纵、横两个方向均为多层刚接框架，其承载能力及空间刚度均由刚接框架提供，适用于柱距较大而又无法设置支撑的建筑物。其特点为节点构造较复杂，结构用钢量较多，但使用空间较大。

图 2-2 钢框架结构

2）斜撑体系。框架结构上设置适当的支撑或剪力墙，用于地震区时，具有双重设防的优点，可用于不超过 60 层的高层建筑。结构内部设置剪力墙式的内筒，与其他竖向构件主要承受竖向荷载；外通体采用密排框架柱和各层楼盖处的深梁刚接，形成一个竖直方向的悬臂筒以承受侧向荷载；同时设置刚性楼面结构作为框筒的横隔。

（2）高层钢结构体系　高层钢结构的结构体系主要有框架体系、框架—支撑体系、框架—剪力墙板体系和筒体体系（框筒、筒中筒、桁架筒、束筒等）。

1）框架体系：框架体系是沿房屋纵横方向由多榀平面框架构成的结构。这类结构的抗侧向荷载的能力主要决定于梁柱构件和节点的强度与延性，故节点常采用刚性连接。

2）框架—支撑体系：框架—支撑体系是在框架体系中沿结构的纵、横两个方向均匀布置一定数量的支撑所形成的结构体系。

常见支撑体系分为中心支撑和偏心支撑。中心支撑是指斜杆、横梁及柱汇交于一点的支撑体系，或两根斜杆与横杆汇交于一点，也可与柱子汇交于一点，但汇交时均无偏心距。偏心支撑是指支撑斜杆的两段，至少有一段与梁相交（不在柱节点处），另一端可在梁与柱交点处连接，或偏离另一根支撑斜杆一段长度与梁连接，并在支撑斜杆杆端与柱子之间构成一耗能梁段，或在两根支撑与杆之间构成一耗能梁段的支撑。支撑体系的布置主要由建筑要求及结构功能来确定，同时支撑类型的选择与建筑物的层高、柱距、是否抗震以及建筑使用要求有关。

3）框架—剪力墙板体系：框架—剪力墙板体系是以钢框架为主体，并配置一定数量的剪力墙板。剪力墙板的主要类型有钢板剪力墙板、内藏钢板支撑剪力墙墙板、带竖缝钢筋混凝土剪力墙板。

4）筒体体系：筒体结构体系可分为框架—核心筒、筒中筒及束筒等体系。

① 框架—核心筒体系是将框架—剪力墙体系中的剪力墙封闭成核心筒，外侧周边仍为钢框架，即形成框架—核心筒体系。在该体系中，筒体承载能力、抗侧力均比剪力墙提高很多，因此为多、高层建筑的典型结构体系之一。筒体一般用作电梯间、楼梯间或卫生间，这种体系高效、节材且比较实用。钢框架与核心筒成铰接，钢框架与核心筒距离一般为 5~9m。核心筒材料可用钢筋混凝土、钢结构，形式有实腹筒、桁架筒。

② 钢框筒—核心筒体系也称筒中筒体系，即加密外部钢框架柱间距，形成外筒，再与内部核心筒相连接组成筒中筒体系。

③ 束筒体系是指有多个筒体组合形成的密集筒体结构体系。

（3）钢结构建筑结构体系的特点　钢结构建筑的结构体系主要是由钢板、热压型钢或冷弯薄壁型钢通过制造、组装、连接而成，和其他材料的建筑结构相比，钢结构建筑具有以下特点：

1）强度高、质量轻：钢材与其他建筑材料（如混凝土、砖石和木材）相比，强度要高得多，弹性模量也高，因此结构构件重量轻且界面小，特别适用于跨度大、荷载大的结构。结构自重的降低，可以减少地震作用，进而减小结构内力，还可以使基础造价降低，也便于运输和安装。

2）构件截面小，有效空间大：由于钢材的强度高，构件截面小，所占空间也就小。以相同受力条件的简支梁为例，混凝土梁的高度通常是跨度的 1/10~1/8，而钢梁是 1/16~1/12，甚至可以达到 1/20，有效增加了房屋的层间净高。在梁高相同的条件下，钢结构的开间大约可以比混凝土结构的开间大 50%，能更好地满足建筑商大开间、灵活分隔的要求。在多、高层建筑中，钢柱的截面面积占建筑面积的 3%~5%，而混凝土柱的截面面积占建筑面积的 6%~9%。二者相比，钢结构可以增加室内有效使用面积 2%~6%，同时由于梁、柱截面较小，避免了“粗柱笨梁”现象，室内视觉开阔，美观方便。另外，多层民用建筑中的管道很多，如果采用钢结构，那么可在梁腹板上开洞以穿越管道，并节约室内空调所需的能源，减少房屋维护和使用费用。

3）材料均匀，塑性、韧性好，抗震性能优越：由于钢结构组织均匀，接近各向同性，所以钢结构的实际工作性能比较符合目前采用的理论计算模型，可靠性高。同时，钢材塑性、韧性好，一般不会因超载而发生突然断裂，适于承受动力荷载和冲击荷载，抗震性能非常优越，因此，高抗震设防烈度地区一般优先使用钢结构房屋。

4）制造简单，施工周期短：钢结构所用的材料单纯，且多是成品或半成品材料，加工比较简单并能够使用机械操作，易于定型化、标准化，工业化生产程度高。钢构件一般在专业化的金属结构加工厂制作而成，精度高、质量稳定、劳动强度低。构件在工地拼装时，多采用简单方便的焊接或螺栓连接，钢构件与其他材料构建的连接也比较方便。有时钢构件还可以在地面拼装成较大的单元后再进行吊装，以减少高空作业量，缩短工期。

5）节能、环保：与传统的砌体结构和混凝土结构相比，钢结构属于绿色建筑结构体系。钢结构建筑的墙体多采用新型轻质复合墙板或轻质砌块，符合建筑节能和环保的要求，可以达到节能 50% 的目标。钢结构的施工方式为干式施工，可避免混凝土湿式施工所造成的环境污染。钢结构材料还可以利用夜间交通顺畅期间运送，不影响城市闹市区建筑物周围的日间交通，噪声也可相应减少。另外，对于已建成的钢结构也比较容易进行改建和加固，用螺栓连接的钢结构还可以根据需要进行拆迁，也有利于环境保护。

6）具有一定的耐热性：温度在 250℃以下时，钢的性质变化很小；温度达到 300℃以上，强度逐渐下降；达到 450~650℃时，强度将为零。因此，钢结构可用于温度不高于 250℃的场合。在自身有特殊防火要求的建筑中，钢结构必须用耐火材料予以保护。当防火设计不当或防火层处于破坏的状况下，将有可能产生灾难性的后果。钢材长期经受 100℃辐射热时，强度没有多大变化，具有一定的耐热性能，但温度达到 150℃以上时，就必须用隔热层加以保护，例如，可以利用蛭石板、蛭石喷涂层或石膏板等加以防护。

7）钢结构抗防腐性较差：钢结构的最大缺点是易于腐蚀。新建造的钢结构一般都需仔细除锈、镀锌或刷涂料。以后隔一定时间又要重新刷涂料，维护费用相对于钢筋混凝土和砌体结构比较高。目前国内外正在发展不易锈蚀的耐候钢，具有较好的抗锈性能，已经逐步推广应用，可节省大量维护费用并已取得了良好效果。

2.1.3 钢桁架结构

桁架是一种由杆件彼此在两端用铰链连接而成的结构，是由直杆组成的一般具有三角形单元的平面或空间结构。桁架杆件主要承受轴向拉力或压力，从而能充分利用材料的强度，在跨度较大时，可比实腹梁节省材料，减轻自重和增大刚度。

（1）钢桁架结构　钢桁架（图 2-3）与实腹梁相比是用稀疏的腹杆代替整体的腹板。钢桁架的腹杆体系通常采用人字式或单斜式等形式。人字式腹杆的腹杆数和节点数较少，应用较广，为减少受有荷载的弦杆或受压弦杆的节间尺寸，通常增加部分竖杆。钢结构与桁架的连接常用方法主要有三种：①夹板连接；②两点用支座，其余点用焊接或螺栓预紧的摩擦连接；③全部用支座连接，每个支坐下要垫弹性垫。

图 2-3 钢桁架结构

单斜式腹杆通常布置较长的斜杆受拉和较短的竖杆受压，有时用于跨度较大的钢桁架。如需进一步减小弦杆及腹杆的长度，可采用再分式腹杆体系；钢桁架高度较大且节间较小时，可采用 K 式或菱形腹杆体系。在支撑桁架和塔架中，常采用能较好承受变向荷载的交叉式腹杆体系，交叉斜杆通常按拉杆设计。斜腹杆对弦杆的倾斜角通常在 30°~60° 范围内。杆件主要承受轴心力，从而常能节省钢材和减轻结构自重。这使钢桁架特别适用于跨度或高度较大的结构。此外，钢桁架还便于按照不同的使用要求制成各种需要的外形。由于腹杆钢材用量比实腹梁的腹板有所减少，因此钢桁架常可有较大高度，从而具有较大的刚度。但是，钢桁架的杆件和节点较多，构造较为复杂，制造较为费工。钢桁架的高度由经济、刚度、使用和运输要求确定。增加高度可减小弦杆截面和挠度，但增加腹杆用量和建筑高度。钢桁架的高跨比通常采用 1/12~1/5；钢材强度高、刚度要求严的钢桁架应采用相对偏高值。三角形钢屋架的高度通常由屋面坡高确定；一般屋面坡度为 1/3~1/2 时，高跨比相应为 1/6~1/4。

钢桁架可用焊接、普通螺栓连接、高强度螺栓连接或铆接。应用最广的是普通螺栓，连接常用于可拆卸的结构、输电塔和支撑系统；高强度螺栓连接常用于重型钢桁架的工地连接；铆接用于受较大动力荷载的重型钢桁架，但目前已逐渐被高强度螺栓连接所代替。

钢桁架中，梁式简支桁架最为常用。因为这种桁架受力明确，杆件内力不受支座沉陷和温度变化的影响，构造简单，安装方便，但用钢量稍大。刚架式和多跨连续钢桁架等能节省钢材，但其内力受支座沉陷和温度变化的影响较敏感，制造和安装精度要求较高，因此采用较少。在单层厂房钢骨架中，屋盖钢桁架常与钢柱组成单跨或多跨刚架，水平刚度较大，能更好地适应较大起重机或振动荷载的要求。连续钢桁架常用于较大跨度的桥梁等结构和有纤绳的桅杆塔结构。在大跨度的公共建筑和桥梁中，也常采用拱式钢桁架。在海洋平台和某些房屋结构中，也常采用悬臂式钢桁架。各种塔架都属于悬臂式结构。

钢桁架按杆件内力、杆件截面和节点构造特点可分为普通、重型和轻型钢桁架。普通钢桁架一般采用单腹式杆件，通常是两个角钢组成的T形截面，有时也用十字形、槽形或管形等截面，在节点处用一块节点板连接，构造简单，应用最广。重型钢桁架的杆件受力较大，采用由钢板或型钢组成的H形或箱形截面，节点处用两块平行的节点板连接，它常用于跨度和荷载较大的钢桁架，如桥梁和大跨度屋架等。轻型钢桁架采用小角钢及圆钢或采用冷弯薄壁型钢，节点处可用节点板连接，也可将杆件直接相连，它主要用于跨度较小、屋面较轻的屋盖结构。桁架表面采用喷塑银灰色，坚固耐用，可用于户外、室内会议活动背景制作搭建、舞台搭建、时装秀舞台、庆典舞台 、大型帐篷、酒店宴会布置、灯光音响和文艺演出等。

（2）管桁架结构　管桁架结构（也称为管桁结构、管桁架、管结构）在目前大跨度空间结构中得到了广泛应用。管桁架（图2-4）的结构体系可以是平面或空间桁架，与普通钢结构的区别主要在于连接节点的构造不同。例如，网架结构常用于球节点，普通钢桁架常用板节点，而管桁架则常用相贯节点（也称管节点）。目前，由于管桁架相贯节点的加工制作技术已非常成熟，所以采用相贯节点的管桁架应用不可限量。

管桁架广泛应用于门厅、航站楼、体育馆、展览馆、会议中心等，如南京国际展览中心屋盖结构、陕西咸阳机场航站楼屋盖结构、南京奥林匹克中心游泳馆屋盖结构等。

图2-4　管桁架结构

常见桁架有以下几种分类：

1）固定桁架：是桁架中最坚固的一种，可重复利用性高，唯一缺点就是运输成本较高。产品分为方管和圆管两种。

2）折叠桁架：最大的优点就是运输成本低，可重复利用性稍差。产品分为方管和圆管两种。

3）蝴蝶桁架：桁架中最具有艺术性的一种，造型奇特、优美。

4）球节桁架：又叫球节架，造型优美、坚固性好，也是桁架中造价最高的一种。

5）三角形桁架：在沿跨度均匀分布的节点荷载下，上、下弦杆的轴力在端点处最大，向跨中逐渐减少；腹杆的轴力则相反。三角形桁架由于弦杆内力差别较大，材料消耗不够合理，多用于瓦屋面的屋架中。

6）梯形桁架：和三角形桁架相比，杆件受力情况有所改善，而且用于屋架中可以更容易满足某些工业厂房的工艺要求。如果梯形桁架的上、下弦平行就是平行弦桁架，杆件受力情况较梯形略差，但腹杆类型大为减少，多用于桥梁和栈桥中。

7）多边形桁架：也称折线形桁架。上弦节点位于二次抛物线上，如上弦呈拱形可减少节间荷载产生的弯矩，但制造较为复杂。在均布荷载作用下，桁架外形和简支梁的弯矩图形相似，因而上、下弦轴力分布均匀，腹杆轴力较小，用料最省，是工程中常用的一种桁架形式。

8）空腹桁架：基本取用多边形桁架的外形，上弦节点之间为直线，无斜腹杆，仅以竖腹杆和上下弦相连接。杆件的轴力分布和多边形桁架相似，但在不对称荷载作用下杆端弯矩值变化较大。优点是在节点相交会的杆件较少，施工制造方便。

2.1.4 网架结构

按所用材料分类，网架结构有钢网架、钢筋混凝土网架以及钢与钢筋混凝土组成的组合网架，其中以钢网架用得较多。网架结构（图 2-5）是由多根杆件按照一定的网格形式通过节点连结而成的空间结构。构成网架的基本单元有三角锥、三棱体、正方体、截头四角锥等，由这些基本单元可组合成平面形状的三边形、四边形、六边形、圆形或其他任何形体，具有空间受力、重量轻、刚度大、抗震性能好等优点，可用作体育馆、影剧院、展览厅、候车厅、体育场看台雨篷、飞机库、双向大柱网架结构距车间等建筑的屋盖。缺点是汇交于节点上的杆件数量较多，制作安装较平面结构复杂。

图 2-5 网架结构

（1）网架结构的分类　根据外形分类，网架结构可分为平板网架和曲面网架。通常情况下，平板网架称为网架；曲面网架称为网壳。平面网架结构主要可分为以下几种：

1）由平面桁架系组成，有两向正交正放网架、两向正交斜放网架、两向斜交斜放网架及三向网架四种形式。

2）由四角锥体单元组成，有正放四角锥网架、正放抽空四角锥网架、斜放四角锥网架、棋盘形四角锥网架及星形四角锥网架五种形式。

3）由三角锥体单元组成，有三角锥网架、抽空三角锥网架及蜂窝形三角锥网架三种形式。按壳面形式分类，壳形网架结构主要分为柱面壳形网架、球面壳形网架及双曲抛物面壳形网架三类。

（2）网架结构的施工与安装

1）高空散装法：适用于螺栓连接节点的各种类型网架，并宜采用少支架的悬挑施工方法。

2）分条或分块安装法：适用于分割后刚度和受力状况改变较小的网架，如两向正交正放四角锥、正向抽空四角锥等网架。分条或分块的大小应根据起重能力而定。

3）高空滑移法：适用于正放四角锥、正放抽空四角锥、两向正交正放四角锥等网架。滑移时滑移单元应保证成为几何不变体系。

4）整体吊装法：适用于各种类型的网架，吊装时可在高空平移或旋转就位。

5）整体提升法：适用于周边支承及多点支承网架，可用升板机、液压千斤顶等小型机具进行施工。

6）整体顶升法：适用于支点较少的多点支承网架。

网架结构不仅实现了利用较小规格的杆件建造大跨度结构，而且结构占用空间较小，更能有效利用空间，如在网架和多层网壳结构上、下弦之间的空间布置各种设备及管道等。空间结构经过 1 个世纪的不断发展，在结构型式方面，除了网架、网壳之外，膜结构、张拉整体体系、开闭屋盖、可折叠结构等都是空间结构的新成员。20 世纪初期，钢铁材料为网架结构的发展提供了条件，其后的铝合金则使得网架的杆件更轻巧。近些年来，复合材料特别是大量的新型建筑材料被开发出来，对空间结构的发展产生了强烈的影响。在材料应用方面，由于钢材品种与强度的不断提升，空间结构也越多地采用了型钢、钢管、钢棒、缆索乃至铸钢制品。在很大程度上，空间结构成了“空间钢结构”。随着现代计算机的出现，一些新的理论和分析方法，如有限单元法、非线性分析、动力分析等，在空间结构中得到了广泛应用，空间结构的计算和设计更加方便和准确，使得空间结构千变万化。可以说，空间结构已成为当代建筑结构最重要和最活跃的领域之一。

2.2 装配式钢结构建筑体系的分类

装配式钢结构建筑是指标准化设计、工业化生产、装配化施工、一体化装修、信息化管理、智能化应用，支持标准化部品部件的钢结构建筑。发展装配式钢结构建筑是建造方式的重大变革，是推进供给侧结构性改革和新型城镇化发展的重要举措，有利于节约资源、减少施工污染、提升劳动生产效率和质量安全水平，有利于促进建筑业与信息化工业化深度融合、培育新产业新动能、推动化解过剩产能。

我国装配式钢结构建筑起步较晚，但在国家政策的大力推动下，钢结构企业和科研院所投入大量精力研发新型装配式钢结构体系，新形势下的钢结构建筑实现了建筑布局、结构体系、围护体系、内装和机电设备的融合统一，从单一结构型式向专用建筑体系发展，呈现出体系化、系统化的特点。目前，国内钢结构建筑体系主要分为以下三类：

1）以传统钢结构型式为基础，开发新型围护体系（图 2-6），改进型建筑体系。设计阶段摒弃“重结构、轻建筑、无内装”的错误概念，实行结构、围护和内装三大系统协同设计。以建筑功能为核心，主体以框架为单元展开，尽量统一柱网尺寸，户型设计及功能布局与抗侧力构件协同设置；以结构布置为基础，在满足建筑功能的前提下，优化钢结构布置，满足工业化内装所提倡的大空间布置要求，同时严格控制造价，降低施工难度；以工业化围护和内装部品为支撑，通过内装设计隐藏室内的梁、柱、支撑，保证安全、耐久、防火、保温和隔声等性能要求。

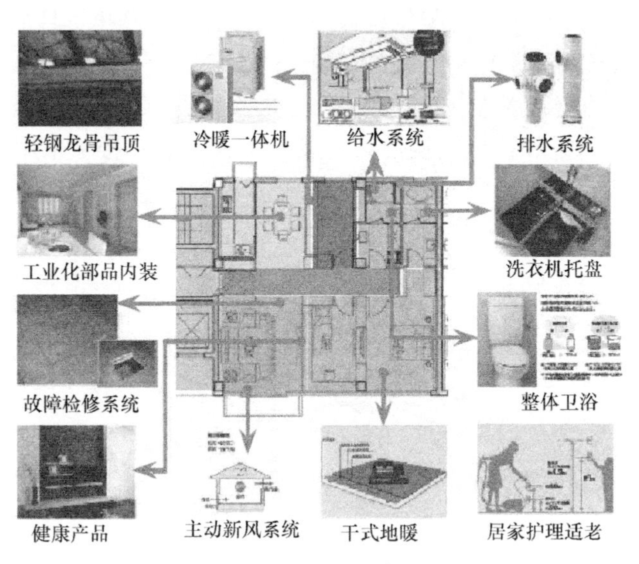

图 2-6　新型围护体系

2）"模块化、工厂化"新型建筑体系（图 2-7）。模块化建筑体系可以做到现场无湿作业，全工厂化生产，较有代表性的体系包括拆装式活动房和模块化箱型房。其中，拆装式活动房以轻钢结构为骨架，彩钢夹芯板为围护材料，标准模数进行空间组合，主要构件采用螺栓连接，可方便快捷地进行组装和拆卸；箱型房以箱体为基本单元，主体框架由型钢或薄壁型钢构成，围护材料全部采用不燃材料，箱房室内外装修全部在工厂加工完成，不需要二次装修。工厂化钢结构建筑体系从结构、外墙、门窗，到内部装修、机电，工厂化预制率达到 90%，颠覆了传统建筑模式。工厂化钢结构采用制造业质量管理体系，所有部品设计经过工厂试验验证后定型，部品生产经过品管流程检验后出厂，安装工序经过品管流程检验才允许进入下一道工序，确保竣工验收零缺陷。由于采用工厂化技术，使得生产、安装、物流人工效率提高 6~10 倍，材料浪费率接近零，总成本比传统建筑低 20%~40%。

图 2-7　工厂化框架及装配式墙板

3）“工业化住宅”建筑体系。国内一些企业、科研院所开发了适宜于住宅的钢结构建筑专用体系，解决了传统钢框架结构体系应用在住宅时凸出梁柱的问题。较为典型的钢结构住宅体系有杭萧钢构股份有限公司研发的钢管束组合结构体系（图 2-8）。该体系由标准化、模数化的钢管部件并排连接在一起形成钢管束，内部浇筑混凝土形成钢管束组合结构构件作为承重和抗侧力构件；钢梁采用 H 型钢；楼板采用装配式钢筋桁架楼承板。

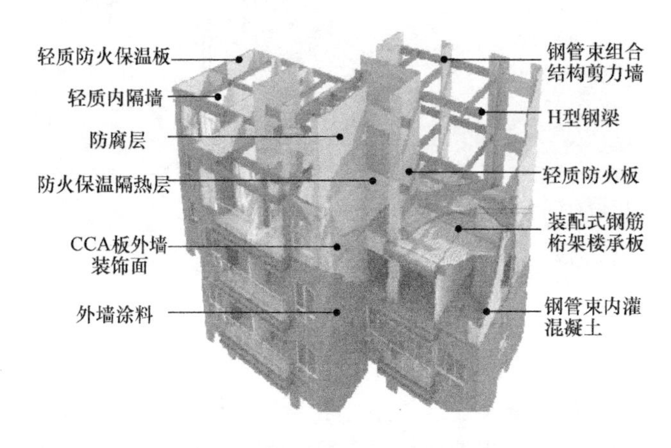

图 2-8　钢管束组合结构体系

2.3　常见装配式钢结构建筑部品部件

在装配式钢结构建筑发展初期，由于装配式钢结构住宅的产业链不健全，导致配套的外墙板、楼板、内墙板等可供选择的资源有限，而公共建筑中，则因多采用幕墙和楼承板，配套问题不大。近年来，从国外引进的及自主研发相关新型建材的企业正在蓬勃发展，故可供选择的部品部件基本已形成体系。建筑部品部件是具有相对独立功能的建筑产品，是由建筑材料、单项产品构成的部件、构件的总称，是构成成套技术和建筑体系的基础。其中，部品指由工厂生产，构成外围护系统、设备与管线系统、内装系统的建筑单一产品或复合产品组装而成的功能单元的统称。部件指在工厂或现场预先生产制作完成，构成建筑结构系统的结构构件及其他构件的统称。

2.3.1　钢结构部品部件

钢结构（图 2-9）是由钢制材料组成的结构，是主要的建筑结构类型之一。钢结构构件类型有钢柱、钢梁、螺栓、焊条和抗剪栓钉，其中螺栓又包括结构螺栓和安装螺栓。各构件或部件之间通常采用焊缝、螺栓或铆钉连接。因其自重较轻且施工简便，广泛应用于大型厂房、场馆、超高层等领域。

图 2-9　钢结构

2.3.2 楼板部品部件

装配式钢结构建筑中常用的楼板有钢筋桁架叠合板和PK叠合板。

叠合楼板（图2-10）是由预制板和现浇钢筋混凝土层叠合而成的装配整体式楼板。预制板既是楼板结构的组成部分之一，又是现浇钢筋混凝土叠合层的永久性模板，现浇叠合层内可敷设水平设备管线。叠合楼板整体性好，刚度大，可节省模板，而且板的上下表面平整，便于饰面层装修，适用于对整体刚度要求较高的高层建筑和大开间建筑。叠合楼板跨度一般为4~6m，最大跨度可达9m。

图2-10 叠合楼板示意图

钢筋桁架叠合楼板（图2-11）是将楼板中的钢筋在工厂采用先进设备加工成钢筋桁架，预浇筑一定厚度（设计定）混凝土，现场施工需要先将预制叠合楼板使用栓钉固定在钢梁上，再放置钢筋进行绑扎，验收后再浇筑混凝土。在经济方面，桁架受力模式合理，选材经济，综合造价优势明显；可调整桁架高度与钢筋直径，可用于跨度较大的楼板。在便捷方面，现场钢筋绑扎量减少60%~70%，可进一步缩短工期，桁架受力模式合理，可以提供更大的楼承板刚度，可大大减少或无须使用公用临时支撑。在安全方面，力学性能与传统现浇楼板基本相同，楼板抗裂性能好；耐火性能与传统现浇楼板相当，优于压型钢板组合；楼板底模不参与试用阶段受力，不需要考虑防火、防腐问题。在可靠性方面，钢筋排列均匀，上、下层钢筋间距及混凝土保护层厚度有可靠保证；楼板的双向刚度接近，有利于建筑物抗震；栓钉焊接质量更容易保证。

图2-11 钢筋桁架叠合楼板示意图

PK叠合板（图2-12）本质上是一种现浇实心板，它采用预制预应力带肋薄板（简称PK板）作为下部的永久性底模，通过在肋内预留孔中穿横向钢筋，在拼缝处布设防裂钢筋，最后浇捣叠合层混凝土而形成整体受力结构。这种结构具有整体性好，抗震能力强，抗裂性好，节省模板、钢筋，施工方便，能降低工程造价并缩短工期等优点，是一种非常成熟的技术。它符合国家的节能、环保、低碳以及可持续发展的战略，能充分发挥预制构件与现浇混凝土的双重优势，减少现场混凝土作业量从而降低施工现场的噪声和环境污染，从而达到绿色施工。

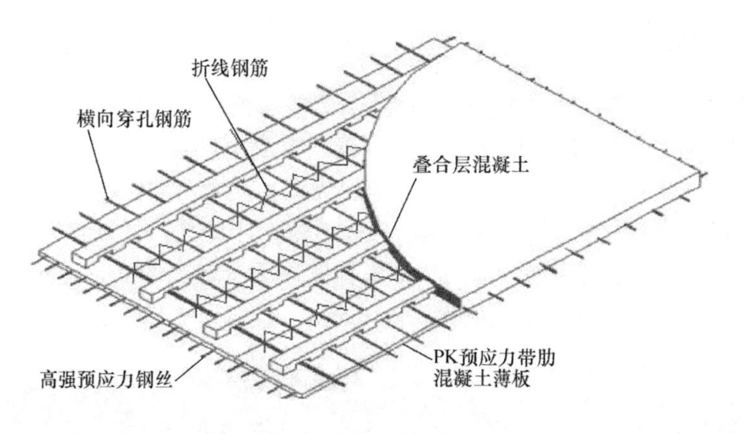

图 2-12　PK 叠合板示意图

2.3.3　外围护墙体部品部件

外围护墙（图 2-13）是指建筑外围的砌筑墙体，其他围护还有铝合金围护、幕墙等。外墙围护结构的主要材料有砂加气混凝土外墙板、预制钢筋混凝土外墙板、玻璃纤维增强水泥无机复合材料外墙板和玻璃幕墙等。

图 2-13　外围护墙

（1）砂加气混凝土外墙板　即加气混凝土外墙板和砂、粉煤灰、尾矿粉等含硅材料，经过磨细并加入铝粉等发气剂，按比例配合搅拌，再经过浇筑，发气成型静停硬化，胚体切割与蒸压养护而成的一种轻质多孔建筑材料。砂加气混凝土外墙板可有效减轻建筑物的自重，减少基础的结构投入，降低施工的劳动强度；墙体内配有钢筋，强度高，具有良好的抗冲击性能和钉挂性能；墙板原材料和产品本身均为无机物，绝不燃烧，而且多孔的结构特点使每个气孔都充满了空气，来帮助积攒热量和防止能量的流失，隔热性能从任何方向都有同样好的效果，显著地减少了热桥的能量流失。在隔声吸声方面，由于加气混凝土气孔结构像面包一样，均匀地分布着大量的封闭气孔，因此具有一般建筑材料所不具有的吸声和隔声双重性能。砂加气混凝土产品外形尺寸精确，而且施工便捷。这一材料的使用切合落实了国家大力推广绿色建筑产品的政策。而且在建筑安装全过程中所消耗的能源远小于其他墙体。

（2）预制混凝土外墙板（PC）　外墙板既是重构件，又要满足保温、隔热以及防止雨水渗透等维护功能的要求。预制钢筋混凝土外墙板有单一材料外墙板和复合外墙板两种主要形式。

（3）GRC 复合外墙板　是以玻璃纤维为增强材料，以水泥为胶凝材料，以轻质材料为填芯保温隔热材料，经复合成型工艺制成的外墙板。

（4）保温一体板　它由强力复合胶和饰面涂层组成。其中，保温层包括 XPS（挤塑聚苯乙烯泡沫板）、EPS（聚苯乙烯泡沫保温板）、PUR（聚氨酯）、岩棉、酚醛、STP 真空超薄绝热板、玻璃棉。饰面层分为氟碳金属漆、氟碳实色漆、真石漆、花彩漆、仿石材漆、质感涂料、砂壁、岩片漆、文化石和超薄石材等饰面。

2.3.4 内隔墙部品部件

轻钢龙骨石膏板内隔墙（图 2-14）是以轻钢为骨架，石膏板为罩面的非承重墙体。轻钢龙骨石膏板隔墙受到市场的认可，主要是因为它有着意想不到的优势：

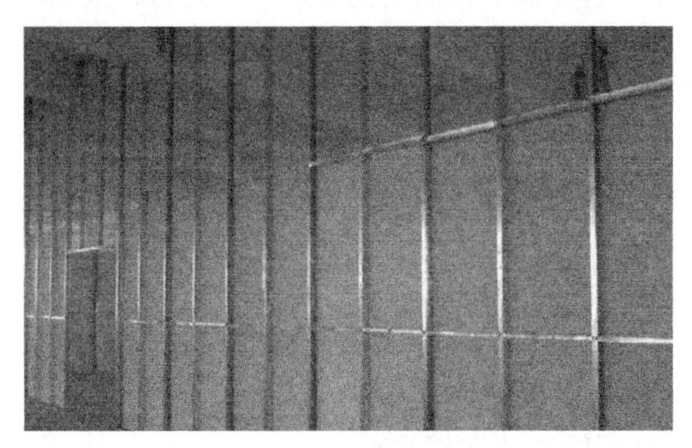

图 2-14 内隔墙体

1）轻钢龙骨的重量非常轻，给安装带来了方便，操作简单，不需要消耗太多的力气。

2）强度好，防水、防潮、防火、隔声、吸声，减震功能齐全。

3）使用简单，快速，而且在使用过程中不会出现变形现象。

4）在轻钢龙骨层添加上海绵材质，可以起到良好的减震功能，而且还有一定抗冲击能力。

然而也有一定的弊端：

1）轻钢龙骨石膏板的隔断墙面容易开裂。

2）砂浆密度不高，容易使日常清洁的水或雨水渗入垫层，出现反碱泛黄。

3）砂浆和地砖的粘合性一般（施工时要注意）。

4）技术含量较高，所以一般干铺法要比湿铺法的费用高。

5）干铺的厚度会比较大，所以一般用于尺寸比较大的瓷砖铺设。

2.3.5 屋面部品部件

屋面工程（图 2-15）是房屋建筑工程的主要部分之一，它既包括工程所用的材料、设备和所进行的设计、施工、维护等技术活动；也指工程建设的对象，发挥功能保障作用。具体来说，屋面工程除了应安全承受各种荷载作用外，还需要具有抵御温度、风吹、雨淋、冰雪乃至震害的能力，以及经受温差和基层结构伸缩、开裂引起的变形。因此，一幢既安全、环保又满足人们使用要求和审美要求的房屋建筑，屋面工程担当着非常重要的角色。它主要包括以下几个子分部工程内容。

图 2-15 屋面工程

（1）卷材防水屋面 包括保温层、找平

层、卷材防水层和细部构造等分项工作内容。

（2）涂膜防水屋面　包括保温层、找平层、涂膜防水层和细部构造等分项工作内容。

（3）刚性防水屋面　包括细石混凝土防水层、密封材料嵌缝和细部构造等分项工作内容。

（4）瓦屋面　包括平瓦屋面、油毡瓦屋面、金属板屋面和细部构造等分项工作内容。

（5）隔热屋面　包括架空屋面、蓄水屋面和种植屋面等分项工程内容。

2.3.6　防火门

防火门（图 2-16）是指在一定时间内能满足耐火稳定性、完整性和隔热性要求的门。它是设置在防火分区间、疏散楼梯间、垂直竖井等具有一定耐火性的防火分隔物，而且防火门是一种活动的防火分隔物，它除具有普通门的作用外，在一定时间内，连同框架能满足耐火稳定性、完整性，具有防火、隔烟、阻挡高温的特殊功能。

图 2-16　防火门

2.3.7　铝合金窗

铝合金窗（图 2-17）分为普通铝合金门窗和断桥铝合金门窗。铝合金窗具有美观、密封、强度高，广泛应用于建筑工程领域。断桥铝合金隔热门窗的突出优点是重量轻、强度高、水密和气密性好、防火性佳、采光面大、耐大气腐蚀、使用寿命长、装饰效果和环保性能好。

图 2-17　铝合金窗

2.3.8　地面部品部件

地砖干铺（图 2-18）是把基层浇水湿润后，除去浮沙、杂物，抹结合层，使用 1:3 的干性水泥砂浆，按照水平线摊铺平整，把瓷砖放在砂浆上用胶皮锤振实，取下地面瓷砖浇抹水泥浆，再把地面瓷砖放实振平。

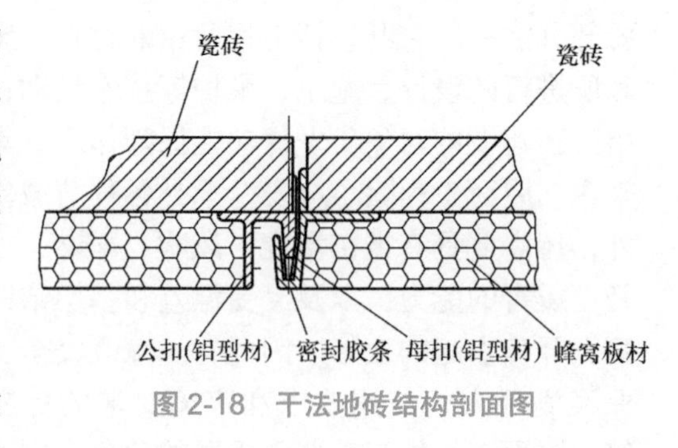

图 2-18　干法地砖结构剖面图

1. 地砖干铺的特点

1）优点：①施工速度快，劳动强度低；②砂浆水分少，地砖不易反碱泛黄；③不易出现气泡、空鼓等现象，砂浆密度低，在夯实过程中可以使空气延四边溢出及渗入砂浆内部；④比较适合铺超大的地砖和石材；⑤砂浆强度适中，容易拆除，适合经常二次装修的场所。

2）缺点：①强度不高，不适用于承载较大活动荷载的场所，如行车道、停车场、广场等；②砂浆密度不高，容易使日常清洁的水或雨水渗入垫层，出现反碱泛黄；③砂浆和地砖的粘合性一般（施工时要注意）；④技术含量较高，所以一般干铺法要比湿铺法的费用高；⑤干铺的厚度会比较大，所以一般用于尺寸较大的瓷砖铺设。

2. 地砖干铺的分类

（1）淋浆铺法　是指将1：3.5的水泥中砂均匀混合，加入的水不多，搅拌后用手能捏成团即可（不能捏出水来），在清扫和冲洗过的结构层上用水泥粉均匀的撒在结构层上吸出多余的水，形成水泥浆，再用钢丝刷将水泥浆刷均匀（这一过程很重要，不然易出现砂浆不粘底现象。）完成以上程序后铲入混合砂浆，按既定的水平高度大致铺平（略高0.5~2cm）在按施工要求的水平和角度放上地砖，用橡胶锤均匀锤打地砖，将底下的砂浆夯实使地砖表面达到水平要求。最后轻轻地拿出地砖，在砂浆面上均匀淋上纯水泥浆，放上地砖后再轻轻夯实达到施工要求即可。

（2）刮浆铺法　它和淋浆法接近，唯一不同的是不需淋水泥浆，直接在地砖底部刮上水泥油，再铺上砖夯实即可。相对强度较高，不易空鼓，是目前应用较多的铺法。

2.3.9　整体厨房

整体厨房也叫整体橱柜（图2-19），是将橱柜、抽烟机、燃气灶具、消毒柜、洗碗机、冰箱、微波炉、电烤箱、水盆、各式抽屉拉篮、垃圾粉碎器等厨房用具和厨房电器进行系统搭配而成的一种新型厨房形式。“整体”的涵义是指整体配置、整体设计和整体施工装修。“系统搭配”是指将橱柜、厨具和各种厨用家电按其形状、尺寸及使用要求进行合理布局，实现厨房用具一体化。依照家庭成员的身高、色彩偏好、文化修养、烹饪习惯及厨房空间结构、照明结合人体工程学、人体工效学、工程材料学和装饰艺术的原理进行设计，使科学和艺术的和谐统一在厨房中体现得淋漓尽致。

图2-19　整体厨房

2.3.10　整体卫浴

随着设计的发展和完善，整体卫浴（图2-20）有了新的诠释：即在有限空间内实现洗漱、沐浴、梳妆、如厕等多种功能的独立卫生单元。它用一体化防水底盘、壁板、顶盖构成的整体框架，并将卫浴洁具、浴室家具、浴屏、浴缸、龙头、花洒、瓷砖配件等都融入到一个的整体环境中。整体卫浴具有以下特点。

1）杜绝渗漏，一体成型防水底盘，专利防水翻沿和流水坡度设计，无渗漏隐患。

2）结构牢固可靠，与建筑的构架分开独立，实现良好的负重支撑。

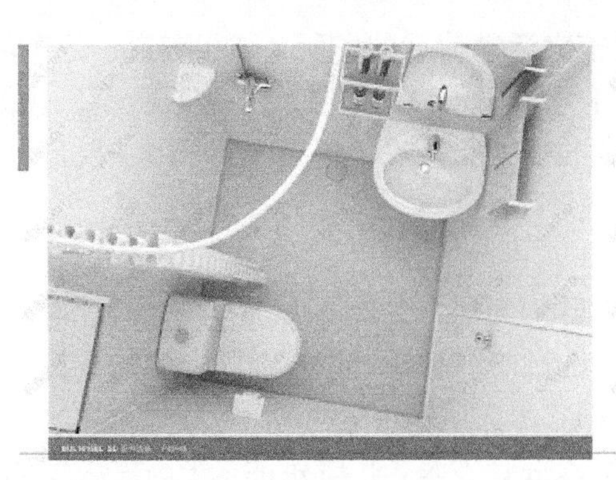
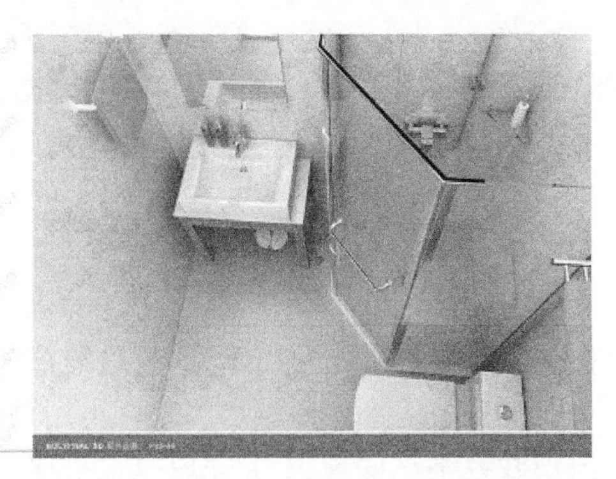

图 2-20 整体卫浴

3）出众的表面强度。FRP、SMC 与石材、瓷砖的表面都具有很高的表面强度，耐腐蚀、易清洁。

4）舒适，肤感细腻，无冰冷不适感，且保温隔热性能好。

5）不需做防水处理，本身具有流水坡度，实际安装照耀调整水平即可，不需做防水。

6）因为是整体结构，所以安装简便。

7）施工不受季节影响，与湿作业相比，工期大大缩短。

8）集成排水，采用一体式排水地漏，现场只需连接排水管即可。

2.3.11 智能家居系统

智能家居（图 2-21）是利用先进的计算机技术、网络通讯技术、综合布线技术、医疗电子技术依照人体工程学原理，融合个性需求，将与家居生活有关的各个子系统如安防、灯光控制、窗帘控制、煤气阀控制、信息家电、场景联动、地板采暖、健康保健、卫生防疫、安防保安等有机地结合在一起，通过网络化综合智能控制和管理，实现“以人为本”的全新家居生活体验。

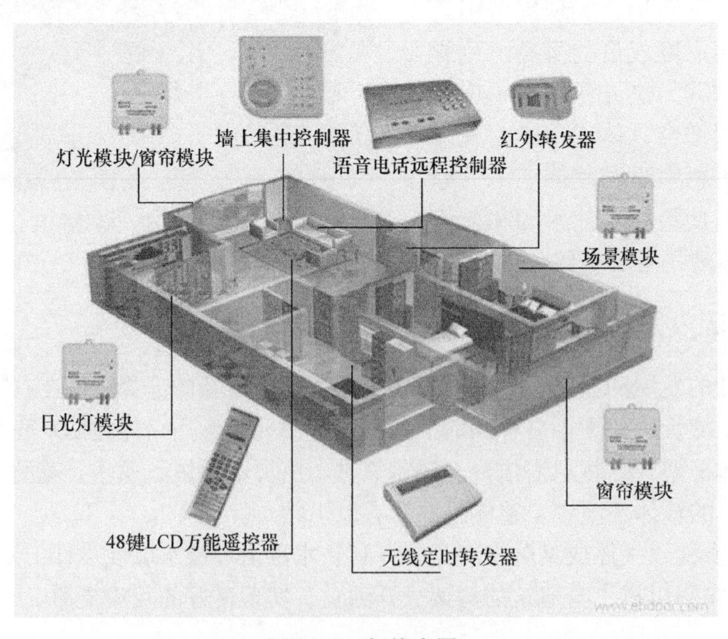

图 2-21 智能家居

智能家居是人们的一种居住环境，其以住宅为平台安装有智能家居系统，实现家庭生活更加安全、节能、智能、便利和舒适。以住宅为平台，利用综合布线技术、网络通信技术、智能家居系统设计方案安全防范技术、自动控制技术、音视频技术将家居生活有关的设施集成，构建高效的住宅设施与家庭日程事务的管理系统，提升家居安全性、便利性、舒适性、艺术性，并实现环保节能的居住环境。

智能家居系统包含的主要子系统有：家居布线系统、家庭网络系统、智能家居（中央）控制管理系统、家居照明控制系统、家庭安防系统、背景音乐系统（如 TVC 平板音响）、家庭影院与多媒体系统、家庭环境控制系统等八大系统。其中，智能家居（中央）控制管理系统（包括数据安全管理系统）、家居照明控制系统、家庭安防系统是必备系统，家居布线系统、家庭网络系统、背景音乐系统、家庭影院与多媒体系统、家庭环境控制系统为可选系统。

从功能上来看，主要有 10 个方面的功能：智能灯光控制、智能电器控制、智能安防报警、智能背景音乐、智能视频共享、智能门锁控制、可视对讲系统、远程监控系统、中央吸尘系统、系统整合控制。

2.3.12 PVC 电气配管

电气配管就是进行敷设电缆保护管的工作，电气配管可以明配，也可以暗配。配管的种类常见类型有：PVC 管（图 2-22）、PC 聚氯乙烯硬管、FPC 半硬管、KPC 波纹管。CT 为桥架敷设，KBG、JBG 是薄壁电线管的一个变种。

图 2-22　PVC 管材

PVC 管材的突出优点：相对密度小，相当于金属的 1/4~1/7；电绝缘性能、化学稳定性优良；安装、施工方便，容易维修；单位能耗低。但与金属相比，它的力学性能较低，使用温度范围较窄，膨胀收缩变形较大。

2.3.13 开关插座

墙壁开关狭义是指开关，实际上是指墙壁开关、墙壁插座这一个大区域。开关插座就是指安装在墙壁上使用的电器开关与插座，是用来接通和断开电路使用的家用电器，有时可以为了美观而使其还有装饰的功能。

1. 开关的分类

常见开关有机械、智能、平板、跷板等类型。开关有双控和单控的区别，双控每个单元比单控多一个接线柱。一个灯在房里可以控制，在房外也可以控制，称为双控，双控开关可以当单控用，但单控开关不可以用作双控。

1）按开关的启动方式来分：拉线开关、旋转开关、倒扳开关、按钮开关、跷板开关、触摸开关等。

2）按开关的连接方式来分：单控开关、双控开关、双极（双路）双控开关等。

3）按规格尺寸分：按规格尺寸标准型分为 86 型（86mm × 86mm）、118 型（118mm × 74mm）、120 型（120mm × 74mm）。

4）按功能分类：一开单（双）控、两开单（双）控、三开单（双）控、四开单（双）控、声光控延时开关、触摸延时开关、门铃开关、调速（调光）开关、插卡取电开关。

2. 常见插座可大致分为以下五种类型

1）电脑插座又称网络插座、网线插座、宽带插座、网络面板。网络若从电话中分离，则为电话电脑一体插座；网络若从有线电视分离，所以有了电视电脑一体插座。

2）电话插座。

3）电视插座又称 TV 插座、电视面板、有线插座。

4）空调插座，又称 16A 插座，因为一般的插座都是 10A 电流，空调插座是 16A 电流。

5）118 插座是横向长方形，120 插座是纵向长方形，86 插座是正方形。118 插座一般分一位、二位、三位、四位插座。86 插座一般是五孔插座、多五孔插座或一开带五孔插座。

2.3.14 PP–R 给水管

PP-R 管又叫三型聚丙烯管或无规共聚聚丙烯管（图 2-23），具有节能节材、环保、轻质高强、耐腐蚀、内壁光滑不结垢、施工和维修简便、使用寿命长等优点。广泛应用于建筑给排水、城乡给排水、城市燃气、电力和光缆护套、工业流体输送、农业灌溉等建筑业、市政、工业和农业领域。PP-R 管除了具有一般塑料管重量轻、耐腐蚀、不结垢、使用寿命长等特点外，还具有以下主要特点：

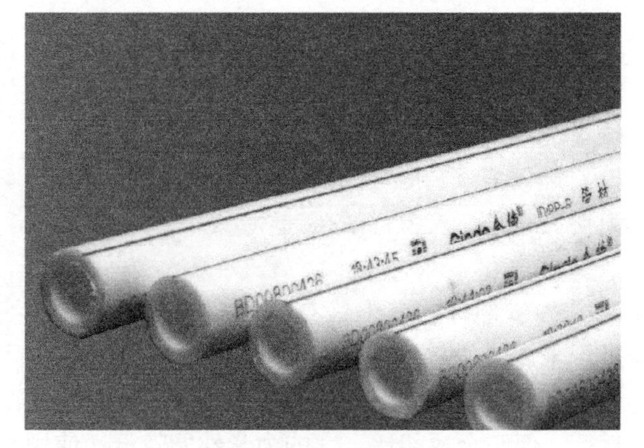

图 2-23　PP-R 给水管

1）无毒、卫生。PP-R 的原料分子只有碳、氢元素，没有有害、有毒的元素存在，卫生可靠，不仅用于冷热水管道，还可用于纯净饮用水系统。

2）保温节能。PP-R 管导热系数仅为钢管的 1/200。

3）较好的耐热性。PP-R 管的维卡软化点 131.5℃。最高工作温度可达 95℃，可满足建筑给排水规范中热水系统的使用要求。

4）使用寿命长。PP-R 管在工作温度为 70℃、工作压力（P.N）为 1.0MPa 的条件下，使用寿命可达 50 年以上（前提是管材必须是 S3.2 和 S2.5 系列以上）；常温下（20℃）使用寿命可达 100 年以上。

5）安装方便，连接可靠。PP-R 具有良好的焊接性能，管材、管件可采用热熔和电熔连接，安装方便，接头可靠，其连接部位的强度大于管材本身的强度。

6）物料可回收利用。PP-R 废料经清洁、破碎后回收利用于管材、管件生产。回收料用量不超过总量 10%，不影响产品质量。

PP-R 管安装工具，包括热熔工具和切割工具，如压力调节器、电熔、加热装置、切割机，也有成套的集成工具。

PP-R 管用做给水管主要有以下优点：①质量轻：20℃时密度为 0.90g/cm³，重量仅为钢管的九分之一、紫铜管的十分之一，重量轻，大大降低施工强度；②耐热性能好：瞬间使用温度为 95℃，长期使用时，温度可达 75℃，是目前最理想的室内冷热水管道；③耐腐蚀性能：非极性材料，对水中的所有离子和建筑物的化学物质均不起化学作用，不会生锈和腐蚀；④导热性低：具有良好的保温性能，用于热水系统时，一般无需额外保温材料；⑤管道阻力小：光滑的管道内壁使得沿程阻力比金属管道小，能耗更低；⑥管道连接牢固：具有良好的热熔性能，热熔连接将同种材料的管材和管件连接成一个完美整体，杜绝了漏水隐患；⑦卫生、无毒：在生产、施工、使用过程中对环境无污染，属于绿色建材。

2.3.15 干式地暖

干式地暖又名超薄地暖（图 2-24），因相对于普通地暖安装方式无须地暖回填，故取名干式地暖。又因无回填层，相对于普通地暖减少占用层，故又名超薄地暖。其特点及优势在于：

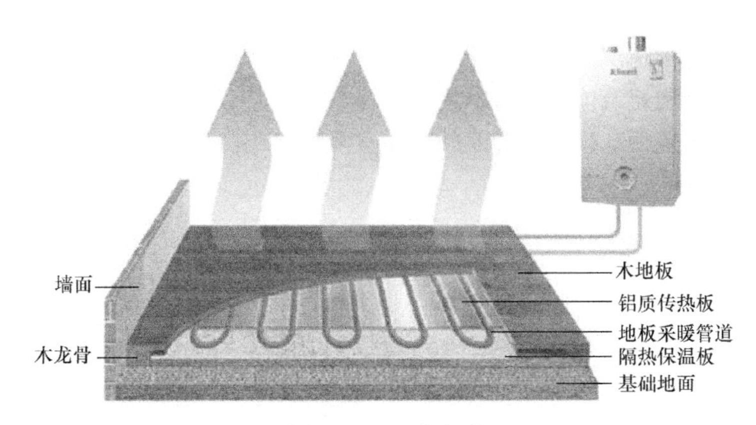

图 2-24 干式地暖

1）升温快、节能环保，运行费用低。

2）轻薄、省空间，25~50mm 厚，比直埋地暖系统轻 140kg/m² 左右、薄 50mm 以上，降低建筑结构成本。

3）设计合理、工厂化预制、模块化组装，干式铺装、清洁、简便，运行稳定、安全可靠。只需将地暖管线敷设入铺垫好的地暖保温模块沟槽内，直接在地暖保温模块上铺装木地板即可；系统运行稳定、不堵不漏、安全可靠。

4）质优高效，采用优质高密度阻燃型挤塑聚苯保温板，绝热保温性好；表层为铝板或铝箔导热层，增强了热传导，散热快、均匀，降低了沟槽内热的淤积和向下损失；无须混凝土回填，无养护期，工期短。

5）应用广，适用于干式地暖、湿式地暖（地面粘贴地砖或石材）及大厅等耐压型地暖，也适用于辐射供暖供冷空调地面（即地暖盘管末端冬季通低温热水，夏季则通制冷水，形成一个末端冷暖两用的空调地面，无须空气盘管供冷系统，同时降低成本，解决了传统直埋地暖供冷时地面易产生结露等技术问题）。

6）可循环利用、环保，寿命期后的更新改建施工非常便捷，且拆换下来的所有材料可分类回收再利用。

7）品种规格配套齐全，满足各种干式水地暖、电地暖及其发热管的各种布设形式的需要。产品包括三槽和四槽的标准直槽板、端头弯槽板及回折型板等，品种规格配套齐全，完全满足“平行型”“双平行型”“回折型”等各种发热管布设形式的需要；涵盖高、中、低档各种需求。

本章小结

本章对装配式钢结构建筑、装配式钢结构建筑体系及装配式钢结构建筑的部品部件分别做了详细的介绍和种类划分，针对工程中常见的结构也做了全面讲解。装配式钢结构住宅在我国处于起步阶段，其发展面临很多困难。但从社会综合效益分析以及改善住宅品质、提高安全生产和文明施工水平、缩短施工周期、减少对熟练劳动力依赖等潜在价值来看，发展装配式建筑，是国家和地区社会经济发展到一定水平的必然选择，也是我国住宅产业发展的必由之路。

随堂思考

1. 装配式钢结构建筑的定义是什么？
2. 装配式钢结构建筑体系分为哪几类？
3. 常用的装配式钢结构建筑的部品部件有哪些？

第3章 装配式钢结构建筑 BIM技术应用 | CHAPTER 3

内容提要

目前，BIM技术应用越来越广泛，有关BIM技术的各类平台、软件在项目各个阶段的应用也日趋成熟，国家大力发展装配式建筑的同时，也离不开BIM技术的支持，装配式建筑与BIM技术的结合使用成为必然。本章主要介绍了BIM的概念与特点，BIM技术的应用，BIM各类平台、软件的应用范围，BIM在钢结构深化设计、施工、运维阶段的应用及在各阶段的应用流程。

学习目标

1. 掌握BIM的定义及特点。
2. 了解BIM的基本应用及其优势。
3. 掌握BIM在设计、施工、运维各阶段的功能。
4. 掌握BIM在各阶段的工作流程。

3.1 BIM技术介绍

在装配式建筑“规划—设计—施工—运维”全生命周期中应用BIM技术，以敏捷供应链理论、精益建造思想为指导，建立以BIM模型为基础，集成虚拟建造技术、RFID质量追踪技术、物联网技术、云服务技术、远程监控技术、高端辅助工程设备（RTK/智能机器人放样/3D打印机/3D扫描等）等的数字化精益建造管理系统，实现对整个建筑供应链（勘察设计/生产/物流/施工/运行维护）的管理，是未来建筑产业发展的必然方向。

3.1.1 BIM的概念

1. BIM的定义

BIM（Building Information Modeling）是“建筑信息模型”的简称，又指基本模型的信息化管理。这一概念最初发源于20世纪70年代的美国，由美国乔治亚理工大学建筑与计算机学院的Chuck Eastman博士提出，目前已在全球范围内得到业界的广泛认可。狭义的BIM是指在项目某一个工序阶段应用BIM；广义的BIM是把BIM应用到建设项目全生命周期。目前我国已向广义BIM应用发展，BIM技术和解决方案将是中国工程建设行业实现高效协作和可持续发展的必由之路。

2. BIM的特点

BIM采用面向对象的方法描述包括三维几何信息在内建筑的全面信息，这些对象化的信息具有可复用、可计算的特征，从而支持通过面向对象编程实现数据的交换与共享。在建筑项目中采用遵循共同标准的建筑信息模型作为建筑信息表达和交换的方式，将显著地促进项目信息的一致性，减少项目不同阶段间信息传递中的信息丢失，增强信息的复用性，减少人为错误，极大地提高建筑行业的工作效率和技术、管理水平。

3.BIM 的前景

BIM 技术把创新应用 - 体系化设计与协同工作方式结合起来，将对传统设计管理流程和设计院技术人员结构产生变革性的影响。高成本、高专业水平技术人员将从繁重的制图工作中解脱出来而专注于专业技术本身，而较低人力成本的、高软件操作水平的制图员、建模师、初级设计助理将担当起大量的制图建模工作，这为社会提供了一个庞大的就业机会，同时为大专院校的毕业生就业展现了新的前景。

3.1.2 BIM 技术的优势

BIM 是近年来一项引领建筑数字技术走向更高层次的新技术，它的全面应用将大大提高建筑业的生产效率，提升建筑工程的集成化程度，使设计、施工到运营整个全生命周期的质量和效率显著提高、成本降低，给建筑业的发展带来巨大效益。

（1）设计阶段　BIM 技术使建筑、结构、给排水、空调、电气等各个专业基于一个模型进行工作，从而使真正意义上的三维集成协同设计成为可能。在二维图纸时代，各个设备专业的管道综合是一个繁琐、费时的工作，并且很难将问题全部发现，经常引起施工中的反复变更。而 BIM 技术可以将多专业模型整合一个共享的信息模型中，结构与专业管线、专业管线与专业管线之间的冲突会三维直观地显现出来，通过软件的碰撞检测，逐一显示碰撞的具体部位，及时调整设计方案，极大地减少和避免了施工过程中的返工和浪费。并且，BIM 模型的设计修改比传统二维图纸修改容易得多，只要一处修改，相关联的整个项目数据自动协调更新，各个视图中的平、立、剖面图自动修改更新，不会出现图纸各视图遗漏、不一致的现象。

（2）施工阶段　在施工阶段，BIM 可以实现同步提供施工虚拟模拟，分析提供有关施工进度及成本的信息。BIM 模型可以提供工程量清单和各种材料信息，可以实现建筑构件的直接无纸化加工建造，实现整个施工周期的可视化模拟与可视化管理。使用 BIM 模型为载体指导，协同参建各方可进行项目技术、质量、安全、成本管理。

（3）运营阶段　BIM 模型可为业主提供建设项目中所有系统的信息，在施工阶段做出的修改将全部同步更新到 BIM 模型中形成最终的 BIM 竣工模型，该竣工模型作为各种设备管理的数据库，为系统的维护提供依据，使运营管理做到智能化，并大大降低运营维护成本。

3.2 BIM 技术协同管理平台

3.2.1 BIM 技术协同管理平台的概念

随着 BIM 技术在工程建设领域的快速发展，借助 BIM 技术，改变建筑企业传统的项目管理方式，将是新形势下提升市场竞争力的关键要素之一。通过在 BIM 软件中添加参数对建筑物进行虚拟模拟，在工程项目建设各阶段信息集成的基础上，可实现项目参与方互相间的信息集成与共享。同时，BIM 技术以其可视化的特点，将项目实施过程中各参与方集中于共同的三维工作平台进行协作以及信息传递，保证了项目目标在实施中的统一，极大地提高了项目参与方之间的协同效率。因此，BIM 在建筑业的推广和应用，为工程项目管理效率的提升提供了强大的信息技术支持，为项目协同管理提供了新方向。

工程项目建设过程中涉及业主、设计商、承包商、供应商、监理方、运营商等多个项目参与方，信息数量庞大，信息内容复杂，并且在项目管理中，经常发生信息传递不及时、信息利用率低等现象。BIM 技术协同管理平台的构建思路是以 BIM 模型作为项目各个参与方交流与沟通的信息载体，通过 BIM 信息协同管理系统，将项目各个参与方的信息模型有效集成起来，进行信息数据的交换和传递，实现工程项目信息的集成与共享。基于 BIM 技术协同管理平台主要拥有以下三个功能：

（1）项目信息的统一存储及处理　工程项目建设过程中会产生的项目信息，包括项目投资分析信息、方案设计信息、施工质量信息等。工程项目信息的存储一般通过中心数据库来实现，各职能管理系统通过直接或间接的形式将所产生的数据与中心数据库进行交互，并从中提取数据、查询数据和存储数据等。

（2）实现项目信息的集成与共享　通过工程项目信息的集成与共享，实现项目各参与方之间的沟通和交流。BIM 技术协同管理平台可以通过网络等形式发布相关项目信息，各参与方根据自身权限随时获取相关项目信息。通过 BIM 技术协同管理平台能够使项目管理人员对项目信息进行及时沟通，对项目中发生的事故及时做出处理对策。

（3）满足业主对项目动态的实时把控　在工程项目建设过程中，业主一般需要对项目实施的全过程进行及时监督与控制，了解工程项目的实际进展情况，对工程项目建设过程中发生的各类问题，及时做出决策以及应对方案。

3.2.2　BIM 软件及平台应用

1.BIM 系列软件

BIM 技术具有信息完备性、信息关联性、信息一致性、可视化、协调性、模拟性、优化性和可出图八大特点。将建设单位、设计单位、施工单位、监理单位等项目参与方在同一平台上，共享同一建筑信息模型。利于项目可视化、精细化建造。BIM 不再只是一款软件，而是一种管理手段，是实现建筑业精细化，信息化管理的重要工具。BIM 技术包括一系列的应用软件，主流软件有：

1）Autodesk 公司的 Revit 建筑、结构和机电系列。在民用建筑市场借助 AutoCAD 的天然优势，有相当不错的市场表现。

2）Bentley 建筑、结构和设备系列，Bentley 产品在工厂设计（石油、化工、电力、医药等）和基础设施（道路、桥梁、市政、水利等）领域有着无可争辩的优势。

3）2007 年 Nemetschek 收 购 Graphisoft 以 后，ArchiCAD/AllPLAN/VectorWorks 三个产品就被归到同一个门派里面了，其中国内同行最熟悉的是 ArchiCAD，属于一个面向全球市场的产品，应该可以说是最早的一个具有市场影响力的 BIM 核心建模软件，但是在中国由于其专业配套的功能（仅限于建筑专业）与多专业一体的设计院体制不匹配，很难实现业务突破。Nemetschek 的另外两个产品，其中 AllPLAN 主要市场在德国，VectorWorks 则是在美国。

4）Dassault 公司的 CATIA 是全球最高端的机械设计制造软件，在航空、航天、汽车等领域具有接近垄断的市场地位，应用到工程建设行业无论是对复杂形体还是超大规模建筑，其建模能力、表现能力和信息管理能力都比传统的建筑类软件有明显优势，而与工程建设行业的项目特点和人员特点的对接问题则是其不足之处。Digital Project是Gery Technology公司在CATIA基础上开发的一个面向工程建设行业的应用软件（二次开发软件），其本质还是CATIA，可类比天正CAD的本质是AutoCAD。

2. EBIM平台应用

EBIM管理平台是针对项目施工阶段研发的协同管理平台，主要有六大功能：前期准备、模型应用、协同管理、物料管理、二维码管理、计划管理。

（1）前期准备

1）项目创建：登录EBIM-Web端（http：//ebim.bjjy.com：3000）创建新的项目，且后期针对项目的前期设置，均可以通过Web端进行设置；项目创建人即为该项目的管理员。

2）添加成员：通过输入帐号名称进行帐号添加，添加的帐号进入该项目成员列表中，列表中的成员共享该项目，能查看模型、模型更新后自动同步、话题、报表、材料跟踪等信息项目圈共享应用。

3）可见性设置：管理员（项目创建人）可添加不同的模型标签，通过权限和标签设置来控制项目圈内成员对模型的可见性。

4）权限设置：管理员（项目创建人）可在权限模板中自定义权限模板，勾选相应的平台功能并保存。在成员列表中，替换项目成员的权限模板，定义用户不同权限功能。

5）讨论组设置：管理员（项目创建人）可在权限模板中自定义权限模板，勾选相应的平台功能并保存。在成员列表中，替换项目成员的权限模板，定义用户不同的权限功能。

6）话题设置：管理员（项目创建人）提前将话题的专业和类型设定好，后面项目使用过程中，现场使用人员可直接调取数据应用。

7）跟踪模板：管理员（项目创建人）提前将不同的专业和工艺定义模板，后面材料跟踪自动调取使用，如预制加工构件，我们可根据预制流程定义不同的状态，并将状态拖动至相应的模板内。

8）表单类型：管理员（项目创建人）提前将表单的类型设定好，后续进行表单模板导入的时候，直接将表单模板上传至相应的类型内，方便后续调取模板使用。

（2）模型应用

1）移动端Ipad端模型浏览：模型浏览界面集成了所有与模型相关的操作，用户可以在指尖操作，如同亲临现场，更好地为用户提供模型浏览服务。

2）移动Ipad端视口管理：现场发现的问题，可在模型上批注，拍照。

3）PC端视口管理：模型协同共享、涂鸦浏览、创建视口。

（3）协同管理　BIM模型可以在云平台进行统一管理，所有用户都可以随时随地获取最新BIM数据；其优势在于使沟通协作更加方便快捷、向互联网化发展；同时基于BIM模型进行协同管理，可以将所有协同数据与BIM关联，更加直观、有效地减少沟通误区。

此外，还可直接登录到EBIM平台各个端口，就可以创建话题。通过APP记录现场发现的问题，现场拍摄照片并提醒相关人整改，通过交流讨论管理整改过程。

（4）资料管理　集中管理工程资料，与二维码相关联，方便用户上传现场照片、表单等资料，且可通过 EBIM 平台或第三方（QQ、微信等）扫码查看。

（5）二维码管理　二维码作为工程中信息的载体，可与物料合为一体。物料的动作信息（包含参与动作的人员信息、物料图片信息）通过采集设备采集上传信息化管理平台，反应在 BIM 3D 模型上，供查询、管控工程的整体进程。

（6）计划管理　计划导入、扫码查看、任务推送。

3.3 装配式钢结构建筑设计

3.3.1 装配式钢结构建筑设计介绍

1. 装配式钢结构建筑设计概述

我国从二十世纪五十年代开始，对钢结构施工图纸的编制就沿用苏联的编制方法，分为两个阶段：钢结构设计图和钢结构施工详图。国际上钢结构工程的设计也普遍采用设计图与工厂详图两个阶段出图的做法。长期的建设经验表明，两阶段出图分工合理，有利于保证工程质量并方便施工。

钢结构设计图由具有相应设计资质的设计单位编制。对设计依据，荷载资料、建筑抗震设防类别和设防标准，工程概况，材料选用和材料质量要求，结构布置，支撑设置，构件选型，构件截面和内力，以及结构的主要节点构造和控制尺寸等均需表示清楚。钢结构施工详图一般由施工单位或由具有相应设计资质的钢结构加工制造企业或委托设计单位完成编制，是以设计图为依据，结合工程情况、钢结构加工、运输及安装等施工工艺和其他专业的配合要求进行的二次深化设计。

深化设计是指钢结构施工详图编制这一阶段，也就是以钢结构设计图为依据进行深化设计，作为指导工程的工厂加工制作和现场拼装、安装的依据，使工程可以顺利实施。

深化设计是钢结构设计与施工中不可缺少的一个重要环节。深化设计的设计质量，直接影响着钢结构的制作和安装的质量。深化设计要详细地设计钢结构的每一个构件，为钢结构的制作和安装提供技术性文件。钢结构的构件制作及安装必须有安装布置图及构件详图，其目的是为钢结构制作单位和安装单位提供必要的、更为详尽的、便于进行施工操作的技术文件。通过图纸二次深化设计，使复杂分散的节点细化成为有规律的、一目了然的施工详图。

2. 装配式钢结构建筑设计内容

钢结构深化设计图是构件下料、加工和安装的依据。深化设计的内容至少应包含以下内容：图纸目录、钢结构深化设计说明、构件布置图、构件加工详图、安装节点详图、材料清单、图纸编号和构件编号。

1）钢结构深化设计说明。一般作为工厂加工和现场安装指导使用。说明中一般包含：设计依据、工程概况、材料说明（钢材、焊接材料、螺栓等）、下料加工要求、构件拼装要求、焊缝连接方式、板件坡口形式、制孔要求、焊接质量要求、抛丸除锈要求、涂装要求、构件编号说明、尺寸标注说明、安装顺序及安装要求、构件加工安装过程中应注意的事项等。通过钢结构深化设计说明归纳汇总，将项目的基本要求展现给加工、安装人员。

2）构件布置图。主要作为现场安装使用。设计人员根据结构图中构件截面大小、构件长度、不同用途的构件进行归并、分类，将构件编号反映到建筑结构的实际位置中去，采用平面布置图、剖面图、索引图等不同方式进行表达。构件的定位应根据其轴线定位、标高、细部尺寸、文字说明加以表达，以满足现场安装要求。当对结构构件进行人工归并分类时，要特别注意构件的关联性，否则很容易误编而导致构件拼装错误。构件的外形可采用粗单线或简单的外形来表示，在同一张图或同一套图中不同的构件不应采用相同编号，因细节或孔位不同的梁应该单独编号，对安装关系相反的构件，编号后可采用加后缀的方式来区别。

3）构件加工详图。主要作为生产车间加工组装用。根据钢结构设计图和构件布置图采用较大比例来绘制，对组成构件的各类大、小零件均应有详细的编号、尺寸、孔定位、坡口做法、板件拼装详图、焊缝详图，并应在构件详图中提供零件材料表和本图的构件加工说明要求。材料表中应至少包含零件编号、厚度、规格、数量、重量、材质等，在表达方式上可采用正视图、侧视图、轴侧图、断面图、索引详图、零件详图等。每一构件编号均应与构件布置图中相对应，零件应尽可能按主次部件顺序编号。构件详图中应有定位尺寸、标高控制和零件定位、构件重心位置等。构件绘制时应尽量按实际尺寸绘制，对于细长构件，在长宽方向可采用不同的比例绘制，对于斜尺寸应注明斜度，当构件为多弧段时，应注明其曲率半径和弧高。总之，构件详图设计图纸表达深度应该以满足构件加工制作为最低要求，在图纸表达上应尽量详细。

4）安装节点详图。原设计施工图中已有的节点详图，在深化设计时，可以不考虑这些节点的设计、绘制。但当原设计图中节点不详或属于深化设计阶段增加的节点图，则在安装节点详图中还应该表达出来，以满足现场安装需要。节点详图应能明确表达构件的连接方式、螺栓数量、焊缝做法、连接板编号、索引图号等。节点中的孔位、螺栓规格、孔径应与构件详图中统一。

5）材料清单。材料清单可提供材料采购和预算的依据，以及加工的进度控制和管理。这类资料是加工管理中不可或缺的依据，加工单位可依据它进行加工组织计划、成本控制、进度管理等一系列的管理工作。

6）图纸编号与构件编号。

① 框架柱以施工图中的柱子编号为基础。按照合理的运输、安装单元按长度把柱子分段，分段顺序是从下到上，分号在柱子编号前面加以表示。钢柱的平面定位以施工图平面布置图中的钢柱所在轴线交点处纵横轴线号表示。因为钢柱的安装方位是唯一的，因此图纸上表明钢柱安装的方位。

② 钢梁是以施工图中的钢梁编号为基础，按照该钢梁所在的层面，从下到上在钢梁编号前面加以表示，在施工图中同一层相同钢梁编号的钢梁因长度、加劲肋和次梁连接板的不同在钢梁编号后面加区分号（数字）加以分类。

3.3.2 装配式钢结构建筑设计的流程及质量控制

1. 设计流程

（1）选型　首先根据建筑方案，结合建筑的功能需求、经济效益确定结构形式，选择合适的结构形式，进而确定钢结构的型材，比如选用重钢结构、轻钢结构，还是要选用钢—混凝土结合的形式。

（2）截面设计　结构形式和型材确定之后，随之而来的就是截面设计，针对目前市面上常用的几种截面形式进行组合设计，经过计算选用受力性能优越、经济合理、便于施工的截面形式。常用的截面形式有 H 形、工字形、方管形、圆管形等。

（3）节点设计　节点设计是钢结构设计的重点，在秉承“强节点、弱构件”的设计理念下，对节点设计进行重点分析，根据力学分析的结果，选择与之匹配的节点形式，比如螺栓连接（普通螺栓、高强螺栓）、焊接、栓焊结合等节点形式。

（4）施工图设计　根据建筑方案、结构计算设计结构施工图。结构施工图旨在确定构件的平面布置、使用条件以及前 3 条所确定的具体内容和做法，为后期的施工作业提供详细的技术资料。

（5）详图设计　详图设计主要是用于生产加工使用，根据设计图的做法，针对加工方做出更加详细的加工说明，如孔定位、破口做法、板材拼接方式、焊缝要求等，做出明确的技术交底。

2. 设计质量控制

设计质量好坏关乎安全、经济，责任重大，甚至对以后几十年都会产生巨大的影响，所以设计质量控制非常重要。设计质量控制，首先是人员技术控制，每个技术人员都必须要经过正规的培训，取得证书，方能上岗。其次是公司制度控制，制度是质量的保证，设计人员必须严格按照公司制度、规范规定进行设计，严格执行标准。最后是设计质量检查，设计成果要进行严格的审核，保证设计成果满足各项技术指标。

3. 设计质量控制措施

1）每批施工详图都需经过公司内部校对审核签字后送总包审核签章，以保证图纸的质量。

2）在施工过程中凡发生涉及施工图的变更，需设计院的签字签章才可予以实施；如果仅涉及详图尺寸修改的施工详图变更，需详图项目负责人签字认可。针对该工程的特殊工艺及工艺需要进行对原设计的改动（如板长度拼接方法形式、下段柱分体造成上部箱体的排板及焊接形式变化），需先行与设计院沟通并进行施工计算，交公司总工程师审定签字并交设计院审核后方能实施。

3）每张施工详图都需有版本号，以识别是否有修改或是第几次修改。

4）每批施工详图归档的内容包括：设计院签章确认的施工详图；施工详图的电子文件；来往联系单文件以及登记记录表。

5）工程施工详图设计完成时，整理一套完整的电子文件，对照更改的联系单。将电子文件按照联系单的内容修改，并更改对应的图纸版本号。

6）深化设计图是指导工厂加工、现场安装的最终技术文件，必须严格进行质量审核。深化图纸要充分表达设计意图，文字精练且图面清晰；避免一般性的错、漏，避免各专业间配合上的矛盾、脱节和重复；尽量采用通用设计和通用图纸，力求设计高质量、高效率、高水平。

4. 深化设计质量保证措施

（1）深化设计人员　深化设计人员需要有丰富的工作经验和扎实的深化设计知识，设计团队需要有资深的工程师为工程质量把关，为图纸深化设计的质量提供可靠的人力保证。

（2）深化设计三级审核制度　设计制图人员根据设计图纸、国家和部委的规范、规程以及深化设计标准完成自己负责的设计制图工作后，要经过以下检查和审核过程。

1）设计制图人自审。设计制图人将完成的图纸打印白图（一次审图单），把以下内容的检查结果用马克笔做标记：

① 笔误、遗漏、尺寸、数量。

② 施工的难易性（对连接和焊接施工可实施性的判断）。

③ 对于发现的不正确的内容，除在电子文件中修改图纸外，还要在一次审图单上用红笔修改，并做出标记。

④自审完成后将修改过的图纸重新打印白图（二次审图单），并将一次审图单和二次审图单一起提交审图人员。

2）审图人员校核。审图人员的检查内容和方法同自审时基本相同，检查完成后将二次审图单交设计制图人员进行修改并打印底图，必要时要向制图人将错误处逐条指出，但对以下内容要进行进一步审核：

① 深化设计制图是否遵照公司的深化设计有关标准。

② 对特殊的构造处理审图。

③ 结构体系中各构件间的总体尺寸是否冲突。

3）最终审核。审定时以深化设计图的底图和二次审图单为依据，对图纸的加工适用性和图纸的表达方法进行重点审核。

（3）信息反馈处理

1）简单的笔误。迅速修改错误，出新版图，并立即发放给生产和质量控制等相关部门，同时收回原版图纸。

2）质量问题判断为对设计的理解错误或工艺上存在问题。重新认真研究设计图纸或重新分析深化设计涉及的制作工艺，及时得出正确的认识，迅速修改图纸，出新版图，并立即发放给生产和质控等相关部门，同时收回原版图纸。

3）在构件制作或安装过程中，根据现场反馈的情况发现深化设计的质量问题立即通知现场停止相关部分的施工。同时组织技术力量会同有关各方研究出处理措施和补救方案，在征得设计和项目管理公司同意后，及时实施，尽可能将损失减少到最小，并将整个过程如实向业主汇报。

（4）出错补救措施　根据本工程的情况，设立专人与设计院、业主保持不间断联系，以减少深化设计的错误；在设计中发现深化图出错，立即对错误进行修改，在确认无误后再进行施工。如果深化设计发生错误，且工厂已经下料开始制作，在发现错误后，立即停止制作，并向设计院和业主报告，与设计人员共同商讨所出现错误的性质，如果所发生的错误对整体结构不造成安全影响，在得到设计院、业主的认可、批准后继续施工；否则对已加工的构件实行报废处理。

5. 深化图纸审查重点

1）图纸数量是否完整，重点检查封面、目录、设计说明、构件图、零件图，以及图纸日期、版本号和图名等。

2）构件数量和零部件数量是否完整，不得漏零件或部件。

3）检查材料清单的零部件编号、材质、重量是否正确，是否符合原设计施工图的要求，构件总重是否正确。

4）图纸尺寸标注是否正确和清晰，不得漏标尺寸。

5）焊缝标准是否完整。

6）高强螺栓的型号和规格尺寸是否正确。

7）模型变更后图纸是否相应变更。

8）深化设计图格式、图面表达是否整洁、规范。

3.3.3 装配式钢结构建筑设计的工具软件

1. 计算分析软件

（1）PKPMCAD 系列设计软件

1）PKPMCAD 软件中包含平面建模和砌体结构辅助设计软件 PMCAD，平面框、排架结构计算软件 PK，空间杆系结构计算软件 TAT，空间结构有限元计算软件 SATWE 和地基基础设计软件 JCCAD 等。

2）PMCAD 是整个结构 CAD 的核心，它建立的全楼结构模型是 PKPM 二维、三维结构计算软件的前处理部分，也是梁、柱、剪力墙、楼板等施工图设计软件和基础 CAD 的必备接口软件。PKPMCAD 辅助设计软件具有设计成果可重复利用、设计效果直观生动、精度高等特点，能大大减轻设计人员的劳动强度。

（2）SAP2000 设计软件　SAP2000 是集成化的通用结构分析与设计软件。它是 SAP 产品系列中第一个以 Windows 为操作平台的程序，拥有强大的可视界面和方便的人机交互功能。利用 SAP2000 软件，可以完成模型的创建和修改、计算结果的分析和执行、结构设计的检查和优化以及计算结果的图表显示和文本显示等。SAP2000 具有的分析功能有：

1）荷载工况及组合。

2）静力线性分析。

3）模态分析。

4）反应谱分析。

5）线性时程分析。

6）高级分析功能。

2. 深化详图设计软件

（1）Xsteel　20 世纪末，以 Xsteel 为代表的钢结构专用设计软件进入中国，其平台是自主开发的真三维体系，具有独一无二的优势：

1）Xsteel 设有适合中国标准的钢结构设计环境，所有的型材规格、节点形式均按钢结构设计规范要求设置，所以建模时选用的构件及截面规格严格按照原结构设计文件的要求，对于非标准的节点，也可以按要求进行自定义节点的设计。

2）根据各种钢结构工程特点，该程序可以设定多用户环境，将其中的一台计算机用户设定为主服务器，整个建模工作可以通过局域网由多人分区分楼层进行。

3）可以将模型直接转换成组装图及零件图。

4）模型与图纸间保持三维相关性，即在平面图中还包含三维信息，可以在立面图上切割出剖面图，可以显示相邻剖件信息等。

5）整个深化设计使用程序来完成，钢结构模型经过多次校对审核，若不考虑工厂加工的误差，按深化图加工制作的所有构件理论上完全能进行准确无误的安装。

（2）AutoCAD　AutoCAD 是现在较为流行、使用很广的计算机辅助设计和图形处理软件。经过二次开发，AutoCAD 能很好地胜任钢结构深化详图绘制工作。

3.3.4 装配式钢结构建筑设计实施方案

装配式钢结构建筑设计的具体步骤如下：

（1）初步整体建模　按图纸要求在模型中建立统一的轴网；根据构件规格在软件中建立规格库；定义构件前缀号，以便软件在自动编号时能合理地区分各构件，使工厂加工和现场安装更合理方便，更省时省工；校核轴网、钢柱及钢梁间的相互位置关系。

（2）精确建模　根据施工图、构件运输条件、现场安装条件及工艺等，对各构件进行精确建模，确保模型的精确性和信息的完整性，并应覆盖对构件进行合理分段、对节点进行人工装配等信息内容。

（3）模型校核　由专人对模型的准确性、节点的合理性及加工工艺等各方面进行校核；运用软件中的校核功能对整体模型进行校核，防止各钢构件之间发生碰撞。

（4）构件编号　模型校核后，运用软件中的编号功能对模型中的构件进行编号。软件将根据预先设置的构件名称进行编号归并，把同一种规格的构件编号统一编为同一类，把相同的构件合并编同一编号，编号的归类和合并更有利于工厂对构件的批量加工，从而减少工厂的加工时间。

（5）构件出图　运用软件的出图功能，对建好的模型中的构件、节点自动生成初步深化图纸（构件的组装图及板件的下料图）；然后对图纸在尺寸标注、焊缝标注、构件方向定位及图纸排版等方面进行修改调整，力求深化图纸准确、简洁、清楚及美观。

① 平面、立面结构布置图：分层进行梁构件图布置，分轴线进行柱及斜撑构件布置，对各层、各区的构件进行编号。

② 构件图：在 Xsteel 模型中可直接生成构件图，构件编号与布置图相对应。

③ 零件图：根据构件图、参照节点、分段等要素在 Xsteel 的构件模型中直接生成零件图和材料清单。

（6）校对及审核　深化图纸调好后，应由专人对图纸进行校核及审核，确保深化图合理、准确，最后按照“自校—互校—校对—审核—签字”流程对图纸进行校对及审核。

（7）图纸表达　模型完成后，安排专门人员对图纸布局、尺寸线等进行调整，使图纸表达清晰、完整，具体要求见表 3-1。

表 3-1　详图要求

序号	详图类型	图纸要求
1	构件及零件详图	构件细部、重量表、材质、构件编号、焊接要求及标记、连接细部、坡口形式和索引详图等
		螺栓统计表，螺栓标记、螺栓直径
		轴线号及相对应的轴线位置
		加工、安装所必须具有的尺寸
		方向、构件的对称和相同标记
2	安装布置图	必须包括平面布置图、立面布置图、现场拼接 / 焊接位置、地脚螺栓定位图等
		构件编号、安装方向、标高、安装说明等一系列安装所必须具有的信息

3.4 BIM 技术在钢结构施工阶段的应用

3.4.1 BIM 技术在钢结构施工阶段的应用必要性

目前在钢结构工程的施工阶段，项目的成本、质量、进度、安全控制方面都存在问题：因工程变更引起造价波动；因预制安装工艺不当、装配安装顺序冲突引起工期延误；因预制构件在运输过程中造成变形、碰伤或污染而增加造价，延误工期；因安全教育工作或安全措施的不到位而引起安全事故。利用 BIM 技术，对 3D 模型中的构件进行参数化管理，并进行 3D 模型与时间轴关联后的 4D 模拟施工、场布模拟等施工前的计划审查，以保证顺利安装，避免施工工序之间的冲突和施工安全问题，并纠正偏差确保项目各项目标的实现。

BIM 技术在施工阶段的应用以设计施工图模型数据来源，拆分整合利用后以施工阶段 BIM 模型为主。设计施工图与 BIM 模型强调图模型合一，即 BIM 三维模型与二维施工图的高度一致；施工 BIM 模型强调模实合一，即 BIM 施工模型要满足三维 BIM 施工模型与施工现场的高度一致，包含隐蔽工程；成本 BIM 模型应以设计 BIM 模型为原始数据基体，添加成本信息以满足各阶段算量要求。

3.4.2 BIM 技术在钢结构施工阶段的应用方法

在项目施工阶段应用 China BIM Cloud 平台对装配式建筑的施工开展全视角和多重进度匹配的虚拟施工，对包含施工现场平面布置、运输车辆往来路线、施工机械、塔式起重机布置在内的施工全流程进行优化，提高装配式建筑的施工效率，缩短整个项目的施工周期。

（1）通过 4D 模型对施工时间进行划分　在应用 BIM 平台的条件下，通过 Tekla Structure 软件构建 4D 进度模型，模拟起重机、大型塔式起重机等设备的位置及分工，以此解决吊装设备之间的冲突，确定工程所需的设备数量，有效控制工程造价。同时，通过施工模拟对施工进度计划进行优化，降低错误发生率，使工程的经济效益得到有效保障。

（2）通过 4D 虚拟的进度管理技术　通过 4D 虚拟可以将工程施工过程中的常见问题展示出来，便于对其进行合理修改，制定更好的解决对策，使工程施工方案得到优化，使工程进度得到控制。相比传统的施工方式，通过 BIM 技术对工程施工进行指导，能够简化工程施工流程，使工程施工效率得到有效提升。

（3）通过 BIM 技术进行多方协调　将 BIM 技术应用到工程施工过程的场地管理中，能够减少空间冲突，设定合理的场地区域，比如生活区、钢筋加工区、钢材拼接区、砌块堆放区等，使工程施工的调度安排及材料进场更加科学，有效保证工程施工的顺利开展。也可以利用 BIM 技术向施工人员展示场地布置及使用情况，促进各部门、各人员之间的沟通配合。

3.5 BIM 技术在钢结构运营维护阶段的应用

3.5.1 运营维护的概念

运营维护（以下简称运维）是指完成竣工验收之后且各项施工内容在保修期时限之

内，施工单位须按国家相关要求进行工程回访，及时了解工程竣工后的使用情况和质量情况，掌握第一手材料，并对工作加以改进。工程一旦出现质量问题，必须到位进行修理、维护直至工程合格。合同规定缺陷责任期结束并且修缮任务完成时，施工单位负责与业主进行工程项目的移交。

目前，运维阶段采取租赁经营、自主经营、委托经营、特许经营四种管理模式。由于建设项目的周期较长，涉及的文件较多，信息资料众多，各个阶段又处于各自为营的状态，导致了整个项目建设全过程中信息难以集成和统一，未免会出现信息丢失的现象，给业主带来经济损失。传统的运维阶段的管理主要存在以下弊端：

（1）信息孤立　建筑项目在其生命周期内由于不同的工作阶段以及各工作阶段内的工作主体不同，导致各自的信息不流通和不统一，直接造成的影响是无法满足运维要求，出现信息孤岛。所以，应该从运维管理的角度出发介入到项目的设计与施工阶段，消除信息的断层，才能为运维阶段的管理工作带来最大的效益。

（2）缺乏控制　随着越来越多的超高层建筑的出现，项目建设周期内的信息管理将面对巨大的挑战。传统的运维管理模式不能及时地了解最新的运营情况，管理部门不能及时做出准确决策，不能对工程项目的运维情况进行有效的控制。特别是在运营的过程中，当排水、监测、消防等系统发生故障的情况下，如果没有及时采取措施进行控制，将造成经济损失甚至人员伤亡。

（3）管理粗放　我国建筑行业大而不强，很多企业仍为粗放式劳动密集型，其规模化程度低，建设项目组织实施方式和生产方式落后，产业现代化程度不高，很多建设项目并不重视运维阶段的管理，导致出现大量纠纷和经济损失。因此，形成精细化的运维管理势在必行。

3.5.2　BIM 技术在钢结构运营维护阶段的应用内容

BIM 在运维的应用，通常可以理解为运用 BIM 技术与运维管理系统相结合，对建筑的空间、设备资产等进行科学管理，对可能发生的灾害进行预防，降低运营维护成本。具体实施中常将物联网、云计算技术等与 BIM 模型和运维系统与移动终端结合起来应用，最终实现设施管理、隐蔽工程管理、应急管理、节能减排管理等。

1）设施管理。主要包括设施装修、空间规划和维护操作。美国国家标准与技术协会于 2004 年进行了一次研究，业主和运营商在持续设施运营和维护方面耗费的成本几乎占总成本的三分之二，这次统计反映了设施管理人员的日常工作繁琐费时。而 BIM 技术能够提供关于建筑项目协调一致、可计算的信息，因此该信息非常值得共享和重复使用，业主和运营商便可借 BIM 技术降低由于缺乏互操作性而导致的成本损失。

此外，还可对重要设备进行远程控制。把原来商业地产中独立运行的各设备通过 RFID 等技术汇总到统一平台进行管理和控制。通过远程控制，可充分了解设备的运行状况，为业主更好地进行运维管理提供良好条件。

2）隐蔽工程管理。建筑设计时可能会对一些隐蔽管线信息没有充分重视，特别是随着建筑物使用年限的增加，这些数据的丢失可能会为日后的安全工作埋下很大的安全隐患。基于 BIM 技术的运维可以管理复杂的地下管网，如污水管、排水管、网线、电线及相关管井，并可在图上直接获得相对位置关系。当改建或二次装修时可避开现有管网位置，便于管网维修、更换设备和定位。内部相关人员可共享这些电子信息，有变化可随时调整，保证信息的完整性和准确性。

3）应急管理。基于 BIM 技术的管理可以杜绝盲区的出现。公共、大型和高层建筑等作为人流聚集区域，突发事件的响应能力非常重要。传统突发事件处理仅仅关注响应和救援，而通过 BIM 技术的运维管理对突发事件的管理则包括预防、警报和处理。如遇消防事件，管理系统可通过喷淋感应器感应着火信息，在 BIM 信息模型界面中自动触发火警警报，着火区域的三维位置立即进行定位显示，控制中心可及时查询相应周围的环境和设备情况，为及时疏散人群和处理灾情提供重要信息。

4）节能减排管理。通过 BIM 模型结合物联网技术，日常能源管理监控将变得更加方便。通过安装具有传感功能的电表、水表、煤气表，可实现建筑能耗数据的实时采集、传输、初步分析、定时定点上传等基本功能，并具有较强的扩展性；还可以实现室内温湿度的远程监测，分析房间内的实时温湿度变化，配合节能标准运行管理。在基于 BIM 技术的管理系统中可及时收集所有能源信息，通过开发的能源管理功能模块对能源消耗情况进行自动统计分析，并对异常能源使用情况进行警告或标识。

本章小结

本章对 BIM 技术做出了整体、全面的功能介绍，对 BIM 技术应用于装配式钢结构建筑的各个阶段都做出了完整的体系解读，使读者对于在工程中实际使用 BIM 技术的流程以及 BIM 技术的优势有了更具体的认知。BIM 技术不仅让管理人员快速了解项目的建筑功能、结构空间和设计意图，而且，其任意的模型剖切及旋转功能，使得复杂工程结构一目了然。通过 BIM 技术，可在模型的建立过程中，将图纸中的所有信息反映到模型中，并结合自身经验判定模型中的节点是否合理、现场施工是否能实现，从而将一部分难以察觉的图纸问题和施工难题在建模阶段就予以解决，使后期施工的流畅性和经济性得到有效保证。

随堂思考

1. 如何利用 BIM 技术进行协同管理？
2. BIM 技术应用于装配式钢结构建筑设计的主要流程是什么？
3. 在施工阶段使用 BIM 技术有哪些优势？
4. BIM 技术在运维阶段的主要功能有哪些？

第 4 章　北京成寿寺装配式钢结构项目案例

CHAPTER 4

内容提要

钢结构是土木工程中一种重要的结构形式，在民用建筑及厂房建设中具有非常广泛的应用，以其“轻质高强”等特性在建筑结构及材料中具有不可替代的位置。同时，在我国大力发展装配式建筑的时代背景之下，钢结构以其自身装配属性成为主流，北京丰台区成寿寺 B5 地块定向安置房项目是北京市首个装配式钢结构住宅项目，也是全国装配式建筑科技示范项目，代表着我国装配式钢结构建筑发展的新趋势。

学习目标

1. 了解北京成寿寺项目的工程内容。
2. 熟悉项目的流程及各技术优势。
3. 了解项目涉及的新兴技术特点。

4.1　北京成寿寺钢结构装配式建筑介绍

北京丰台区成寿寺 B5 地块定向安置房项目是全国装配式建筑科技示范项目、北京市首个装配式钢结构住宅项目的示范工程（图 4-1）。

图 4-1　项目成果图

本项目总建筑面积为 31685.49m^2，其中地上面积 20055.49m^2（包含住宅建筑面积 18655.49m^2 和配套公建面积 1400.00m^2），地下面积 11630.00m^2。具体参数见表 4-1。

表 4-1 北京成寿寺 B5 地块工程参数

序号	1	2	3	4
名称	规划用地面积 /m^2	总建筑面积 /m^2	项目容积率	绿地率
数量	6691.2	31685.49	3.0	30%

本工程（图 4-2）地下三层，地上分为四栋高层建筑，1 号楼南北向地上 9 层、2 号楼东西向地上 12 层、3 号楼东西向地上 16 层、4 号楼南北向地上 12 层。本工程的 1 号楼、4 号楼采用钢管混凝土框架—钢板阻尼器结构体系，2 号、3 号楼采用钢管混凝土框架—钢板剪力墙结构体系。框架柱为箱形截面，钢管混凝土柱内填自密实混凝土，延伸至地下三层；框架梁及次梁为栓焊连接 H 型钢；楼板为压型楼板（负一层顶板）和钢筋桁架混凝土叠合板，其中 4 号楼采用预制混凝土叠合楼板，预制 8cm，现场浇筑 9cm；其余部分楼板采用钢筋桁架楼承板，底模为免拆镀锌钢板。2 号、3 号楼南立面采用预制混凝土（PC）外挂板，其余部分采用蒸压加气混凝土（AAC）条板。其中，PC 外挂板做内保温，保温材料为发泡聚氨酯；AAC 条板外侧做保温装饰一体板，粘锚结合。

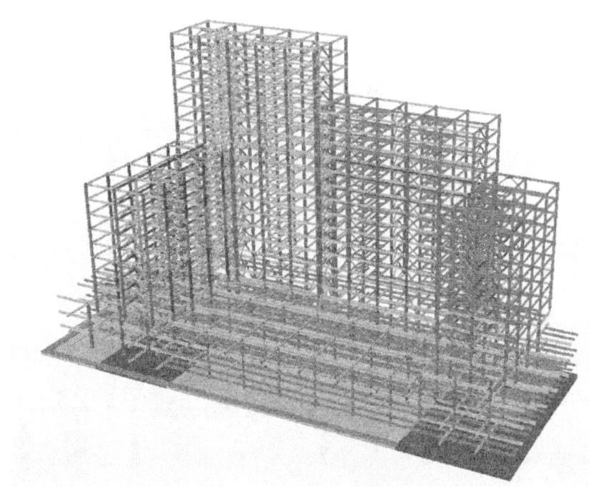

图 4-2 项目模型图

工程采用标准化模数、大开间进行柱网设计，采用全生命周期信息化管理技术、设计施工一体化管理技术（EPC）、SI 百年宅综合主体结构与填充结构分离技术、部品模块化集成技术、同层排水技术共同完成。工程以大数据思维建立房型库、部品部件族库、施工数据库、成本数据库、部品部件数据库等，全部采用数据驱动的工作模式。

4.2 北京成寿寺钢结构装配式建筑特点

4.2.1 项目技术特点

以 3 号楼为例，进行该项目的装配式建筑技术介绍（图 4-2 中最高建筑为 3 号楼）。3 号楼平面（图 4-3）尺寸为 33m × 13.2m。其中建筑总高度为 49.05m，地上 16 层，地下共 3 层，首层层高 4.5m，其余层高 2.9m。根据建筑功能和业主要求，采用钢框架钢板剪力墙结构体系，楼盖采用钢筋桁架楼承板，外墙采用预制混凝土外墙挂板、蒸压加气混凝土条板。单体建筑面积 6875m^2。

1. 柱网标准化设计

项目本着钢结构装配化理念进行户型设计，住宅的柱网（图 4-4）统一为 6.6m × 6.6m，这样设计大大缩短了钢结构加工周期，工厂预制率达到 90% 以上。

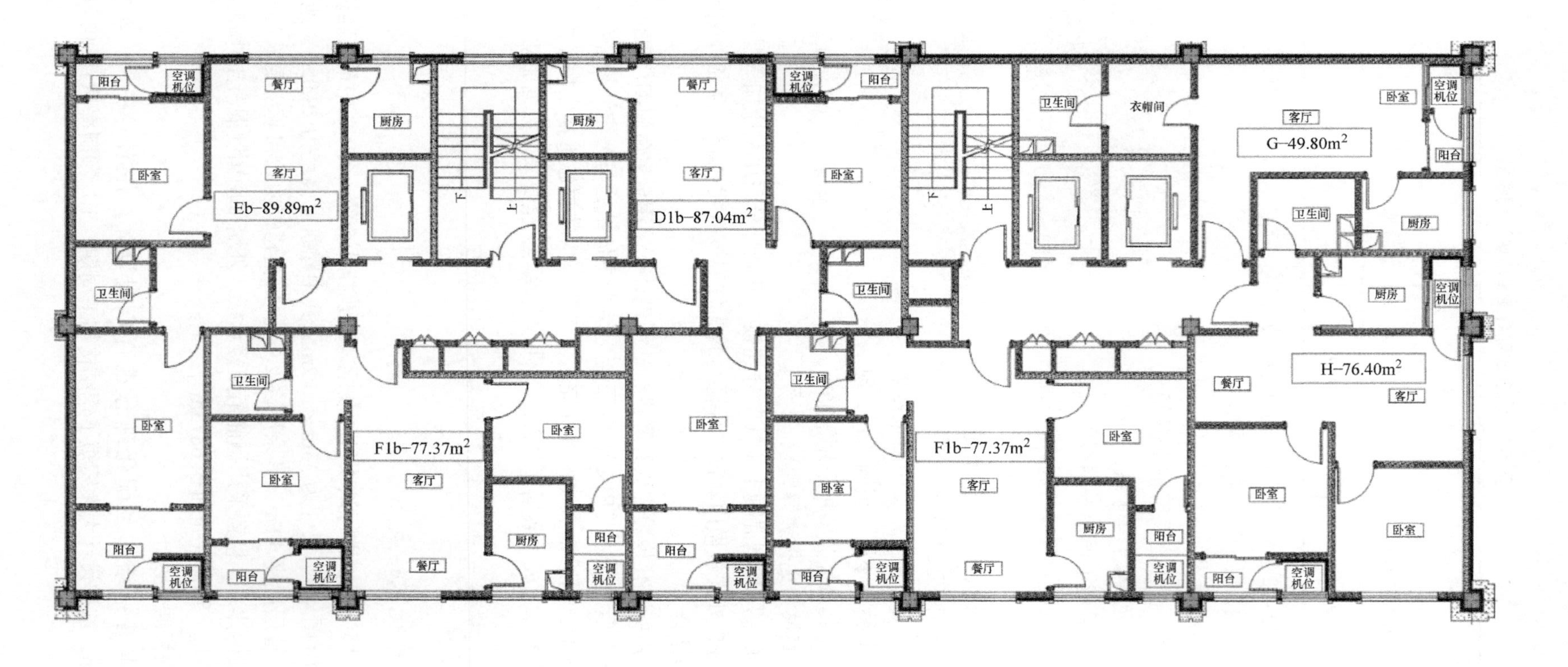

图 4-3　3 号楼户型布置示意

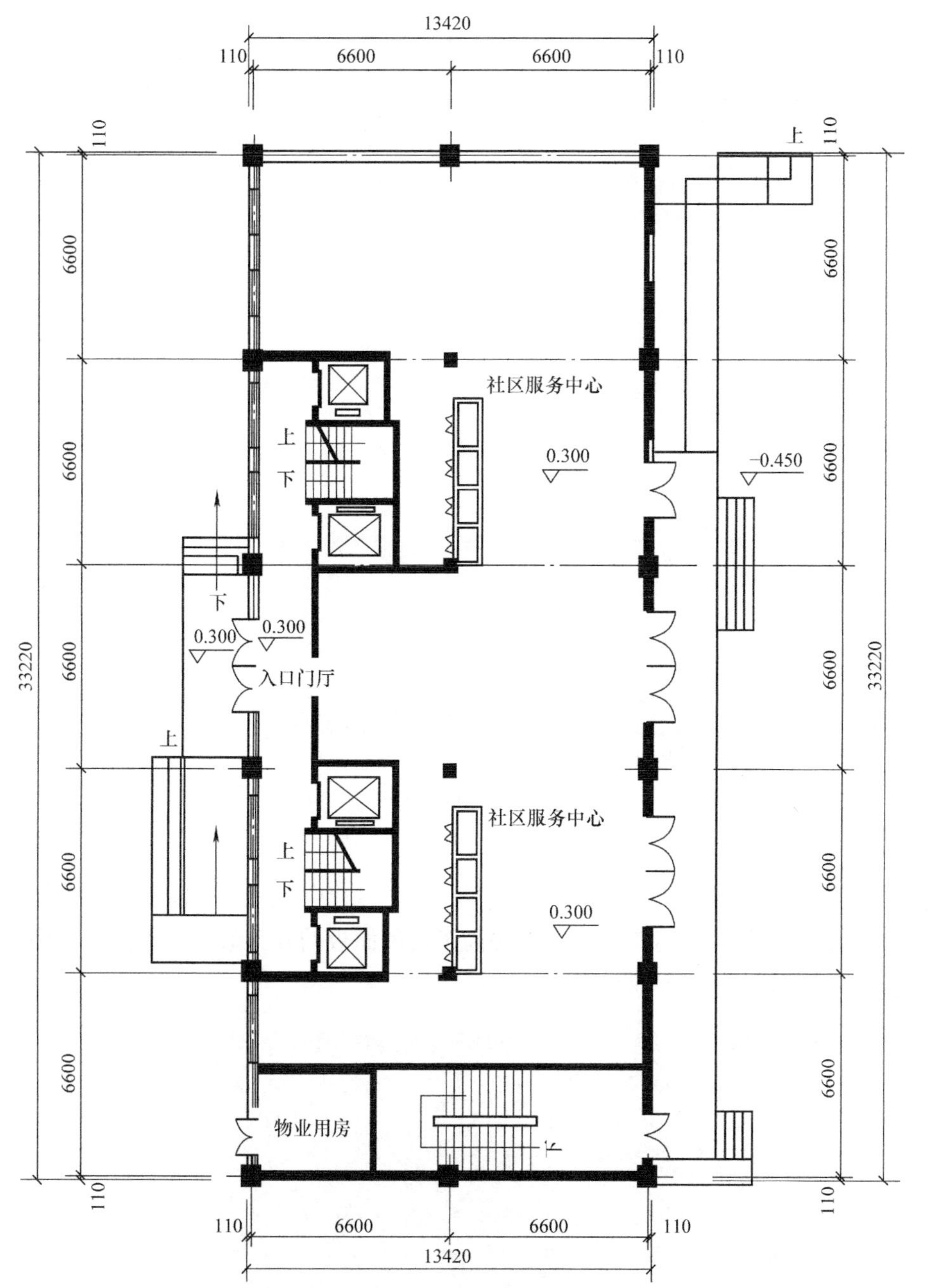
13420
110
6600
6600
110
33220
社区服务中心
社区服务中心
入口门厅
物业用房
0.300
0.300
0.300
0.300
0.300
−0.450
上
下

图 4-4 住宅柱网示意

2. 主要部品标准化设计

根据标准化的模块，再进一步进行标准化的部品设计，形成标准化的钢结构楼梯构件（图 4-5），预制蒸压砂加气条板内、外墙（图 4-6）构件，预制 PC 外墙（图 4-7）构件，大大减少结构构件数量，为建筑规模量化生产提供基础，显著提高构配件的生产效率，有效地减少材料浪费。

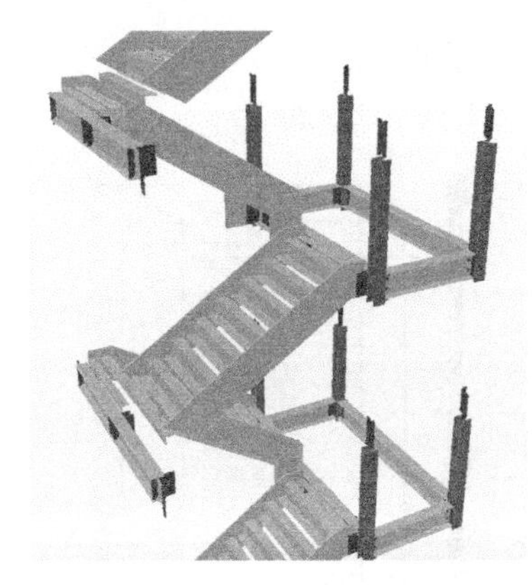

图 4-5　钢结构楼梯构件

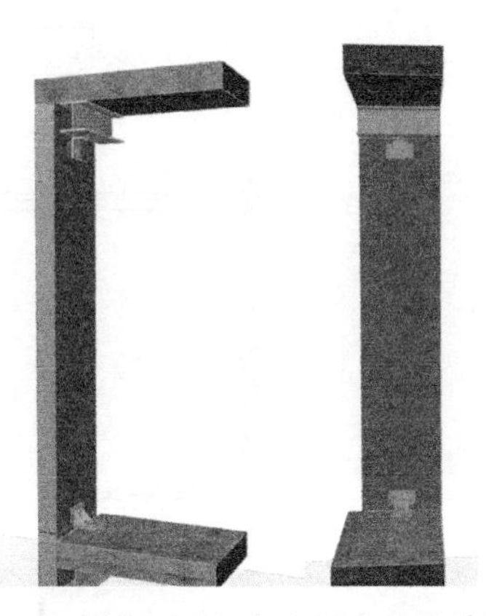

图 4-6　预制蒸压砂加气条板内、外墙构件

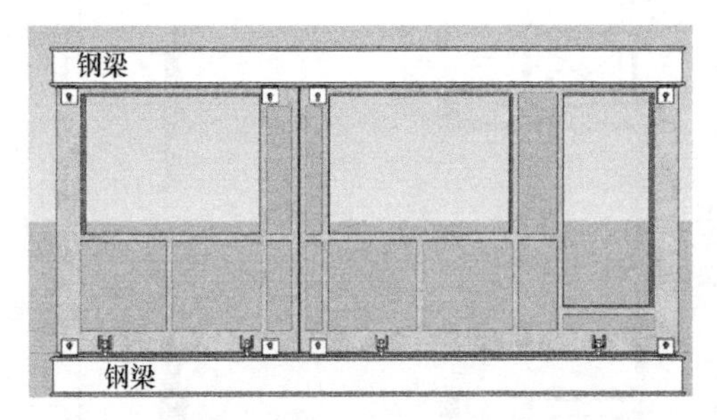

图 4-7　预制 PC 外墙构件

3. 现场施工装配化

所有楼屋面均采用钢筋桁架楼承板（图 4-8），施工过程中无需搭设满堂红脚手架支撑，仅使用三角支撑架作为临时支撑，大大提高了楼屋面板的施工效率，比传统脚手架支模现浇楼板节省 40% 以上的工期。

图 4-8　钢筋桁架楼承板（BIM 建模）

1 号楼和 4 号楼采用墙板式阻尼器（图 4-9）这一新技术，既提高了结构的安全性，又避免了对住宅户型的影响，建筑空间可以灵活分割；2 号楼和 3 号楼采用组合钢板剪力墙这一抗侧力体系，既有效地解决了结构的抗侧力问题，又提高了结构延性和抗震性能，同时也降低了结构用钢量。

图 4-9 墙板式阻尼器（实物）

本工程采用装配化全钢结构（图 4-10），所有钢柱、钢梁及钢筋桁架楼承板均为工厂化生产、装配化施工，比传统现浇混凝土结构缩短工期 50% 以上。

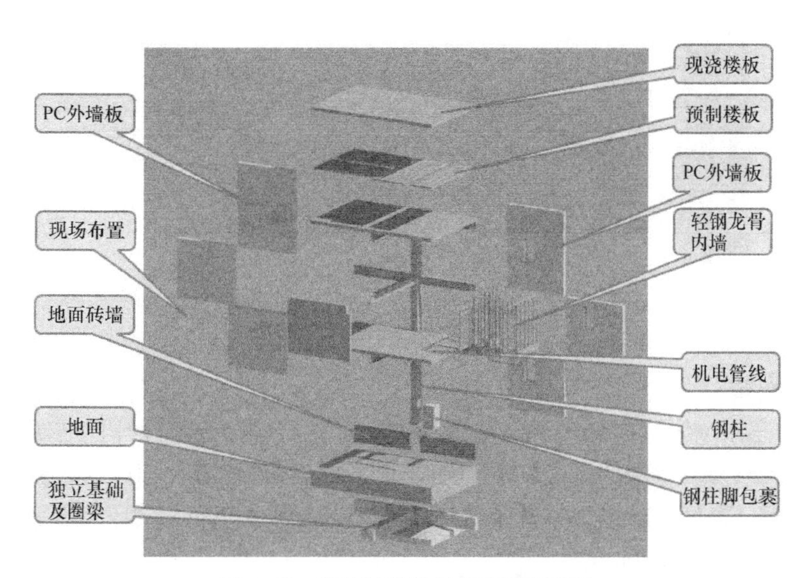

图 4-10 装配化钢结构住宅部品部件

工程墙板体系（图 4-11、图 4-12）采用砂加气条板 + 保温装饰一体板及预制混凝土外墙挂板两种形式，在满足建筑节能及保温的前提下，采用装配式干法施工提高了施工效率，优化施工工期。

图 4-11　砂加气条板外墙

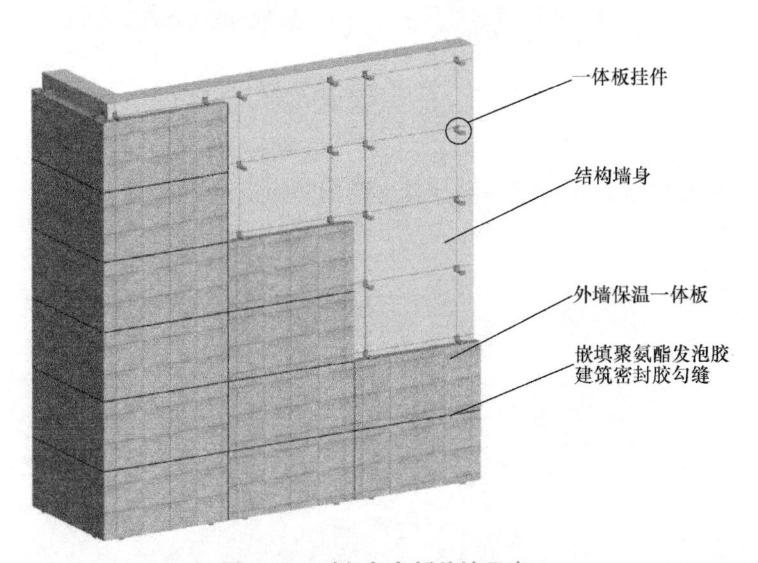

图 4-12　砂加气条板外墙示意

4. 防腐措施

为了保证钢结构主体 70 年的有效使用期，经过与中国建筑设计标准研究院共同研究制定，钢构件除锈等级为 Sa2.5 级，同时适当加大板件厚度。相应的涂装方案为环氧富锌底漆 2 遍（厚度 70μm），环氧云铁中间漆 1 遍（厚度 70μm），环氧面漆 3 遍（厚度 100μm），总漆膜厚度 240μm。

5. 水暖电设计

装配式建筑应集建筑、结构、机电、水暖、装修各专业为一体，本项目采用 BIM 软件将建筑、结构、水暖电、装饰等专业通过信息化技术的应用，将水暖电与主体装配式结构、装饰装修实现集成一体化的设计（图 4-13、图 4-14），并预先解决各专业间在设计、生产、装配施工过程中的协同问题。

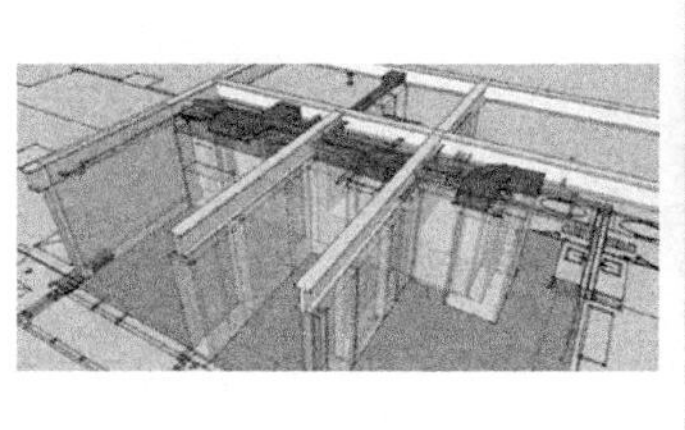

图 4-13 水平方向的水暖电设计

图 4-14 竖直方向的水暖电设计

6. 信息化技术应用

1）工程项目设计阶段：通过 BIM Cloud 平台（图 4-15），将三维数字模型传输到 BIM Cloud 平台上，各专业的设计人员通过数据无缝的对接、全视角可视化的设计协同完成装配式建筑钢梁、钢柱、墙板、楼板、水暖电、装饰装修的设计，并实时增量传输各自专业的设计信息。通过智能化的预警提示、全流程的智能识别与监控，自动分析出各专业之间的设计信息不对称，主动提示处理方案，帮助各专业设计人员迅速完成全专业的设计协同工作。

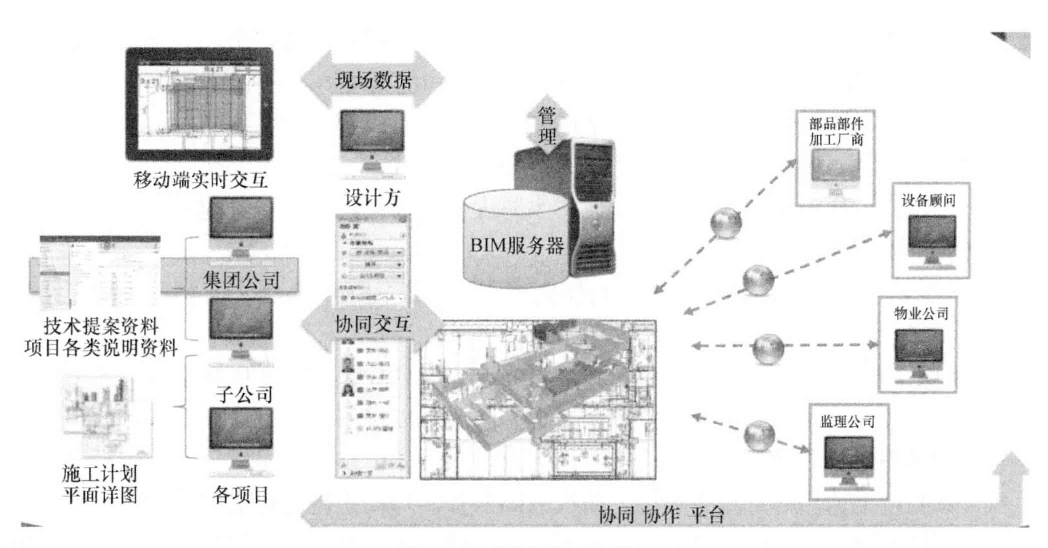

图 4-15 BIM Cloud 平台

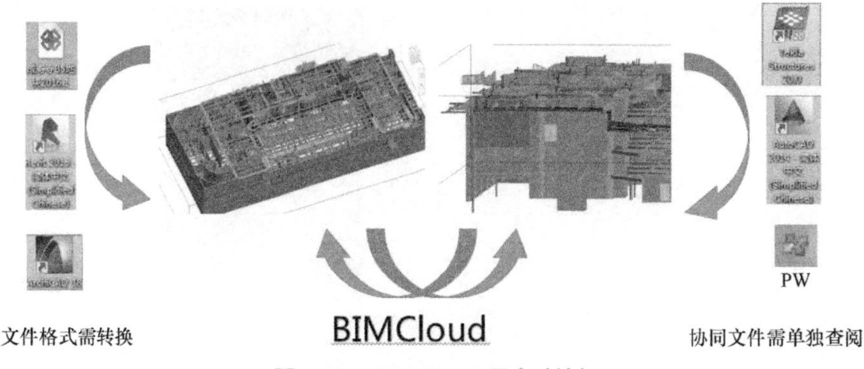

图 4-15　BIM Cloud 平台（续）

2）装配式构件生产阶段：将 BIM 模型实时获取构件的尺寸、材料、性能等参数信息，通过 BIM Cloud 平台将参数信息转换为符合 CNC 的加工数据，并制定相应的构件生产计划，向施工单位实时传递构件生产的进度信息。在 BIM Cloud 平台上将设计模型与装配式构件所需信息互联，保证装配式构件参数、质量、生产过程的全流程的备案机制，为交付后的物业运维提供翔实可靠的数据支撑。

3）项目施工阶段：通过 BIM Cloud 平台对装配式建筑的施工开展全视角和多重进度匹配的虚拟施工，对包含施工现场场平布置、运输车辆往来路线、施工机械、塔吊布置在内的施工全流程进行优化。最后，提高了装配式建筑的施工效率，缩短了整个项目的施工周期。

4.2.2　项目技术优势

1. 技术体系多元化

该项目秉承百年住宅的施工理念，采用钢结构 +SI 住宅体系；结构主体为钢框架体系；外墙体系为砂加气条板 + 保温复合一体板、PC 外挂墙板；内墙体系为砂加气条板墙、轻钢龙骨石膏板；楼板体系为钢筋桁架叠合板、钢筋桁架楼承板；预制楼梯为预制钢楼梯、混凝土预制踏板；内装体系为 SI 内装体系。

2. 钢结构建筑特有的优势

1）以钢构件预制化生产、装配式施工为生产方式，缩短工期约 50%，工业化程度高。

2）钢结构体系用于住宅建筑可充分发挥钢结构的延性好、塑性变形能力强，具有优良的抗震抗风性能，大大提高了住宅的安全可靠性。以钢材为主要建材的住宅单位体积承载力高，相对钢筋混凝土具有重量轻、强度高的特点；较传统的砖木和砖混技术更稳定、更牢固，抗震性能、抗风性能、防水防火性能都较好，配合其他新型材料使用还拥有隔热、隔声功能。

3）能合理布置功能区间，在空间使用率上，钢结构的截面小，与钢筋混凝土结构相比可增加 5%~8% 有效建筑面积。

4）钢结构住宅的钢材可以 100% 回收，实现循环利用，建造和拆除时对环境污染较少，符合住宅产业化和可持续发展的要求，同时可以缓解国内钢铁产能过剩的现状。

3. 灵活开放式住宅

该项目内墙采用砂加气条板墙，防火、隔声性能均高于传统普通内墙的做法。ACC 墙板的厚度不同，相应的装修做法也不同，相应的隔声效果也可以根据不同用户对住宅的隔声需求而有所差异。同时利用钢材强度高的特点，设计可采用大开间布置，使建筑平面能够合理分隔，灵活方便，创造开放式住宅。精致标准化的部品部件使得组装方式更加简单，同时统一采用后台综合管控系统，将便利留给用户。

4. 快捷的施工生产方式

钢柱采用“一柱三层”式结构，安装效率高。室内采用预制混凝土外墙挂板，集保温、防水、门窗、外饰面和维护于一体，制作时一次成型，安装便捷，装配化程度高；同时工程采用预制混凝土叠合楼板，只有局部支模，减少现场的混凝土浇筑量，从而减少现场湿作业、改善现场施工环境，同时也节省了大量的木材和水。整个项目相较于普通施工而言，工厂化的加工模式不受季节影响，同时现场的组装工作更为简单，能节省约 50% 的项目施工时间。

5. 科学的施工流程

项目通过协同共享平台，广纳人才、部品部件资源，施工过程中通过双模检验系统平台，缩短质量监督工作流程和各方确认时间，将质量监督工作简单化、条理化。借助 BIM 模型实现安全管理可视化，提前进行危险源识别，建立安全管控分级制，建立安全防护模型，安全投入一目了然；同时实现可视化的全过程监控，保证施工数据真实可靠，同时提高工作效率和准确性。

6. 低廉的成本

钢结构项目配套精装工程将减少一系列精装成本：①减少地面找平、地暖回填垫层工序产生的费用，地面可在原结构面直接进行集成地板的安装工作（地板含地暖保护实木复合面层）；②减少室内的电线管线、给水、排水的改造工作，线路剔凿等费用；③减少卫生间二次的防水工作、拉毛、找平、贴砖等工作；④卫生间精装修处理使用整体卫生间做法，进行同层排水整体墙面、地面、顶面、卫生洁具的整体预制安装；⑤减少墙面石膏找平工序，可直进行涂料的涂刷工作。

项目通过设计施工数据一体化，减免了许多传统施工过程中冗杂的步骤，工厂化模式下的批量生产不仅使生产效率有显著的提高，同时带来的是综合成本的明显降低。在大数据资源整合和共享平台的调整下，项目成本降低约 30%，建筑垃圾减少约 80%，材料损耗减少约 60%，可回收材料增加 60%，建筑节能达 70%，节约人工约 50%，降低造价约 10%。

本章小结

本章主要对北京丰台区成寿寺 B5 地块定向安置房项目进行了整体介绍与施工流程分析，对该项目技术特点及部分新型技术进行了详细解读。现代钢结构装配式建筑整体的施工管控流程以及新型技术的优势则是本章需要掌握的要点。

随堂思考

北京丰台区成寿寺 B5 地块定向安置房项目中所采用的新型技术有哪些？分别阐述其特点。

第5章　装配式钢结构构件制作与运输 | CHAPTER 5

内容提要

本章主要介绍装配式钢结构建筑当中预制钢构件制作及运输的基本知识。对预制构件生产工艺、焊接工艺、涂装工艺、构件的包装与运输进行论述，并介绍装配式钢结构预制构件制作过程中可能出现的质量通病、防治措施以及构件的运输与存放等相关内容。

学习目标

1. 了解预制构件所用机具设备的基本知识。
2. 熟悉预制构件的生产工艺及操作流程。
3. 了解预制构件的质量问题产生的原因、预防措施。
4. 了解构件运输与成品保护的注意事项。

5.1　钢构件加工工艺

在装配式钢结构建筑中，钢结构作为主要受力构件，支撑起了整个建筑物及其上的人与物，因此钢结构构件质量的好坏对整栋建筑质量的好坏起到了决定性作用。钢结构预制构件主要有预制钢柱、预制钢梁，其制作、运输工艺流程如图5-1所示。其中，钢柱用到了箱形型钢构件（箱形型钢制作流程如图5-2所示），钢梁用到了H型钢构件。

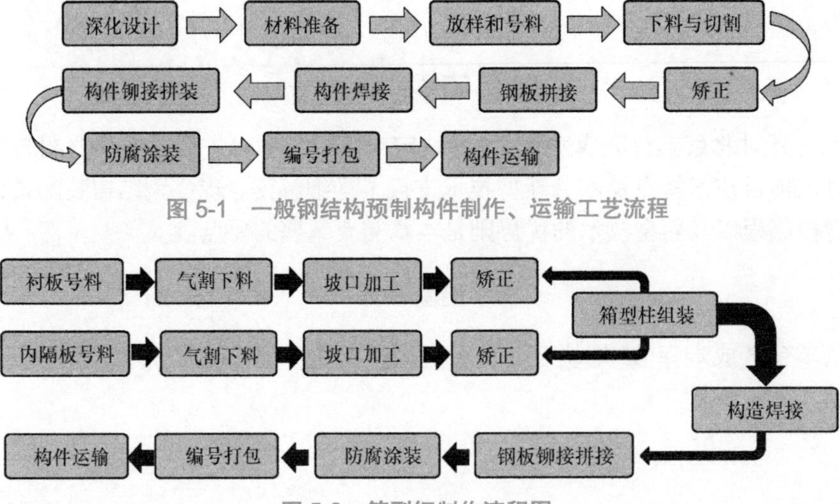

图5-1　一般钢结构预制构件制作、运输工艺流程

图5-2　箱型钢制作流程图

钢结构预制构件制作要执行国家的技术规范，因此在构件加工制作的时候要注意以下要求：

1）材料的选取与处理符合不锈热轧厚钢板、不锈冷轧薄钢板相关规范的要求，确保构件生产材料的质量达标。

2）构件的加工、运送环节尽可能多地采用机械化方法，以提高生产率。

3）构件之间应采用可靠的连接方式，对节点要精心施工，以保证节点连接质量。

一般钢结构预制构件的主要加工流程如下：

1. 材料准备

钢结构所用原材料必须符合不锈热轧厚钢板、不锈冷轧薄钢板相关规范的要求，应具备钢厂出具的质量保证书。检查钢材的炉批号、材质、检验标记是否齐全，检查钢材的正反面有无严重划痕、锈蚀、分层及夹杂油污等缺陷。钢板平面度超出规范要求的，应进行较平效应处理，以保证零件下料尺寸精度。构件所用钢板如图 5-3 所示。

图 5-3　钢板

2. 放样和号料

1）放样前，放样人员必须熟悉加工图和加工工艺要求，核对构件及构件相互连接的几何尺寸和连接是否有不当之处。熟悉样杆、样板（或下料图）所注的各种符号及标记等要求，核对材料牌号及规格、炉批号。

2）号料时（号料是指利用样板、样杆、号料草图放样得出的数据，在板料或型钢上画出零件真实的轮廓和孔口的真实形状，以及与之连接构件的位置线、加工线等，并注出加工符号。）复核使用材料的规格，检查材质外观。若有材料弯曲或不平值超差影响号料质量，则经矫正后才能号料。型材端部存有倾斜或板材边缘弯曲等缺陷，号料时去除缺陷部分或先行矫正。

3）样板制作时，在放样台上进行。按加工图和构件加工要求，作出各种加工符号、基准线、眼孔中心标记，并按工艺要求预放各种加工余量。当放大样时，以 1:1 的比例放出实样；当构件零件难以制作时，可以绘制下料图。

4）放样工作完成后，对所放大样和样杆样板（或下料图）进行自检，无误后报专职检验人员检验。

5）经检验合格的样板用磁漆等材料在样杆、样板上写出工程名称、构件及零件编号、零件规格、孔径、数量及标注有关符号，并按零件号及规格分类存放，保存。

3. 下料与切割

根据加工图的几何尺寸、形状制成样板或依据计算出的下料尺寸，直接在板料上或型钢表面上画出零件的加工边界，采用剪切、气割等操作进行加工处理，并对下料后的料渣、飞边进行清理。放样切割流程如图 5-4 所示。

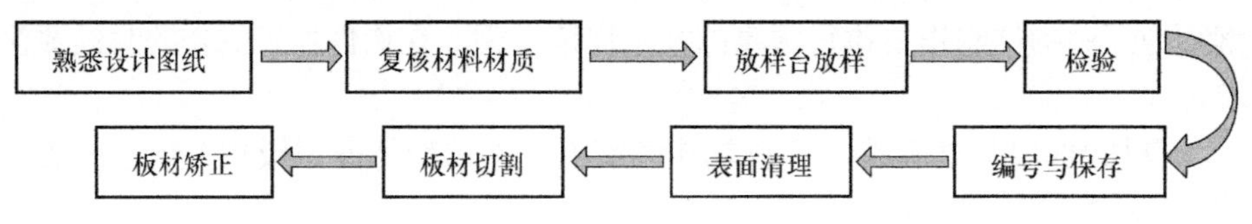

图 5-4　放样切割流程

（1）一般构件下料与切割工艺

1）切割前应清除母材表面的油污、铁锈和潮气，切割后切口表面应光滑无裂纹，熔渣和飞溅物应除去。

2）钢材的切断，按其形状选择最适合的方法进行。剪切或剪断的边缘，必要时应加工整光，相关接触部分不得产生歪曲。剪切的材料中对主要受静载荷的构件，允许材料在剪断机上剪切，无需再加工。剪切的材料中对受动载荷的构件，必须将截面中存在的有害的剪切边清除。

3）切割后须矫直板材由于切割引起的旁弯等，必须标上零件的工件号或零件号，经检验合格后才能流入下道工序。

（2）箱型构件下料

1）箱型构件板采用双定尺。下料时其宽度公差，板的对角线公差必须预以保证。如需拼板时，只允许柱子在楼面 1/3 高度处用拼接板。BIM 模型如图 5-5 所示。

2）将钢板表面距切割线边缘 50mm 范围内的锈斑，油污，灰尘等清除干净。

3）采用火焰切割下料，下料前应对钢板的不平度进行检查，发现不平度超差的先要调平，检查合格后才能使用。箱型构件下料如图 5-6 所示。

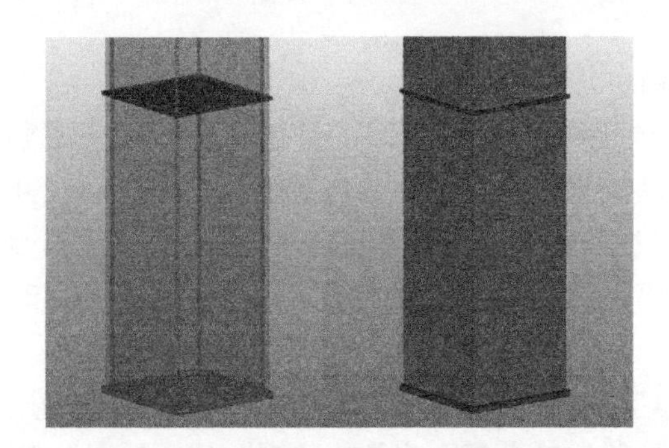

图 5-5　箱型构件 BIM 模型

图 5-6　箱型构件下料

4）下料完成后，施工人员必须将下料后的切板中间部位标明钢板规格、切板编号，并归类存放。

（3）箱型构件坡口加工　箱型构件坡口加工如图 5-7 所示。构件在坡口切割机上进行坡口加工，保证坡口角度及有关尺寸的正确，清除飞溅、熔渣，打磨去表面氧化层。

图 5-7　箱型构件坡口加工

4. 矫正

1）一般钢板的矫正，有机械校正和热校正两种方式。机械校正一般应在常温下用机械设备进行，但矫正后的钢板表面不应有凹陷、凹痕及其他损伤。热矫正时应注意不能损伤母材，加热的温度应控制在900℃以下，低合金钢（如Q345）严禁用水激冷。

2）H型钢矫正。焊接H型钢翼板角变形应在矫正机上进行。使用火焰矫正时加热后不得用水冷却。同一加热点加热次数不宜超过2次。矫正时不得破坏母材表面。

5. 钢板拼接

1）一般钢板的拼接。制作时应尽量减少型钢、钢板拼接接头，轧制型钢拼接采用直接头，制作型钢拼接采用阶梯接头，拼接接头相互之间错开200mm以上。型钢的对接采用直接的对接型式，焊缝要求为一级焊缝。

2）H型钢拼接。H型钢的拼接采用阶梯接头，热轧型钢的拼接采用阶梯接头和45°接头，阶梯接头翼缘板与腹板的焊缝错开，距离不得小于200mm。

5.2 钢构件焊接工艺

焊接是借助于能源，使两个分离的物体产生原子或分子间结合而连接成整体的过程。采用焊接方法，可以实现包括钢材、铝、铜等金属材料的连接，我们称为工程焊接。一般的焊接工艺有气体保护焊、埋弧自动焊及手工电弧焊等。

5.2.1 气体保护焊

1. 气体保护焊（图5–8）

气体保护电弧焊是以焊丝和焊件为两极，它们之间产生电弧热来熔化焊丝和焊件母材，同时向焊接区域送入保护气体，使焊接区与周围的空气隔开，对焊接缝进行保护；焊丝自动送进，在电弧作用下不断熔化，与熔化的母材一起融合形成焊缝金属。

图5-8 气体保护焊

2. 气体保护焊的特点

1）电弧和熔池的可见性好，焊接过程中可根据熔池情况调节焊接参数。

2）焊接过程操作方便，没有熔渣或很少有熔渣，焊后基本上不需清渣。

3）电弧在保护气流的压缩下热量集中，焊接速度较快，熔池较小，热影响区窄，焊件焊后变形小。

4）有利于焊接过程的机械化和自动化，特别是空间位置的机械化焊接。

5）可以焊接化学活泼性强和易形成高熔点氧化膜的镁、铝、锌及其合金。

6）在室外作业时，需设挡风装置，否则气体保护效果不好，甚至很差。

7）电弧的光辐射很强。

8）焊接设备比较复杂，比焊条电弧焊设备价格高。

5.2.2 埋弧自动焊

埋弧自动焊如图5-9所示。埋弧自动焊是以连续送进的焊丝作为电极和填充金属。焊接时，在焊接区域的上面覆盖着一层颗粒状焊剂，电弧在焊剂下燃烧，将焊丝端部和局部母材熔化，形成焊缝。在电弧热的作用下，一部分溶剂熔化成熔渣并与液态金属发生冶金反应，熔渣浮在金属熔池的表面，一方面可以保护焊缝金属，防止空气的污染，并与熔化金属发生物理化学反应，改善焊缝金属的化学成分及性能；另一方面还可以使焊缝金属缓慢冷却。埋弧自动焊由于电弧热量集中、熔深大、焊缝质量均匀、内部缺陷少、塑性和冲击韧性好，优于手工焊。半自动埋弧焊介于自动埋弧焊和手工焊之间，但应用受到其自身条件的限制，焊机须沿焊缝的导轨移动，一般适用于大型构件的直缝和环缝焊接。常被用于梁、柱、支撑等构件主体直焊缝、拼板焊缝，直缝焊管纵、环缝等焊接。埋弧自动焊的特点：

图 5-9 埋弧自动焊

1. 焊缝质量好

这是因为埋弧焊被淹没在颗粒状焊剂及其熔渣之下，电弧及熔池均处在渣相保护之中，保护效果较气渣保护的手工焊为好。而且焊剂参与冶金反应，可通过焊剂补充焊缝金属的有益合金元素，以改善焊缝的化学性能和力学性能。同时它具有一定的自动调节性能，保障焊接过程的稳定，大大降低了焊接过程对焊工操作技能的依赖。

2. 生产效率高

埋弧焊的焊接电流从导电嘴导入焊丝，与手工焊相比，导电的焊丝长度（伸出）短而稳定。因此，实行埋弧自动焊时，焊接电流和电流密度较手工焊高 5~10 倍，使其电弧功率、熔深能力、焊丝熔化速度都相应增大。另外，由于熔渣隔热保护作用使电弧热辐射散失极小，飞溅损失也受到有效制约，电弧热效率大大提高。通常，12mm 厚度钢板双面不开坡口即可焊透，效率是手工焊的 2~5 倍。

3. 适用范围广，劳动条件好

通过焊丝焊剂配合，埋弧焊可以焊接一般船用结构钢、高强度钢、不锈钢、耐热钢等多种金属。由于埋弧焊无弧光辐射，焊机自动化程度较高，操作条件较好。

5.2.3 手工电弧焊

手工电弧焊是手工操作焊条，利用焊条与被焊工件之间的电弧热量将焊条与工件接头处熔化，冷却凝固后获得牢固接头的焊接方法。手工电弧焊是电弧焊接方法中发展最早、应用最广泛的焊接方法之一。它是以外部涂有涂料的焊条作为电极和填充金属，电弧在焊条的端部和被焊工件表面之间燃烧，涂料在电弧热作用下一方面可以产生气体以保护电弧，另一方面可以产生熔渣覆盖在熔池表面，防止熔敷金属与周围气体的相互作用。熔渣更重要的作用是与熔敷金属产生物理化学反应或添加合金元素，改善焊缝金属性能。手工电弧焊如图 5-10 所示。

手工电弧焊具有设备比较简单、轻便、不需要辅助气体保护、操作灵活、适应性强、应用范围广（适用于大多数金属和合金的焊接），能在空间任意位置焊接等优点。电弧焊在建筑钢结构中得到广泛使用，可在室内外及高空中平、横、立、仰的任意位置进行施焊。

图 5-10 手工电弧焊

5.2.4 焊接与组立工艺流程

H 型构件与箱型构件的组立即为该构件的焊接。组立过程在组立机上进行，使用自动埋弧焊的工艺，将 H 型构件与箱型构件的板材焊接成成品。一般焊接工艺流程图如图 5-11 所示。

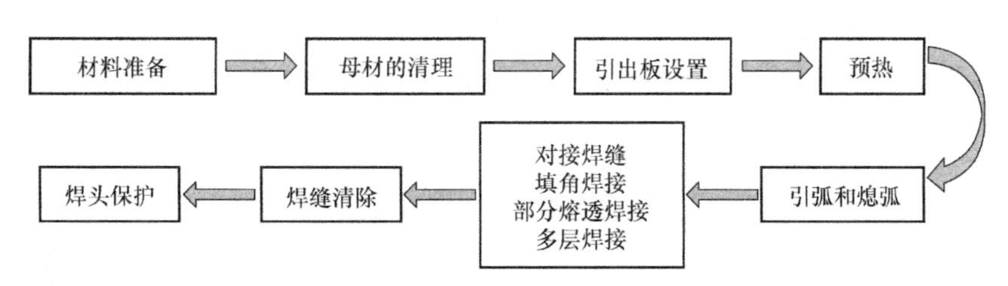

图 5-11 一般焊接工艺流程

1. 一般构件的焊接

1）材料准备。焊接材料的选择应与母材的力学性能相匹配。对低碳钢一般按焊缝金属与母材等强度的原则选择焊接材料；对低合金高强度结构钢一般应使焊缝金属与母材等强或略高于母材。辅助材料如保护气体的选择，其纯度必须符合设计制定的有关标准规定。

2）母材的清理。母材的焊剂坡口及两侧 30~50mm 范围内，在焊前必须彻底清除气割氧化皮、熔渣、锈、油、涂料、灰尘、水分等影响焊接质量的杂质。

3）引出板设置。为保证焊接质量，在对接焊的引弧端和熄弧端，必须设置与母材相同材料的引出板，引出板的坡口形式和板厚原则上宜与构件相同。

4）预热。碳素结构钢厚度大于 50mm，低合金高强度结构钢厚度大于 36mm，其焊接前预热温度宜控制在 100~150℃。预热区在焊道两侧，其宽度各为焊件厚度的 2 倍以上，且不应小于 100mm。

5）引弧和熄弧。引弧时由于电弧对母材的加热不足，应在操作上注意防止产生熔合不良、弧坑裂缝、气孔和夹渣等缺陷的发生。

6）对接焊接。要求熔透的双面对接焊缝，在一面焊接结束，另一面焊接前应彻底清除焊根缺陷至正面金属后，方可进行反面焊接。采用背面钢垫的对接坡口焊缝，垫板与母材之间的接合必须紧密，应使焊接金属与垫板完全熔合。

7）填角焊接。等角填角焊接的两侧焊角，不得有明显差别；对不等角填角焊缝，要注意确保焊角尺寸，并使焊趾处平滑过渡。要求焊成凹形的角焊缝，一般采用船形位置施焊或其他措施使焊缝金属与母材间平缓过渡，如需加工成凹面的焊缝，不得在其表面留下切痕。

8）部分熔透焊接。部分熔透焊缝的焊接，焊前必须检查坡口深度，以确保要求的焊透深度。当采用手工电弧焊时，打底焊采用小直径焊条，以确保足够的熔透深度。

9）多层焊接。多层焊接为连续施焊，施焊过程中当每一道、每一层焊完后应及时清除检查，如发现有影响质量的缺陷，必须清除后再焊。

10）焊缝清除。焊接完毕，焊工应清除焊缝表面的熔渣及两侧的飞溅物，检查焊缝外观质量，合格后在工艺规定的部位打上焊工钢印。

11）焊头保护。对现场焊接头区域，应适做作防锈处理。

2. H 型构件的组立

在组立机上组立 H 型钢。组立前进行板材的检查，板边毛刺、割渣必须清理干净。H 型钢组立工艺采用自动埋弧焊，如图 5-12 所示。

3. 箱型构件组立

1）在组立机上进行组立，以一翼板为底板，先行划线，核对翼板的宽、长、坡口情况和内隔板外形尺寸情况（下道工序检查上道工序）。

2）在组立机上安装各隔板，保证其位置正确且与端头板垂直，如图 5-13 所示。

图 5-12　H 型钢组立

图 5-13　安装隔板

3）在模具上将经过加工的内隔板、焊槽衬板组装成内隔板组。焊槽尺寸必须电渣焊孔的尺寸大小一致。之后安装二侧腹板，组成 U 型，保证 U 型的宽度尺寸。

4）将 U 型构件组立成箱形，点固焊缝应点在两侧坡口底部，保证焊透，不得有缺陷，焊点不宜过高。

5）对箱体内进行彻底清扫后，安装上侧盖板部件如图 5-14 所示。

6）对箱形构件四主角焊缝进行双弧双丝焊。对于板厚较大的焊缝，还应按工艺要求采用多层多道焊法，将工件翻身交替焊接，防止过大的变形。

7）检查箱型构件的直线度、扭曲度，并在隔板处进行火焰矫正，使其符合要求。

图 5-14 安装上侧盖板

5.2.5 不合格品的处理

1. 返工

对不合格品采取措施，在返工后重新检验，确保返工后产品符合规定的要求。

2. 返修

对不合格品采取返修措施，确保返修后使其符合预期使用要求，返修后应重新检验。

3. 降级

虽不满足要求，但仍可以满足其使用要求的不合格品给以降级使用，降级产品须经有关授权人批准，使用时经顾客批准，同时要向顾客提供产品实际情况。

4. 报废

对报废的不合格品应以明显的标识或隔离，防止误用。

5.3 钢构件铆接拼装工艺

1. 制孔

1）构件制孔优先采用钻孔，当证明某些材料质量、厚度和孔径、冲孔后不会引起脆性时允许采用冲孔。

2）制成的螺栓孔，应为正圆柱形，并垂直于所在位置的钢材表面，其孔周边应无毛刺，破裂、喇叭口或凹凸的痕迹，切屑应清除干净。

3）精制或铰制成的螺栓孔直径和螺栓杆直径相等，采用配钻或组装后铰孔，孔壁表面粗糙度≤ 12.5μm。

4）按照相关规范进行制孔并控制质量。螺栓孔孔距的允许偏差超过规范的允许偏差时，应采用与母材材质相匹配的焊条补焊后重新制孔。

2. 铆接

铆钉从被铆接件的铆孔中穿入，用顶把顶住铆钉头并将被铆接件压紧，然后用手锤捶击伸出钉孔之外的铆钉杆端头，在钉杆被墩粗的同时形成伞状钉头。

3. 总拼装

1）预拼装数每批抽 10%~20%，但不少于 1 组。

2）预拼装中所有构件按施工图控制尺寸，各杆件重心线应交汇于节点中心，并完全处于自由状态。单构件支撑点不论柱、梁、支撑，应不少于 2 个支撑点。

3）预拼装构件控制基准，中心线应明确标示，并与平台基线和地面基线相对一致。控制基准应与设计要求基准一致。

4）预拼装后应用试孔器检查。当用比孔公称直径小 1.0mm 的试孔器检查时，每组孔的通过率应不小于 85%；当用比螺栓公称直径大 0.3mm 的试孔器检查时，通过率为 100%。试孔器必须垂直自由穿落。

4. 箱型工件转至端面铣

对箱型构件的封板端进行铣削，将预留的加工余量铣削掉如图 5-15 所示。铣削箱型构件的另一端，并铣出坡口角度，加焊垫板条。控制柱长尺寸安装后，柱顶标高应符合要求。

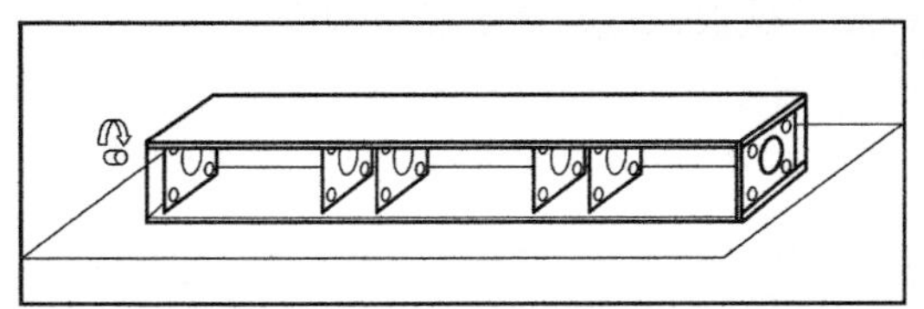

图 5-15　板端铣削模型与工厂加工

5.4　钢构件防腐涂装工艺

钢结构具有强度高、韧性好、制作方便、施工速度快、建设周期短等许多优点，但也存在明显的缺点，即耐腐蚀和耐火性能差。为了减轻或防止钢结构的腐蚀以及提高钢材的耐火极限，目前国内外绝大多数采用涂装方法进行防护。

涂装防护是利用涂料的涂层使被涂物与环境隔离，从而达到防腐和防火的目的以及延长被涂构件的使用寿命。涂层的质量是影响涂装防护效果的关键因素，而涂层的质量除了与涂料的质量有关外，还与涂装之前钢构件表面的除锈质量、漆膜厚度、涂装的工艺条件及其他因素有关。钢构件防腐涂装施工工艺流程如图 5-16 所示。

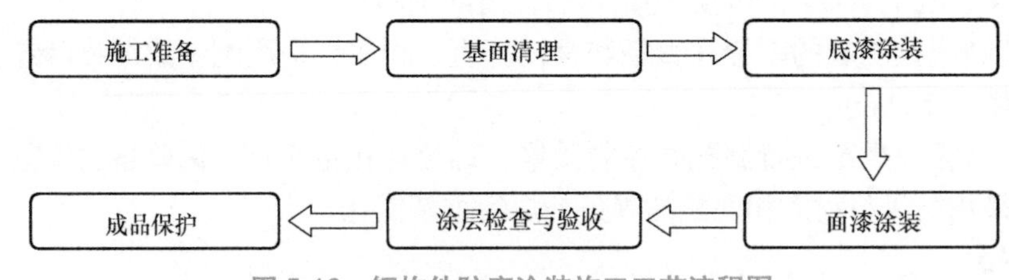

图 5-16　钢构件防腐涂装施工工艺流程图

5.4.1　涂装前准备

1. 钢结构处理

（1）除锈

1）对暴露部分钢构件的除锈采用抛丸处理法，其除锈等级应达到设计要求。对于埋入混凝土内或外包混凝土的柱段，其除锈等级应达到设计要求。

2）钢材表面应无可见的油脂、污垢、氧化皮、铁锈和油漆涂层等附着物，任何残留的痕迹应仅是点状或条纹状的轻微色斑。无残留切割缺口、焊缝缺口、深度咬口、边缘毛刺、未包角焊和焊缝外观缺陷等。检查指标为交付抛丸除锈的构件的表面状态。

3）经喷砂或抛丸后的构件，应检查表面除锈质量是否已经达到要求的各级质量标准，除锈质量可对照国标提供的照片或样板。同时目测钢材表面的粗糙度情况，经检不合格的部位必须重新除锈，直到合格为止。

4）除锈后暴露的切割和焊缝缺陷、漏焊焊缝或零件，以及构件的二次变形，必须重新进行修正和除锈，经检验合格后才允许进行油漆。

（2）摩擦面处理、保护

1）摩擦面的处理采用抛丸处理，对柱体的连接板、牛腿等可预先进行摩擦面加工后装焊到柱体上，然后柱体在整个喷丸时再次进行处理。

2）涂装前采用纸张包裹封闭的方式对摩擦面进行保护，不得污染及暴露生锈。

2. 施工条件

1）气温 5~35℃，相对湿度≤ 85%，在有雨、雾和较大灰尘条件下不可施工，底材温度大于 60℃时暂停施工。

2）表面除锈处理后 3 小时内进行第一道底漆的涂装，焊接部位在 72 小时之内涂装，否则应做相应的除锈措施。施工所用工具应清洁平燥，涂漆不得混入水分及其他杂质，涂料现配现用，须在 8 小时内用完。

3. 涂料配置

1）防腐涂料出厂时应提供符合国家标准的检验报告，并附有品种名称、型号、技术性能、制造批号、储存日期、使用说明书及产品合格证。

2）按组分配比进行组合。喷涂前，将涂料经 100 目筛网过滤，以防杂质混入。喷涂机的吸入口安装 60 目的过滤网，以免沉积物堵塞枪嘴。施工时，应不断搅拌，使涂料始终是悬浮液；在高温阳光下施工，易产生“干喷”现象，可适当加入稀释剂。

5.4.2 油漆喷涂程序

1. 喷涂底漆

原材料除锈后，喷涂一道底漆，使底层完全干燥后方可进行封闭漆的喷涂施工。

2. 喷涂涂料

施工采用喷涂的方法进行。喷涂角焊缝时，枪嘴不宜直对角部喷涂，应让扇形喷雾掠过角落，避免涂料在角部堆积而产生龟裂现象。施工完的涂层应表面光滑、轮廓清晰，色泽均匀一致，无脱层、不空鼓、无流挂、无针孔，膜层厚度应达到技术指标规定要求。

3. 损坏部位的处理

对于涂层损坏部位，打磨至 St3 级，然后刷底漆；打磨时，应从中心逐渐向四周扩展，边缘形成一定坡度，增强修补层与原涂层之间的结合力；当涂层超过 60μm 时，应逐道修补，不可一次完成。

5.5 钢构件包装与运输

本节以北京成寿寺项目为例，阐述钢构件的包装与运输过程。该工程所用钢构件运输由唐山市玉田县河北杭萧钢构有限公司至北京市丰台区方庄南路 18 号院项目工地，运距约共 133.6km，货车耗时约 3 小时。运输路线图如图 5-17 所示。

图 5-17　运输路线图

5.5.1 钢构件的包装

钢结构包装是为了在流通过程中保护产品、方便储运、促进销售。包装要素有包装对象、材料、造型、结构、防护技术等。钢结构包装如图 5-18 所示。

图 5-18　钢结构包装

1. 编制包装方案及打包的原则

编制包装方案及打包的原则是：在节约体积的前提下，提高包装的质量。要求构件与构件不允许直接接触，要采用泡沫包装材料进行隔离，注意包装材料使用时的规范性，不允许用手撕，依据构件尺寸进行裁剪，要用裁纸刀将包装泡沫进行裁剪。

2. 防锈措施

构件在码放时应尽量考虑运输积水问题，因此码放时 H 型钢应优先考虑腹板垂直于水平面，防止由于积水而使构件在运输过程中生锈。

3. 标准件的包装

标准件（包括螺栓、螺母、垫圈等）的包装全部采用标准箱。对于采用纸箱包装的，在纸箱内必须先装到塑料袋内，防止受潮或者纸箱坏掉后散包。每个包装框要有所装标准件的明细，将唛头装入塑料袋中与包装框绑扎牢固。唛头是包装上所做的标记，取自英文“mark”，可简单理解为标签。“唛头”是为了便于识别货物、防止发错货物，通常由型号、图形或收货单位简称、目的港、件数或批号等组成。

5.5.2 构件运输准备工作

1）构件运输应遵循的原则是减少构件变形、降低运输成本、方便卸车、保证现场成套组装、保证现场安装顺序及安装进度的要求。

2）工厂预拼装后，在拆开前部件上注明构件号及拼装接口标志，以便于现场组装。堆置构件时，应避免构件发生弯曲、扭曲以及其他损伤。为方便安装，应使构件按照安装顺序进行分类堆放及运输。

3）运输前应先进行验路，确定可行后方可进行运输。对于超长、超宽、超重构件应提前办理有关手续，并根据运输路线图进行运输。

4）构件装运时，应编制构件清单，内容应包括构件名称、数量、重量等。构件装运时，应妥善绑扎，考虑车辆的颠簸，做好加固措施，以防构件变形、散失和扭曲。

5）连接板用临时螺栓拧紧在构件上。运输时在车上铺设垫木，用倒链封好车，并在倒链与构件接触部位实施保护措施。构件装车检查无误后，封车牢固，钢构件与钢丝绳接触部位加以保护。

5.5.3 构件运输流程与组织机构

为保证构件运输过程的质量，而设立了运输组织机构与编制了构件运输流程，从而使构件运输方式更加高效、安全、经济。构件运输流程与运输组织机构如图5-19、图5-20所示。

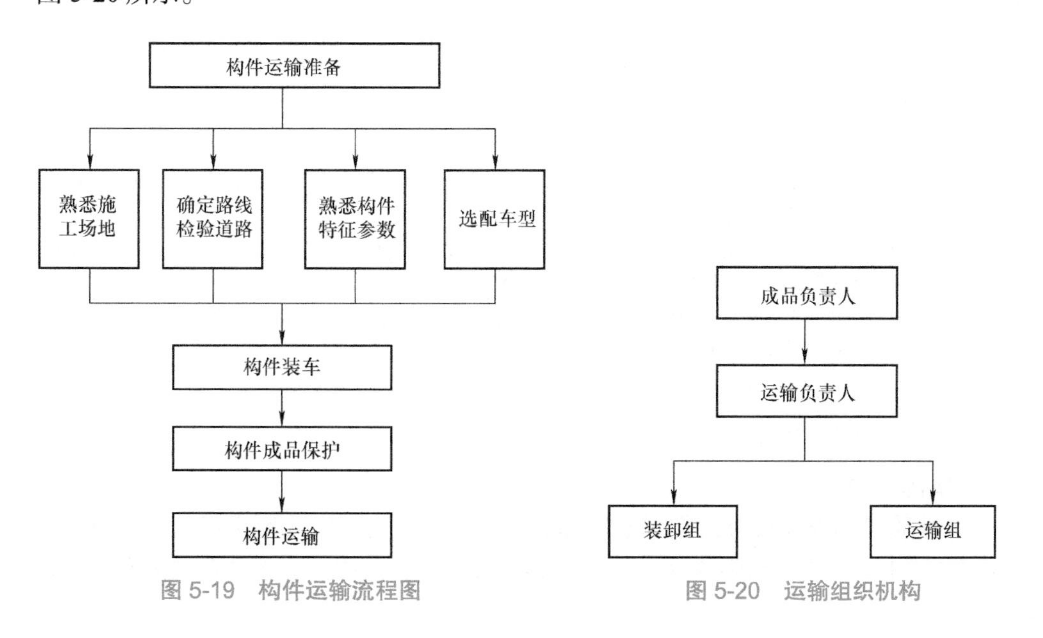

图5-19 构件运输流程图

图5-20 运输组织机构

5.5.4 构件的运输

1）该工程所有构件采用陆路全程高速运输。钢梁与钢柱的运输如图 5-21、图 5-22 所示。由于该工程地处北京市区，对大货车有限行规定，为保证货车严格按规定的时间进入现场，需提前办理相关市区通行手续，在规定的进场时间提前进入市区附近等候，保证钢构件按时进场、吊装，并及时按规定时间出城。装卸车时必须有专人看管、清点上车的箱号及打包件号，并办好交接清单手续。

图 5-21 钢梁运输照片

图 5-22 钢柱运输照片

2）构件运输过程中应经常检查构件的搁置、位置、紧固等情况。按安装使用的先后次序进行适当堆放。装配好的产品要放在垫块上，防止弄脏或生锈。按构件的形状和大小进行合理堆放，用垫木等垫实，确保堆放安全，构件不变形。露天堆放的构件应做好防雨措施，构件连接摩擦面应得到切实保护。现场堆放必须整齐、有序、标识明确、记录完整。

5.5.5 超限构件运输

对于部分存在超宽、超长的楼面桁架等其他超限构件，应采用特殊的运输方法。除遵循常规运输的要求外，主要有几个方面需要做专门的计划，见表 5-1。

表 5-1 超限构件运输

编号	内容
1	首先在制作前期，为保证工程进度，应统计和确定运输构件的数量、合理安排构件发运顺序、确保到达现场的构件满足配套安装
2	对超大构件，在加工制作工厂与项目现场分别设置专人管理，负责公路运输过程中相关手续的办理，确保构件在运输过程中不因人为关系导致构件进场延期
3	对超大运输车辆所需要经过的路线实地考察，并对所经过的路段在整个运输期间的整修状态进行跟踪，确保车辆顺利通过
4	对于超大构件的公路运输过程进行严格管理，除遵守交通管理部门审批的运输路线外，必要时将提请交通管理部门给予协助，确保构件顺利运输
5	大型构件采用拖挂车运输构件，在构件支承处应设转向装置，使其能自由转动，同时应根据吊装方法及运输方向确定装车方向，以免现场调头困难

5.6 预制构件质量保证措施

1. 焊缝的外观检查

1）焊缝质量的外观检查，在焊缝冷却后进行。梁柱构件以及厚板焊接件，应在完成焊接工作 24h 后，对焊缝及热影响区是否存在裂缝进行复查。焊缝外观缺陷允许偏差表见表 5-2。

表 5-2 焊缝外观缺陷允许偏差表

<table>
<tr><th>项目</th><th colspan="3">允许偏差 /mm</th></tr>
<tr><td>焊缝质量检查等级</td><td>一级</td><td>二级</td><td>三级</td></tr>
<tr><td>表面气孔</td><td>不允许</td><td>不允许</td><td>每米焊缝长度内允许直径≤ 0.4t，且≤ 3.0 的气孔 2 个，孔距≥ 6 倍孔径</td></tr>
<tr><td>表面夹渣</td><td>不允许</td><td>不允许</td><td>深≤ 0.2t 长≤ 0.5t，且≤ 20.0</td></tr>
<tr><td>咬边</td><td>不允许</td><td>≤ 0.05t，且≤ 0.5t；连续长度≤ 100.0，且焊缝两侧咬边总长≤ 10% 焊缝全长</td><td>≤ 0.1t 且≤ 1.0，长度不限</td></tr>
<tr><td rowspan="2">接头不良</td><td rowspan="2">不允许</td><td>缺口深度 0.05t，且≤ 0.5</td><td>缺口深度 0.1t，且≤ 1.0</td></tr>
<tr><td colspan="2">每 1000，0 焊缝不超过 1 处</td></tr>
<tr><td rowspan="2">根部收缩</td><td rowspan="2">不允许</td><td>≤ 0.2+0.02t 且≤ 1.0</td><td>≤ 0.2+0.04t 且≤ 2.0</td></tr>
<tr><td colspan="2">长度不限</td></tr>
<tr><td rowspan="2">未焊满</td><td rowspan="2">不允许</td><td>≤ 0.2+0.02t 且≤ 1.0</td><td>≤ 0.2+0.04t 且≤ 2.0</td></tr>
<tr><td colspan="2">每 1000，焊缝内缺陷总长≤ 25.0</td></tr>
<tr><td>焊缝边缘不直度</td><td colspan="2">在任意 300mm 焊缝长度内≤ 2.0</td><td>在任意 300mm 焊缝长度内≤ 3.0</td></tr>
<tr><td>电弧擦伤</td><td colspan="2">不允许</td><td>允许存在个别电弧擦伤</td></tr>
<tr><td>弧坑裂纹</td><td colspan="2"></td><td>允许存在个别长度≤ 5.0 的弧坑裂纹</td></tr>
<tr><td>坡口角度</td><td colspan="3">±5°</td></tr>
</table>

2）焊缝表面应均匀、平滑，无折皱、间断和未满焊，并与基本金属平缓连接，严禁有裂纹、夹渣、焊瘤、烧穿、弧坑、针状气孔和熔合性飞溅等缺陷。

2. 焊缝的超声波探伤检查

1）图纸和技术文件要求全熔透的焊缝，应进行超声波探伤检查。超声波探伤检查应在焊缝外观检查合格后进行。焊缝表面不规则及有关部位不清洁的程度，应不妨碍探伤的进行和缺陷的辨认，不满足上述要求时事前应对需探伤的焊缝区域进行铲磨和修整。

2）全熔透焊缝的超声波探伤检查数量，应按设计文件要求。一级焊缝应 100% 检查；二级焊缝可抽查 20%，当发现有超过标准的缺陷时，应全部进行超声波检查。钢板焊接部位厚度超过 30 mm 时在焊缝两侧 2 倍厚度 +30 mm 范围内进行超声波探伤检查。全熔透焊缝焊脚尺寸允许偏差见表 5-3。

表 5-3 全熔透焊缝焊脚尺寸允许偏差表

<table>
<tr><th>项目</th><th colspan="2">允许偏差 /mm</th><th>图例</th></tr>
<tr><td>腹板翼板对焊接缝余高 C</td><td>B<20.0；0~3.0
B ≥ 20.0；0~4.0</td><td>B<20.0；0~4.0
B ≥ 20.0；0~5.0</td><td>B
C</td></tr>
</table>

（续）

项目	允许偏差 /mm		图例
腹板翼板对焊接缝错边 d	d<0.15t 且≤ 2.0	d<0.15t 且≤ 3.0	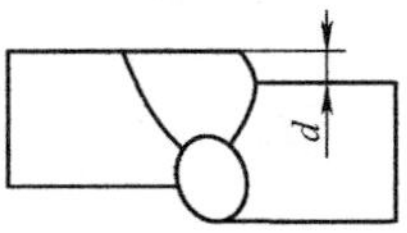
一般全熔透的角接与对接组合焊缝	h_f ≥（t/4）+4 且≤ 10.0		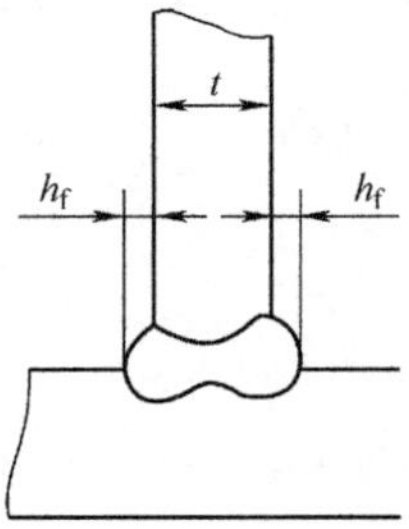
需经疲劳验算的全熔透角接与对接组合焊缝	h_f ≥（t/2）+4 且≤ 10.0		
T 形接头焊缝余高	T ≤ 40mm	+5	
	a=t/4mm	0	
	t>40mm	+5	
	a=10mm	0	

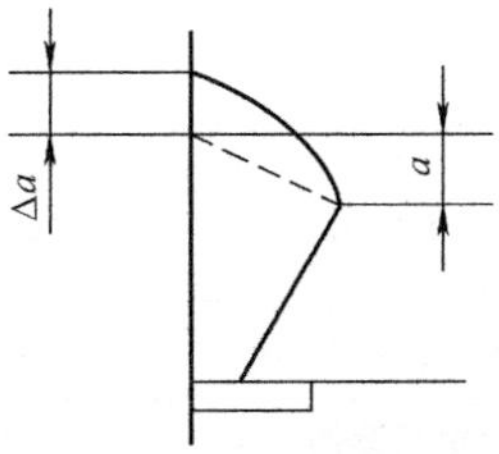

注：焊脚尺寸 h_f 由设计图纸或工艺文件所规定。

3. 涂装的质量控制和质量要求

1）焊缝接口处，各留出 50mm，用胶带贴封，暂不涂装。

2）钢构件应无严重的机械损伤及变形。焊接件的焊缝应平整，不允许有明显的焊瘤和焊接飞溅物。

3）上漆的部件，离自由边 15mm 左右的幅度起，在单位面积内选取一定数量的测量点进行测量，取其平均值作为该处的漆膜厚度。按干膜厚度测定值的分布状态来判断是否符合标准。对于大面积部位，干膜总厚度的测试采用国际通用的原则。

4. 涂装施工成品保护

1）防雨措施。对于在室外喷涂的构件采取搭设活动涂装棚进行相对封闭施工，创造可满足防腐施工要求的施工环境。

2）成品及半成品保护措施。工作完成区域及施工现场周围的设备和构件应当很好地进行保护，以免油漆和其他材料的污染。临近施工区域的电气，电动和机械设备应妥善保护，以免油漆损坏。另外，精密设备应当在施工过程中密封保护。已完成的成品或半成品，在进行下道工序或验收前应采取必要的防护措施以保护涂层的技术状态。

3）构件标识。制造厂打上钢印的构件，涂装后标签应保持清晰完整，油漆完成后用彩色油漆笔将构件编号标示在构件端部钢印附近，且保证清晰可见。

5. 运输中成品保护

1）成品构件在放置时，在构件下安置一定数量的垫木，禁止构件直接与地面接触，并采取一定的防止滑动和滚动的措施，如放置止滑块等；构件与构件需要重叠放置的时候，在构件间放置垫木或橡胶垫以防止构件间碰撞。

2）构件放置好后在其四周放置警示标识，防止其他构件吊装作业时碰伤或撞倒构件。成品构件吊装作业中捆绑点均需加软垫，以避免损伤构件表面和破坏油漆。

3）成品构件之间放置橡胶垫之类的缓冲物。在运输过程中为避免涂层损坏，在构件绑扎或固定处用软性材料衬垫保护。

4）散件按同类型集中堆放，并用钢框架、垫木和钢丝绳进行绑扎固定，杆件与绑扎用钢丝绳。

本章小结

本章主要介绍了装配式钢结构的预制构件制作和质量检验的基本知识。对预制构件生产工艺、焊接工艺、涂装工艺、构件的包装与运输进行了论述；介绍了装配式钢结构预制构件制作过程中可能出现的质量通病及防治措施；阐述了钢结构预制构件运输与存放的操作要点。

随堂思考

1. 简述装配式钢结构预制构件制作的基本要求。
2. 请用流程图表示装配式钢结构预制构件制作的基本过程。
3. 简述装配式钢结构预制构件的质量检查和验收要求。
4. 如何解决装配式钢结构预制构件制作过程中出现的质量通病？

第 6 章　装配式钢结构建筑虚拟施工

CHAPTER 6

内容提要

本章主要介绍在项目正式施工前，如何通过BIM技术的三维可视化模拟应用对各个施工重要节点进行预演虚拟施工与设备选型，并提前发现施工过程中可能存在的问题，予以解决。主要对包括施工现场布置、钢结构安装、外墙板安装、机电管线安装等的虚拟施工进行讲解。

学习目标

1. 掌握装配式钢结构建筑现场布置虚拟施工。
2. 掌握装配式钢结构建筑钢结构安装虚拟施工。
3. 掌握装配式钢结构建筑外墙板安装虚拟施工。
4. 掌握装配式钢结构建筑机电管线安装虚拟施工。

6.1　施工现场布置虚拟施工

总平面布置是工程前期准备的关键工作，将BIM技术运用到总平面布置中，可以解决传统二维总平面布置中很难发现和解决的问题。大多数项目场地狭小、建筑单体多，使用BIM技术模拟现场施工环境，可根据不同工况对总平面布置实时进行动态调整，在节约资源的同时保证了现场施工的有序性。

施工场地布置虚拟施工内容，如图6-1所示。

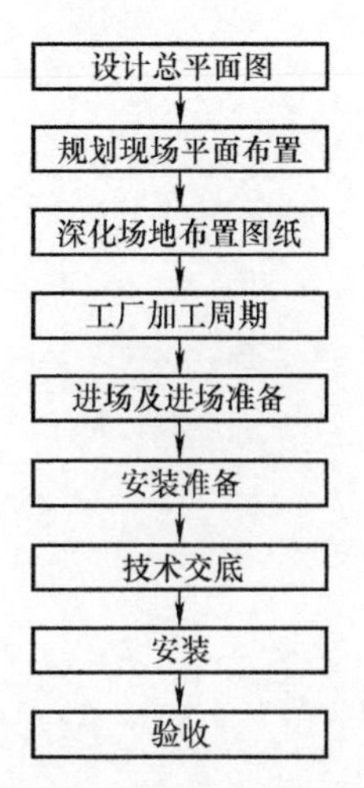

图 6-1　虚拟施工流程图

1. 临建布置

项目办公生活区临建包括门卫室、办公楼、宿舍楼、食堂、卫生间、浴室、会议室、活动室、晾晒棚等，根据项目规模、管理和施工人员数量、场地特点，以及其他要求进行布置。

运用 Revit 软件中日照分析功能，对临建在不同时刻、不同季节的日照情况进行分析。根据分析结果调整办公生活区的朝向与楼栋间距，对比布置出较合理的方案，保证日照时间充足，减少灯具和空调使用时间，达到绿色节能的目的，如图 6-2 所示。

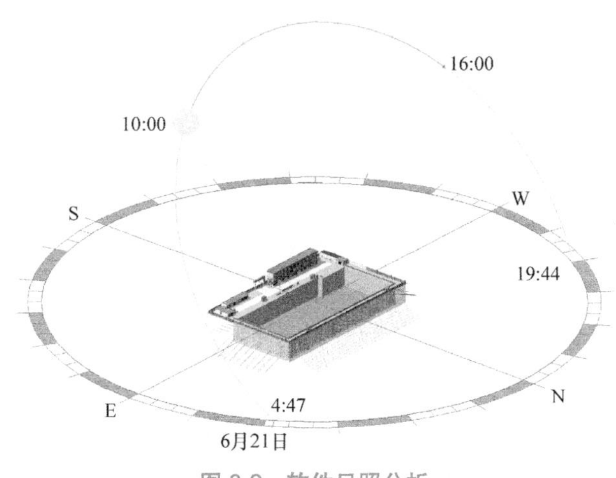

图 6-2 软件日照分析

2. 临时道路布置

在总平面施工图设计的永久道路的基础上，综合考虑基坑外边线位置、场内材料运输需求等来布置临时道路，因地基与基础施工阶段与主体结构施工阶段场区施工特征不同，故根据两个阶段特征来分别布置临时施工道路。

通过 BIM 技术的提前模拟规划，保证场地内交通顺畅。施工现场内主要车辆有土方车、混凝土车、泵车、挖掘机等材料运输车辆及施工机械。利用 BIM 技术在场区中模拟各种车辆在临时道路上行进路线、材料运输车辆进出场和卸货位置以及不同车辆会车过程，在交叉路口设置分流指示牌和交通警示牌，对进场车辆进行合理分流。对于车辆行驶频繁的交通路线严格控制车辆占用时间，尤其是混凝土泵车以及钢筋进货车等，如图 6-3 所示。

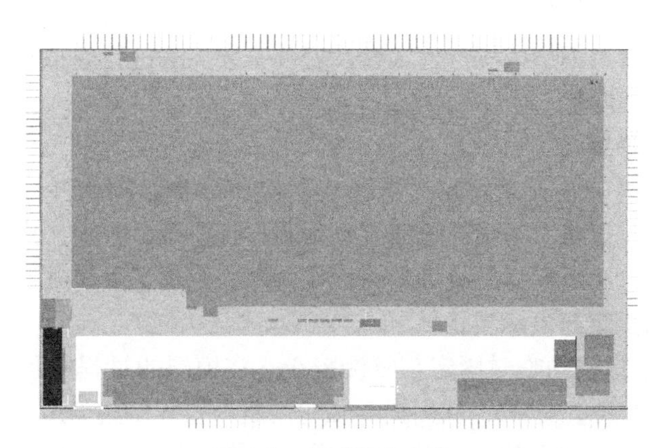

图 6-3 临时道路布置

通过上述 BIM 技术，在控制成本方面减少了临时道路施工量，节省资源投入，充分体现绿色施工的特点。

3. 机械设备布置

建立主体结构 BIM 模型，根据主体结构外部轮廓，并综合考虑材料运输、施工作业区段划分等来进行塔吊与施工电梯的选型及定位。相比传统在多张二维平面图上进行塔吊和施工电梯的布置，通过 BIM 技术，可在三维视角中进行布置，而且更加直观、便捷、合理，如图 6-4 所示。

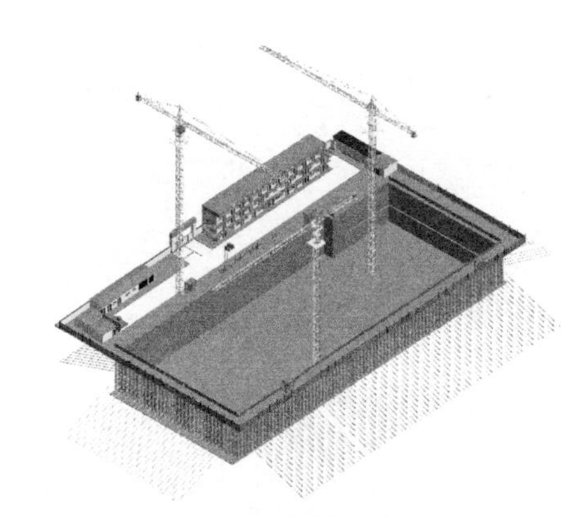

图 6-4　机械设备布置

在塔吊布置过程中，根据不同施工阶段模型展现的工况以及各楼栋开工竣工时间的不同，优化塔吊使用，使塔吊在施工现场内实现周转，对塔吊总投入进行优化。同样在施工电梯布置过程中，运用 BIM 技术形象直观的优化施工顺序，可减少塔吊、施工电梯的投入数量从而节省成本及资源。

4. 加工棚与材料堆场布置

施工现场临时施工道路占地面积外，可供材料堆放的场地面积很小。根据不同施工阶段的施工特征来看，合理布置材料堆场存在较大困难。

利用 BIM 技术创建模型，根据每个工区材料需求，在塔吊覆盖范围内布置钢筋加工棚、钢筋原材半成品堆场、模板堆场、钢管扣件堆场等，减少了材料的二次搬运，提高了施工场地的利用率。

6.2　钢结构安装虚拟施工

钢结构安装阶段对钢结构构件的选型及安装工艺工法进行虚拟施工，可提高该阶段的返工率，提升施工质量。

1. 钢柱、钢梁吊装

在钢柱、钢梁吊装施工开始前，通过 BIM 技术对钢结构构件进行模型搭建，并在施工场景中创建临时道路、车辆运输路线及吊装过程模拟，减少二次搬运，避免人员与施工机具路线重叠，从而提高吊装机具的工作效率，控制了吊装成本。

2. 钢柱的临时固定与复测校正

用 BIM 技术模拟柱的临时固定与复测校正。在模拟的过程中预估临时固定与校正过程存在的问题（如人员安排），从而提高临时固定与校正的精确度与效率，如图 6-5 所示。在复测过程中，可以利用 BIM 技术对测量仪器与已安装构件进行碰撞检验，进而对测量仪器进行合理有效的安排布置，从而提高了复测过程的效率。

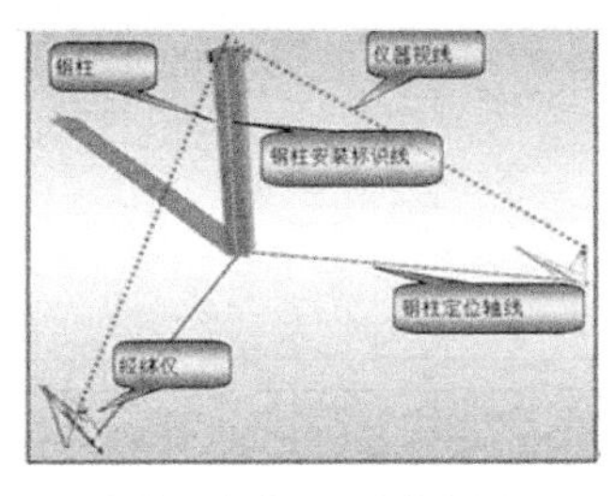

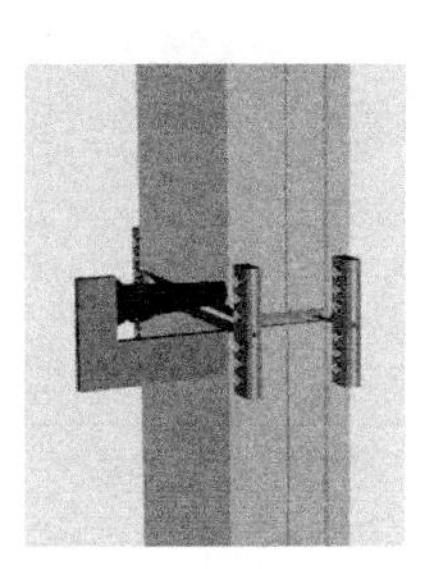

钢柱的临时固定　　轴线、标高、垂直度复测　　钢柱的连接与固定

图 6-5　钢柱临时固定与校正

利用 BIM 技术对钢柱、钢梁的连接与固定进行精细化建模，并对施工工序进行施工模拟，将钢柱的栓接与焊接过程中的材料用量更加清晰、直观地表现出来，控制了材料的用量，和施工成本。

6.3　外墙板安装虚拟施工

外墙板主要应用在钢结构上非承重外围护的外墙外侧、外墙内侧、内墙内侧。

应用 BIM 技术对项目外墙板进行建模，可复核各项设计布置图，如龙骨排布图、墙板布置图等，如图 6-6~ 图 6-8 所示。

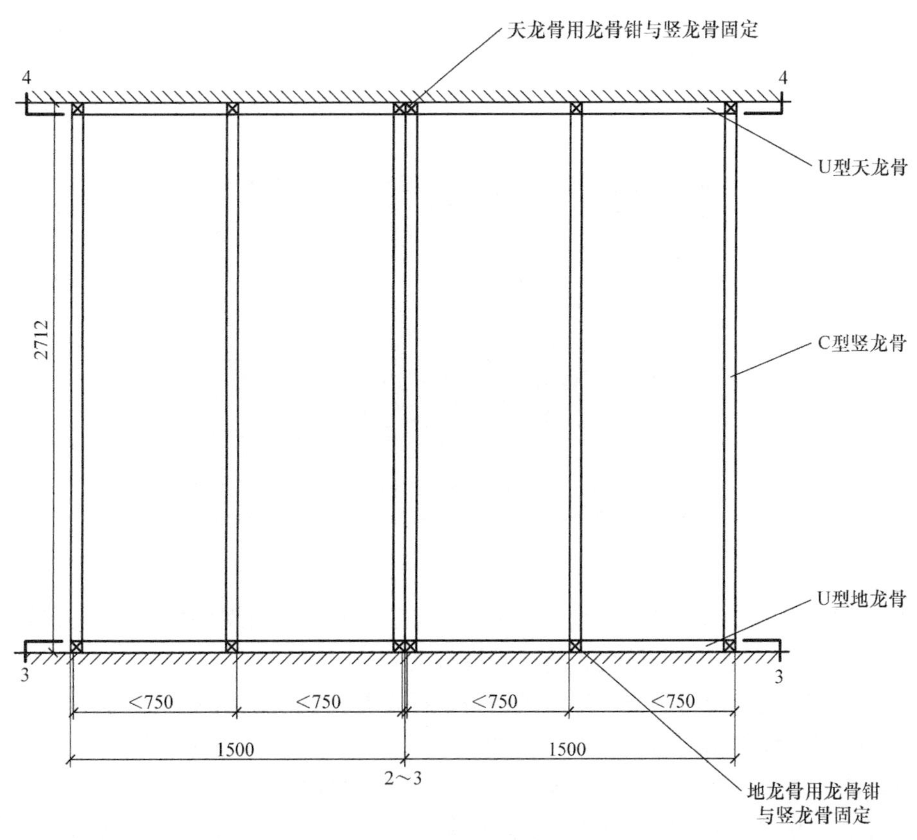

图 6-6　龙骨布置图

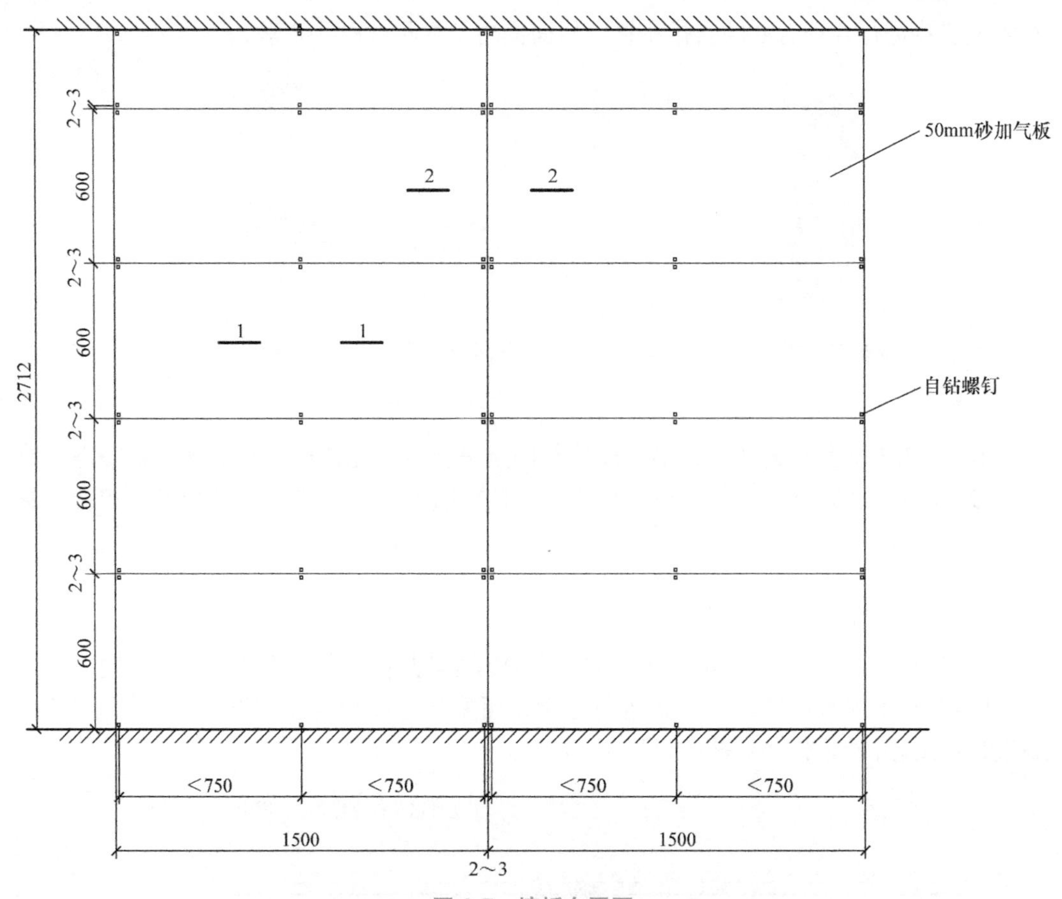

图 6-7　墙板布置图

图 6-8　外墙板三维效果图

通过 BIM 模型，配合技术交底文件整理加工成可前期给现场分包管理人员、施工作业工长、班组工人进行全员交底的三维模型文件。

根据排版图确定板材规格，异型规格可以根据具体需要定制生产。墙板安装为竖向安装，它的连接配件采用角钢连接，如图 6-9 所示。各种管道穿越外墙板时，其结合处应做好防渗处理。安装事宜包括但不限于：U 型卡 / 角钢的焊接、钩头螺栓锚固、AAC 板材的安装、预留门窗洞口、AAC 板材与钢梁 / 钢柱 / 楼板夹缝处理、AAC 板材间缝隙处理等。

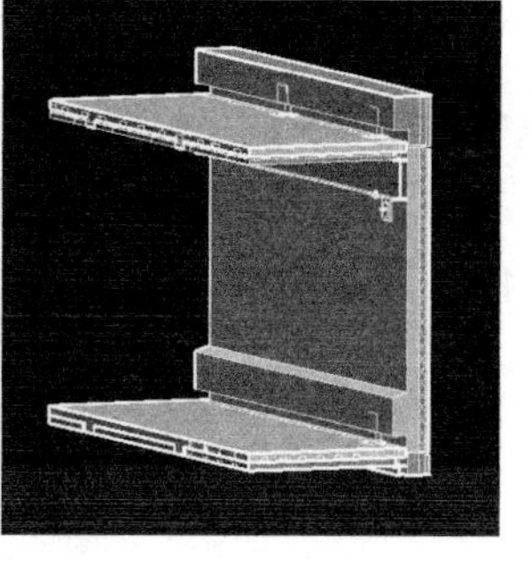

图 6-9 外墙板拆分图

通过将这些构件进行 BIM 模型搭建、节点工艺处理，可形成更为直观、便于理解的三维施工交底文件，如图 6-10 所示。

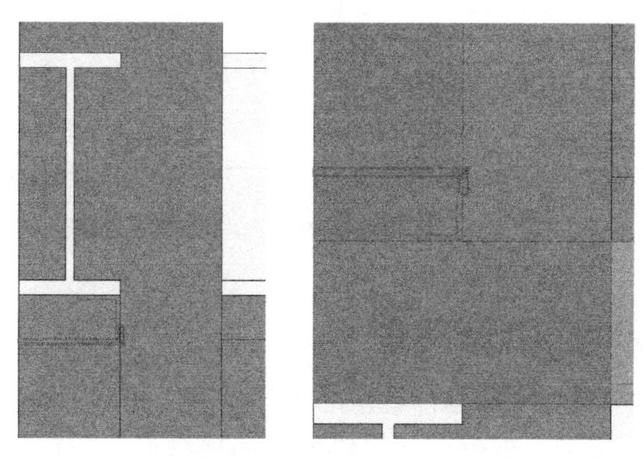

图 6-10 外墙板节点图

板缝处亦可三维直观地表达密封胶处理等细节部分，为装配式精细化施工提供有效依据，从而控制材料用量和成本，如图 6-11 所示。

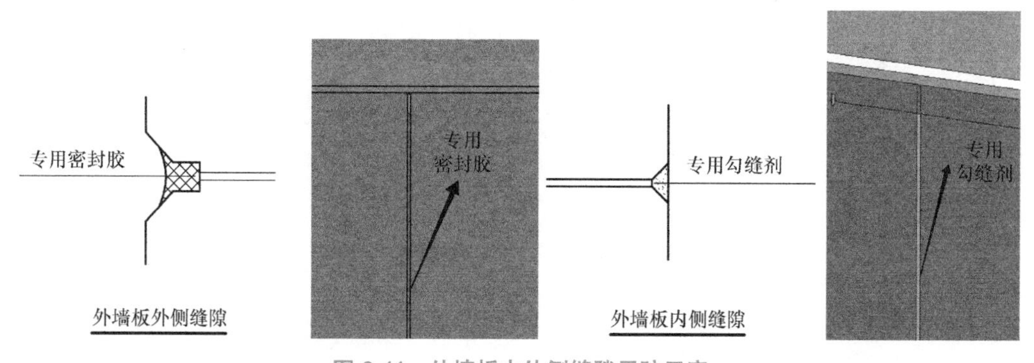

图 6-11 外墙板内外侧缝隙用胶示意

6.4 机电安装虚拟施工

机电管线综合是目前 BIM 技术在国内应用较广泛也是成果较为明显的一部分。通过对机电各专业传统二维图纸进行三维模型搭建与校验，可以形成图纸查错、设计查错、机电模型精细化、机电管线优化和深化、机电构件拆分与加工等相关成果。

6.4.1 机电模型规划

在机电安装虚拟施工中，对项目的机电管线预先进行建模规划，从机电预制范围、建模深度、成本算量、进度监控、模型结算等方面综合考虑，制定统一的模型标准，有助于项目文件的有效传递与保存，如图 6-12 所示。

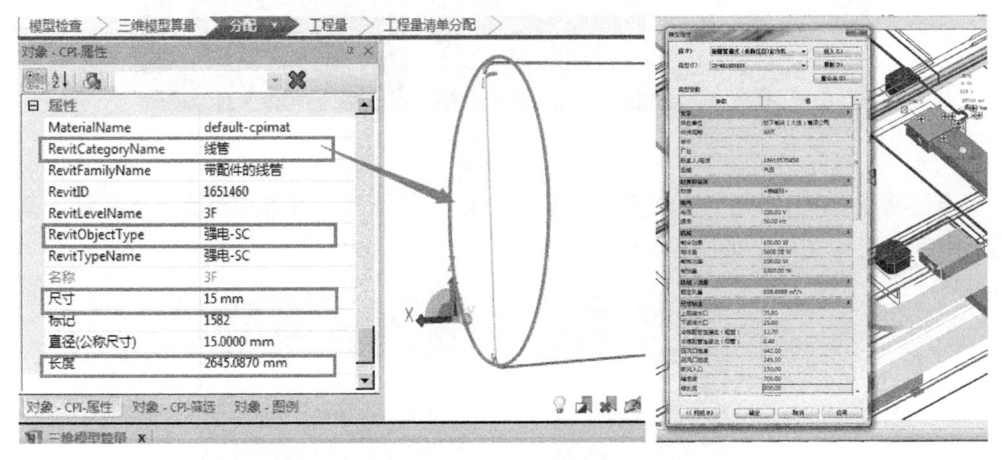

图 6-12　机电模型标准信息传递示意

6.4.2 确定虚拟施工的设备选型

根据设计参数与模型规划选择合格的生产厂商，并与厂商进行模型对接，确保厂商能够提供 BIM 产品模型。根据厂商提供的产品模型进行数据库的梳理，包括标准、规格、族库等模型及方案文件。在虚拟施工阶段使设备厂家参与到项目中，避免后期因设计与厂商设备尺寸不统一而导致返工，节省了设备成本，缩短了施工周期，如图 6-13 所示。

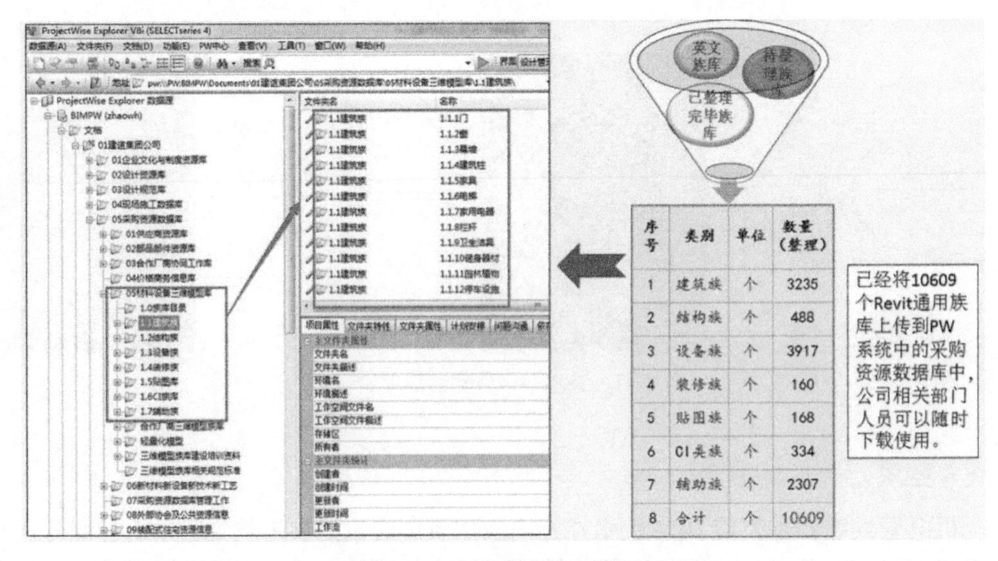

序号	类别	单位	数量（整理）
1	建筑族	个	3235
2	结构族	个	488
3	设备族	个	3917
4	装修族	个	160
5	贴图族	个	168
6	CI类族	个	334
7	辅助族	个	2307
8	合计	个	10609

图 6-13　机电设备用量统计

6.4.3 碰撞检查与管线综合排布

根据设计图纸（模型）和项目数据库，建立项目模型，对于建模中发现的问题，与设计单位沟通解决后，最终将管线综合排布模型发给项目各参与方确认。利用 BIM 技术，通过搭建各专业的 BIM 模型，能够在虚拟的三维环境下方便地发现设计中的碰撞冲突，如图 6-14 所示，从而大大提高了管线综合的设计能力和工作效率。这不仅能及时排除项目施工环节中可能遇到的碰撞、冲突，显著减少由此产生的变更申请，更大大提高了施工现场的生产效率，降低了由于施工协调造成的成本增长和工期延误。

图 6-14 机电管线优化

6.4.4 构件拆分与加工清单

针对模型中的水管、风管、桥架的直管段，按照厂家的产品固定长度进行拆分。首先制作好管道打断的接头，根据厂家参数设置好扣减规则并载入到项目插件的系统中（如水管的管箍、卡箍、双法兰片，风管的法兰，桥架的连接片等）。根据厂家产品特性，在 Revit 拆分插件中设置好各个系统管段长度。最后选择要拆分的管段进行拆分，直管段即生成通过预设接头连接的固定长度管段。

利用 Revit 自带的“新建明细表”功能，统计时选择族类别，在选取要统计的参数，系统会生成本项目中所有此类别的明细。根据系统编号进行系统材料区分。

生产明细表无导出 Excel 功能，操作时可以导出 txt 格式文档，全选复制后，粘贴到 Excel 内，即可生成对应一致的表单。

针对项目中复杂节点的模型组或者需要自己拼装生产的构件，可以将 Revit 节点模型导入 Inventor，与加工人员沟通区分和加工编号顺序，根据组装顺序进行编号并将编号结果与管道长度编辑成表格形式，利用软件生成轴测图标注、管道长度表格编辑成图纸打印，如图 6-15 所示。

中都科技大厦材料单-B1通风专业.xlsx

中都科技大厦—材料单						
专业：			通风专业			
部位：			地下一层			
编号	名称	规格	尺寸（mm）	材质	数量	备注
B1-S1-0001	风管	800X600	400	镀锌钢板	1	
B1-S1-0002	排烟防火阀	800X600	200	镀锌钢板	1	70℃
B1-S1-0003	风管	800X600	500	镀锌钢板	1	
B1-S1-0004	直角弯头	800X600		镀锌钢板	1	
B1-S1-0005	风管	800X600	1034	镀锌钢板	1	
B1-S1-0006	风管	800X600	1160	镀锌钢板	1	
B1-S1-0007	天方地圆	800X600→Φ740	320	镀锌钢板	1	
B1-S1-0008	软连接	Φ740	200		1	
B1-S1-0009	轴流风机	Φ740	710		1	S-B1-1；12000m³/h
B1-S1-0010	软连接	Φ740	200		1	
B1-S1-0011	天方地圆	Φ740→800X600	320	镀锌钢板	1	
B1-S1-0012	风管	800X600	540	镀锌钢板	1	
B1-S1-0013	风管	1400X400	300	镀锌钢板	1	
B1-S1-0014	排烟防火阀	1400X400	200	镀锌钢板	1	70℃
B1-S1-0015	风管	1400X400	1160	镀锌钢板	2	
B1-S1-0016	风管	1400X400	900	镀锌钢板	1	
B1-S1-0017	风管	1400X400	1160	镀锌钢板	1	风口800X600
B1-S1-0018	变径接头	1400X400→1200X400	400	镀锌钢板	1	
B1-S1-0019	风管	1200X400	1160	镀锌钢板	3	
B1-S1-0020	直角弯头	1200X400		镀锌钢板	1	
B1-S1-0021	风管	1200X400	1160	镀锌钢板	2	
B1-S1-0022	风管	1200X400	1160	镀锌钢板	1	风口800X600
B1-S1-0023	风管	1200X400	1000	镀锌钢板	1	
B1-S1-0024	变径接头	1200X400→800X400	700	镀锌钢板	1	
B1-S1-0025	风管	800X400	1160	镀锌钢板	5	
B1-S1-0026	风管	800X400	1160	镀锌钢板	1	风口800X600
B1-S1-0027	变径直角弯头	800X400→800X200		镀锌钢板	1	下齐
B1-S1-0028	风管	800X200	1160	镀锌钢板	10	
B1-S1-0029	风管	800X200	300	镀锌钢板	1	

图 6-15　机电构件拆分与统计清单

本章小结

本章主要介绍了装配式钢结构建筑虚拟施工内容，对施工现场布置、钢结构安装、外围护结构安装、机电安装等的虚拟施工进行了解读。

随堂思考

1. 简述装配式钢结构建筑现场布置、钢结构安装、外围护结构安装、机电安装虚拟施工的 BIM 技术应用点。

2. 简述装配式钢结构建筑在施工前应用虚拟施工的好处。

第7章　装配式钢结构建筑结构施工

CHAPTER 7

内容提要

本章主要介绍装配式钢结构建筑的施工流程与技术要点。对施工现场布置、土方开挖与支护、基础施工、钢结构安装进行论述，并介绍装配式钢结构安装质量控制与安装安全管理等相关内容。

学习目标

1. 掌握装配式钢结构现场布置施工流程。
2. 掌握装配式钢结构土方开挖施工流程。
3. 掌握装配式钢结构基础施工流程。
4. 掌握装配式钢结构安装施工流程。
5. 了解钢结构安装质量控制内容。
6. 了解钢结构安装安全管理内容。

7.1　施工现场布置

在施工现场，除拟建建筑物外，还有各种拟建工程所需的各种临时设施，如混凝土搅拌站、材料堆场及仓库、工地临时办公室及食堂等。为使现场施工科学有序、安全，必须对施工现场进行合理的平面规划和布置。这种在建筑总平面图上布置各种为施工服务的临时设施的现场布置图称为施工平面图。施工平面图是施工方案在现场空间上的体现，反映已建工程和拟建工程之间，以及各种临时建筑、临时设施之间的合理位置关系。现场布置得好，就可以使现场管理得好，为文明施工创造条件；反之，如果现场施工平面布置得不好，施工现场道路不通畅，材料堆放混乱，就会对施工进度、质量、安全、成本产生不良后果。因此施工平面图设计是施工组织设计中比较重要的部分。

7.1.1　施工场地布置原则

1）按施工阶段划分施工区域和场地，保护目前道路交通的畅通和施工堆场的合理布局以及在施工各阶段满足材料运输方便，尽量减少材料的二次运输。

2）符合施工流程要求，减少对专业工种和其他方面施工的干扰。

3）施工区域与生活办公区分开，且各种生产设施地布置便于施工生产安排，且满足安全防火、劳动保护的要求。

4）符合交叉施工要求，减少对各专业工种的干扰。各种生产设施便于工人的生产、生活的需要，且满足安全防火、劳动保护的要求。

5）符合总体施工环境的要求，进行封闭施工，避免或减少对周围环境和市政设施的影响。

7.1.2 施工场地布置内容

1. 施工道路的布置

（1）施工场地出入口　工地出入口直通进场道路，道路大样如图 7-1 所示。出入口处为主要运输车辆出入口，设专用洗车槽，施工场地出入口道路进行硬化，路宽 6m，厚 20cm，混凝土为 C20，硬化过程中进行 2% 找坡，便于排水，道路两侧设置排水沟。

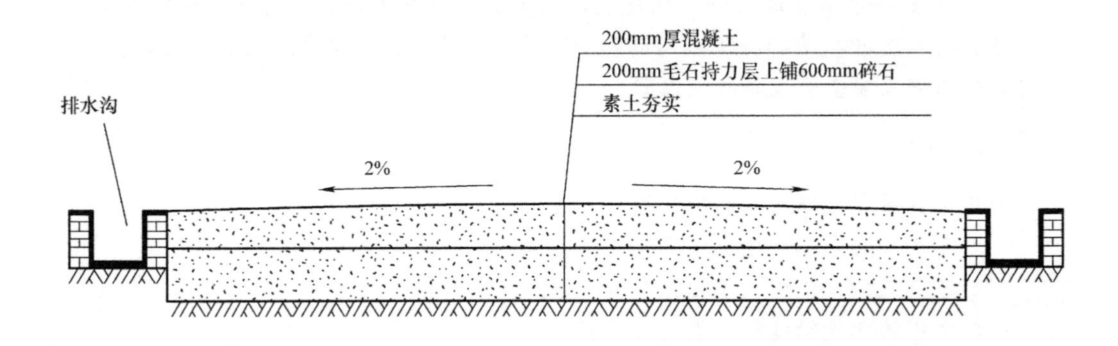

图 7-1　道路大样图

（2）施工便道　施工场地便道沿基坑环状设置。施工便道离基坑边 3m 处设置，施工便道宽 4.2m，路厚 20cm，混凝土为 C20。路基施工时采用振动式压路机进行压实，用碎石铺垫，再硬化地面。施工便道必须保证货车等通行畅通。

（3）排水沟　沿施工场地便道两侧布置两条砖砌排水沟，排水坡度为 3‰，确保场地内不积水。在场地内设沉淀池，施工废水经沉淀后排入市政管网。

（4）明沟　施工现场、生活区设置有盖板明沟。

2. 围挡的布置

（1）现场围挡　根据文明施工的规定及建设方要求，施工工地砌筑 2m 以上高度的施工围墙，围墙采用混凝土空心砌块砌筑，使其与外界隔离。围墙分两种，即金属彩钢板墙和砖砌墙。

1）双色金属彩钢板墙。双色金属彩钢板墙高 2m。采用蓝色板与白色板的组合，从大门边的第二块板（白色）起，每隔 5 块蓝色板设 1 块白色板，在白色板上安装 0.5m × 0.5m 的板块。彩板围墙每隔 3m 设置一个立柱，立柱采用膨胀螺栓固定，提前采用混凝土做好基础。围墙高度 2m，围墙上采用塑钢压条做封边处理彩板，间隔 3m 设一道立柱。做三角支架地面采用膨胀螺栓固定。金属彩板墙效果图如图 7-2 所示。

2）砖砌墙。砖砌墙高 2m、宽 240mm，页岩砖砌筑，下面砌筑钢筋圈梁。每间隔 5m 设置一个立柱。内外抹水泥砂浆刷白，其中围墙上端 0.2m 高。砖砌墙效果图如图 7-3 所示。

图 7-2　金属彩板墙效果图

图 7-3　砖砌墙效果图

（2）基坑周边防护（图 7-4）设置

1）开挖深度超过 2m 的基坑，周边安装防护栏杆，防护栏杆高度不应低于 1.2m，并设置警示牌。

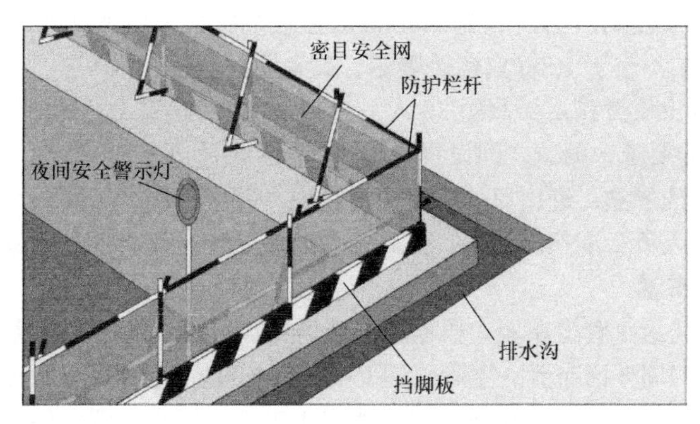

图 7-4　基坑临边防护效果图

2）防护栏杆由横杆及立杆组成。横杆应设置上、中、下共 3 道，下杆离地高度宜为 0.1m，中间杆离地 0.7m，上杆离地高度为 1.2m。立杆间距不宜大于 2.0m，立杆离坡边距离大于 0.5m。

3）防护栏杆宜加挂密目安全网和挡脚板。安全网应自上而下封闭设置，挡脚板高度不应小于 180mm，挡脚板下沿离地高度不应大于 10mm。

4）基坑的临边设置排水沟和集水坑。排水沟沟底宽不宜小于 0.3m，坡度不宜小于 0.1%；集水坑宽度不宜小于 0.6m，间距不宜大于 30m，其底面与排水沟沟底高差不宜小于 0.5m。

3. 工人生活区基础及地面设计

1）工人宿舍现场图如图 7-5 所示。工人宿舍基础为独立基础。地面平整后素土夯实，地面浇筑 50mm 厚 C20 混凝土。办公室、宿舍共用一栋板房。设置三层标准板房，一层

图 7-5　工人宿舍现场图

为会议室、接待室、餐厅、食堂、劳务办公室、劳务食堂，二层为物资部、生产经理、总工办公室、工程部、安质部、经理办公室、监理办公室、总监办公室。三层为项目管理人员的宿舍、商务部、甲方办公室。生活配套设施可在劳务食堂一侧，包括男厕所、男浴室、女厕所、女浴室。可采用玻璃丝棉（彩钢夹芯板）活动板房，室外为素混凝土硬化。

2）工人卫生间及洗手池如图 7-6 所示。

图 7-6 工人卫生间及洗手池

① 施工现场设置水冲式厕所。

② 厕所外墙大面刷白色，下端 200mm 刷蓝色踢脚线，屋顶刷蓝色，室内地面贴防滑地砖，内墙面贴不小于 1.8m 白瓷砖墙裙，其余墙面应刷白。

③ 厕所的厕位设置满足男厕每 30 人、女厕每 10 人设置 1 个蹲便器，男厕每 50 人设 1m 长小便槽的要求，厕位之间设置隔板。

④ 厕所设置洗手盆，进出口处应有明显标识，并应标明“男厕所”“女厕所”字样。

⑤ 厕所设专人负责清扫、消毒，化粪池做防渗处理，化粪池有盖板并及时清掏。

4. 临时用水布置

（1）施工现场给水管道布置　根据施工现场用水量及现场的实际情况，施工现场给水管道主干管沿四周环通布置，主管采用 PVC 管，其他支管采用 ϕ25mm 镀锌管。给水管道容易受冻，水管埋入地下 0.8m，且在水管上方基坑四周布置阀门。

（2）施工现场消防布置　根据现场的实际情况及消防规范规定，消防管道与施工用水管道分两路布置，消防管道沿地下室四周便道环通布置，并设置消防栓，消防用水干管选用 100mm 镀锌水管。消防用水支管选用 50mm 镀锌水管。

（3）生活区消防及生活用水布置　生活区生活用水和消防用水，根据生活区布置及住宿人员数量，生活用水给水管道采用 PVC 管，消防用水采用 50mm 镀锌水管，消防栓布置按消防规范规定布置。

（4）检查井布置　检查井为深度 1.1m，直径为 1m 的砖砌圆形检查井。当需要收口时，如为四面收进，则每次收进不应大于 30mm；如为三面收进，则每次收进不应大于 50mm。砌筑检查井的内壁采用原浆勾缝，在有抹面要求时，内壁抹面分层压实，外壁用砂浆搓缝并压实。砖砌检查井砌筑至规定高程后，及时浇筑或安装井圈，盖好井盖。检查井现场图如图 7-7 所示。

图 7-7 检查井现场图

5. 其他平面布置

（1）垃圾池　垃圾池分建筑与生活垃圾池，采用普通粘土砖砌筑，表面抹灰 20mm，高 2.4m、宽 3m、长 4m，基础直接建在硬化地面上。

（2）洗车池　洗车池位置在施工围挡内，洗车池长 9.0m、宽 3.5m，池中央原土进行挖掘，挖深 30cm。洗车槽底到泄水池做排水管，排水用 PVC 管，向泄水池（沉淀池）方向放坡 1%，泄水池（沉淀池）截面尺寸为 1m × 1m，挖深 1.1m。泄水池衬砌 240mm 砖墙，砖墙顶浇筑 C20 混凝土，混凝土厚度为 20cm，沉淀池顶覆盖钢板。

（3）消防水池　生产与消防可合用一个消防水池，高度 1.6m，长、宽 5m，其中供水设备采用高压潜水泵（160m 扬程）一用一备，采用不小于 2t 的压力罐，如图 7-8 所示。

图 7-8　消防水池

（4）门卫亭　工地大门处设门卫室，门卫室采用成品活动岗亭。

7.2　基础施工

基础是将结构所承受的各种作用传递到地基上的结构组成部分。基础通常由土和岩石组成。按使用的材料分为：灰土基础、砖基础、毛石基础、混凝土基础、钢筋混凝土基础。按埋置深度可分为：不埋式基础、浅基础、深基础。按受力性能可分为：刚性基础和柔性基础。基础施工包含土方开挖施工、降水井施工、基坑支护施工、基础浇筑施工、地下室施工。其中基坑支护施工以护坡桩与锚杆支护为例，进行工艺解读。

7.2.1　土方开挖施工

土方开挖是工程初期以至施工过程中的关键工序。土方开挖施工一般包括：土方开挖施工准备、基坑排水、测量放样、边坡安全检测等内容。开挖前应根据地质水文资料，结合现场附近建筑物情况，决定开挖方案，并做好防水排水工作。土方开挖如图 7-9 所示。

图 7-9　土方开挖

1. 土方开挖施工准备

1）在基槽开挖前，场内所有建筑物的定位桩全部经测量核准，并对场边道路及场内的临时设施做好定位标记，以备观测。

2）在基槽开挖前，根据施工图纸和支护方案，确定基槽开挖放坡坡度，放好开挖白灰线。基槽开挖范围内的所有轴线桩和水准点都引测到施工活动区域以外的位置处，并用红漆标记，以免土方施工的机械碰压测量桩。

3）所有的测量桩、红线点经核实后，派专人对其进行定期检查复核，确保红线点的准确性。

2. 基坑开挖方法

测量放线→基坑排水→分段分层均匀下挖→修边和清底→坡道收尾。

（1）基坑排水　在基坑底部做截水沟加集水井的排水系统，在基坑顶部和底部设置 C15 混凝土构筑的地面排水沟截流，排水沟两侧用不小于 C10 的混凝土硬化地面。将地面及基坑雨水、施工废水集中导流，然后排入城市下水管网或附近河流，并根据现场实际情况每隔 10~20m 设置地表集水井。排水沟边缘离开边坡坡脚不小于 0.2m，集水井大小根据施工现场情况进行设置。基坑开挖过程中按土层开挖要求边开挖边设置临时性盲沟，并每隔 15m 设置一个集水井及时排除地下水及坑内积水。根据实际施工需要，安排一定数量的潜水泵使基坑内抽出的地下水、雨水及地面流水及时排除。

（2）分段分层均匀下挖　据图纸进行基坑边线及边坡线定位，撒出石灰线，然后开挖。先挖去面层渣土层，再进行土方开挖。按设计要求 1 ∶ 0.5 放坡系数开挖，确保边坡符合安全要求。每次开挖完成后，水泥砂浆护壁达到设计强度的 70% 后，方可进行下一层面的开挖。

（3）修边和清底　开挖过程中边挖边修整边坡，按设计要求 1 ∶ 0.5 放坡系数开挖，确保边坡符合安全要求。大开挖完成后，进行人工修整清底。

（4）坡道土方收尾　坡道处土方收尾采用 2 台挖土机进行接力挖除，边挖基坑坡道边运走，保证交通顺畅。基坑周边严禁超堆荷载，开挖的土方随挖随运走。

3. 边坡安全监测

（1）监测点布设及监测频率　在基坑周围及邻近建筑物上，取 10 个固定监测点，做好标记并保护起来，以防在基坑开挖及后期施工中丢失或损坏。监测点的距离不大于 20m。在开挖过程中实施实时监测，监测频率为 4 小时一次。开挖完成后每天不少于 1 次，雨天和雨后增加监测频率，每天不少于 3 次。

（2）监测内容

1）基坑顶水平位移和垂直位移。

2）地表开裂状态（位置、宽度）的观察和记录。

3）周边设施（建筑物、道路、管线）的变形观测。

4）基坑渗、漏水情况的观察。

5）基坑周边可能危及支护安全的水害来源（生产、生活排水，上下水管等）的观察。

（3）监测报警值

1）按设计要求，边坡水平、垂直位移监测报警值均为 50mm。

2）邻近建筑物（道路、管道），根据《建筑基坑工程监测技术规范》（GB 50497—2009）设定监测报警值：建筑沉降小于 3mm，建筑裂缝小于 3mm，建筑倾斜小于 3‰。地表裂缝小于 20mm，管线位移小于 30mm，坑内起隆小于 40mm。

3）渗水速率平稳，无流沙、管涌、隆起、塌陷现象。

（4）土方开挖注意事项

1）开挖基坑不得超过基底标高。

2）基坑开挖后应尽量减少对基土的扰动。

3）当开挖深度范围内遇有地下水时，应根据当地工程地质资料采取措施降低地下水位。一般应降至开挖面以下 0.5m，然后才能进行土方开挖。

4）开挖后不能立即回填或浇垫层的，应预留保护层。如发生超挖，应用与底板相同标号的混凝土或相应的垫层料填平。

5）挖运土方时应注意保护定位标准桩、轴线引桩、标准水准点，并定期复测检查定位桩和水准点是否完好。基坑挖完后及时做好安全防护。

4. 土方开挖质量要求

1）基底标高、长度、宽度、边坡必须符合设计要求。基坑、基槽的土质必须符合设计要求，必要时应进行钎探。严禁机械扰动基底，雨水浸泡槽底。

2）允许偏差值应符合表 7-1 的要求。

表 7-1 土方开挖允许偏差值

项目	序号	检查项目	允许偏差或允许值 /mm					检查方法
			柱基基坑基槽	挖方场地平整		管沟	地（路）面基层	
				人工	机械			
主控项目	1	标高	−50	±30	±50	−50	−50	水准仪检测
	2	长度、宽度	+200 −50	+300 −100	+500 −150	+100	–	经纬仪、钢尺
	3	边坡	设计要求					观察、坡度尺
一般项目	1	表面平整度	20	20	50	20	20	用 2m 靠尺和模型塞尺
	2	基地土性	设计要求					观察或土样分析

注：地（路）面基层的偏差只适用于直接在挖、填方上做地（路）面的基层。

7.2.2 降水井施工

降水井是为降低地下水位打的井，用于地下水位比较高的施工环境中，是土方工程、地基与基础工程施工中的一项重要技术措施。降水井能减少基土中的水分、促使土体固结，提高地基强度，同时可以减少土坡土体侧向位移与沉降，稳定边坡，消除流砂，减少基底土的隆起，使位于天然地下水以下的地基与基础工程施工能避免地下水的影响，从而提高工程质量和保证施工安全。降水井如图 7-10 所示。

图 7-10 降水井

1. 降水井结构

1）井口：井口高于地面以上 0.30m 并进行保护，开挖时不得受损坏，防止地表杂物掉入井内。

2）井壁管：井壁管均采用直径为 300mm 的 PVC 波纹管。

3）滤器：外包三层 60 目尼龙网布，用 18# 铁丝 @100 螺旋形缠绕。

4）填砾料（砾砂）：地面以下部位围填砂砾作为过滤层，底部 0.8m 填入碎石料。

5）填粘性土封孔：为防止地表水的渗入及确保效果，在砾料的围填面以上必须采用优质粘土围填至地表并夯实，并做好井口管外的封闭工作。

2. 降水井施工

井点测量定位→埋设护口管→安装钻机→钻进成孔→清孔换浆→吊放井管→填充砾石过滤层→洗井→安装抽水泵→试抽水→降水井正常工作→降水完毕封井。

1）井点测量定位：根据井位平面布置示意图测放井位，如果现场施工过程中遇到障碍或受到施工条件的影响，现场可做适当调整。

2）埋设护口管：护口管底口插入原状土层中，管外用粘性土填实封严，防止施工时管外返浆，护口管上部高出地面 0.1~0.3m。

3）安装钻机：机台安装稳固、水平，大钩对准孔中心，大钩、转盘与孔的中心三点成一垂线。

4）钻进成孔：降水井开孔孔径为800mm，钻孔施工达到设计深度时，多钻0.3~0.5m。钻进开孔时吊紧大钩钢丝绳，轻压慢转，钻进过程中要确保钻机的水平，以保证钻孔的垂直度，成孔施工采用孔内自然造浆，钻进过程中泥浆密度控制在1.10~1.15，当提升钻具或停工时，孔内必须压满泥浆，以防止孔壁坍塌。

5）清孔换浆：为了保证成孔在进入含水层部位不形成过厚的泥皮，当钻孔钻至含水层顶板位置时即开始加清水调浆。钻进至设计标高后，在提钻前将钻杆提至离孔底0.50m，进行冲孔，清除孔内杂物，同时将孔内的泥浆密度逐步调至接近1.05，孔底沉淤厚度小于30cm，返出的泥浆内不含泥块为止。

6）吊放井管：井管进场后，检查过滤器的圆孔是否符合设计要求。下管前测量孔深，孔深符合设计要求后，开始吊放井管。下管时在滤水管上下两端各设一套直径小于孔径5cm的扶正器，以保证滤水管能居中，井管焊接要牢固、垂直、不透水。吊放到设计深度后，井口固定居中。下井管过程应连续进行，不得中途停止，如因机械故障等原因造成孔内坍塌或沉淀过厚，需将井管重新拔出，扫孔、清孔后重新下入，严禁将井管强行插入坍塌孔底。

7）填充砾石过滤层：填砂砾料前用测绳测量井管内外的深度，两者的差值不得超过沉淀管的长度。填砾料工序需连续进行，不得中途终止，直至砾料下达预定位置为止。最终投入滤料量不少于计算量的95%。

8）洗井：成井完毕后，立即下入深井潜水泵至井底抽水，如井内有沉淀，可在水泵抽水的同时人力上下串动水泵，扰动井内沉淀让水泵带出，直至水泵能下到井底。井内水抽干后拔出水泵，以防井外细颗粒进入井内造成埋泵，待井内水位上升至滤水管上口时重复上述操作，至井内没有新的沉淀并且水清后可下入潜水泵封井。

9）安泵试抽：成井施工结束后，及时安放入潜水泵，铺设排水管道、接电缆、地面真空泵安装等，并在电缆与管道系统等设备上进行标识。

10）试抽水：抽水与排水系统安装完毕，即可开始试抽水，试抽水量一般大于设计水量。做好抽水量、水位的观测记录，核查抽水量及水位下降值是否与设计相符，若不相符应及时调整降水设计方案。

11）排水：洗井及降水运行时用管道将水排至场地四周的明沟内，通过排水沟将水排入场外预设的排水沟渠中，场地四周的排水管道定时清理，确保排水系统的畅通。

12）井口封闭：在采用粘性土封孔时，为防止围填时产生“架桥”现象，围填前需将粘土捣碎后填入。围填时控制下入速度及数量，沿着井管周围按少放慢下的原则围填。然后在井口管外做好封闭工作。

3. 降水井运行施工

一口井施工完毕后立即投入运行，并及时降低地下潜水水位，确保基坑开挖效果。

1）试运行之前，需测定各井口和地面标高、静止水位，然后开始试运行，以检查抽水设备、抽水与排水系统能否满足降水要求。

2）安装前对泵本身和控制系统做一次全面细致的检查。检验电动机的旋转方向，各部螺栓是否拧紧，润滑油是否充足，电缆接头的封口有无松动，电缆线有无破损等情况，然后在地面上转1min左右，如无问题，方可投入使用。潜水电动机、电缆及接头有可靠绝缘，每台泵配置一个控制开关。安装完毕进行试抽水，满足要求后转入正常工作。

3）降水运行期间，现场实行24小时值班制，值班人员认真做好各项质量记录，做到准确齐全。

7.2.3 护坡桩施工

护坡桩又称“排桩”，就是沿基坑边设置的防止边坡坍塌的桩，通常是在边坡放坡有效宽度工作面不够的情况下采用的措施。有了护坡桩可以防止临近的原有工程基础位移、下沉。

1. 施工准备工作

（1）技术准备

1）根据工程需要加密现场的平面和高程控制点，并且加以保护。

2）对现场及周围市政设施、地下管网等作详尽调查。

3）施工前根据地质勘察报告对各施工部位地段进行详细的了解。

（2）施工场地准备

1）确保焊制钢筋笼、排浆、照明等施工用电。

2）现场分设2个ϕ50mm的出水管头保证施工用水。

3）施工场地平整，地耐力达到10t/m^2，满足大型设备施工要求。

2. 土钉墙施工技术要求

土钉喷锚支护具有无噪声、不单独占用工期等诸多优点，具体按如下方法施工：

1）土钉成孔：土钉施工成孔采用洛阳铲成孔，成孔孔位可根据实际情况进行局部调整，成孔角度，在遇到障碍物时，做适当调整。

2）土钉制作：在土钉上每隔2m处焊接对中支架，形成锥形滑撬，使土钉顺利送入土中。土钉插入孔深不得低于设计长度。同时保证土钉在孔居中位置，防止出现偏心，以提高抗拔力。

3）压力注浆：土钉送入孔中后，进行压力注浆，注浆压力达到0.5MPa时，持续5分钟，使水泥浆能够有效渗入土体孔隙中。为保证注浆饱满，在孔口设止浆塞。

4）坑边修坡：在挖土过程中及时进行侧壁的修补，以保证垂直度满足施工要求以及边坡的稳定。

5）钢筋网片施工：在修好的坡面上绑扎网片。网片固定在坡面的短钢筋上，上下左右根对根搭接绑扎，并不少于两点焊接。钢筋网片借助L型锚头及压筋压焊在土钉端部形成一体。

6）喷射混凝土施工：面层豆石混凝土用混凝土喷射机施喷，压缩空气机施喷气压2~5kg/cm^2。喷射时，喷头与喷面垂直，喷射混凝土终凝2小时后要养护1~3天。

3. 护坡桩施工技术要求

在施工护坡桩时拟采用振捣插筋钻孔压灌桩，具体按如下方法施工：

1）钻孔施工：根据土层情况及时调整钻进速度，一次达到设计深度，确保桩长和桩径。

2）管路清洗：首盘混凝土灌注前，用清水或用水泥砂浆清洗管路。

3）钢筋笼制作要求：钢筋笼制作严格按照图纸施工，主筋采用双面搭接焊。弯曲主筋集于笼中心线上，在弯曲主筋内套一个Φ16箍筋，与主筋点焊牢固。在钢筋笼上端1/3处焊接2道Φ16环形加强箍筋，起吊、下放钢筋笼时以此处为吊点。

4）钢筋笼安装：钻杆提出孔口后，立即用钻机吊钩吊放钢筋笼。用一根长钢丝绳从Φ16加强箍筋的吊点处两点对称穿过，保证钢筋笼垂直吊运，防止钢筋笼变形。

5）混凝土浇筑：混凝土必须及时地连续浇筑。混凝土进入钻杆后匀速提钻，并保证钻头刃尖始终埋在混凝土内，防止断桩。随时检查泵管密封情况，以防漏浆。

7.2.4 喷锚施工

锚杆（图7-11）是一种将拉力传至稳定土层的结构体系，由钢管、注浆体和防腐构造组成。锚杆在土层中斜向成孔，依靠锚固体与土体之间的摩擦力、拉杆与锚固体的握裹力以及锚杆强度的共同作用来承受土体的剪切荷载。锚杆改变了基坑的边坡土体受力状态，减小了基坑坑壁位移，维护了结构物的稳定。通过锚杆将拉力传递到稳定的土体，使基坑四周土体不发生位移趋势。

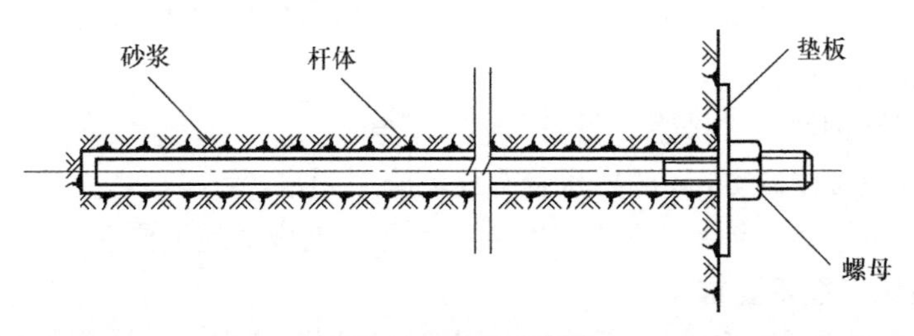

图7-11 锚杆示意图

锚杆施工工艺流程：分层开挖土方→修整坡面→测定锚杆位置→锚杆钻机就位→钻进成孔→锚孔灌浆→铺设钢筋网片→钢筋与锚杆焊接→喷射细石混凝土→设置泄水管→重复以上工序直到设计深度。

（1）锚杆钻机就位　根据测量放出的孔位，调整主轴角度（设计钻孔与水平面夹角成15°），使之对准孔位，且与设计倾向一致，钻机安装水平、周正、稳固。

（2）钻进成孔　钻机就位后，合理选择钻进技术参数（钻压、转速、泵量）提高钻进效率，确保成孔质量和施工工期。

钻孔终孔深度比设计超深尺寸小于±500mm，孔位和孔深的允许偏差均为50mm，偏斜率不应超过3%，孔距误差±150mm。

（3）锚孔灌浆

1）灌浆用M30水泥砂浆，砂浆现场按配合比计量过磅制作，砂浆浆液搅拌均匀，随拌随用，浆液应在初凝时用完。

2）注浆前将孔内清理干净，如果灌浆时发现堵塞，应起拔重新下灌浆管。注浆管插入孔内管口距孔底100mm，锚杆应插入孔内距孔底200mm。

3）注浆作业前，先用稀水泥浆润滑注浆泵和管路。然后压力注浆，直至孔口所泛出的浆没有杂质（孔内所残留的积水、石块、土粒等）为止。

4）砂浆灌注采用BW-150型压力注浆泵进行灌注，灌注压力为0.35MPa。为防止孔内溢出的砂浆流到下排锚孔内凝固后阻塞锚孔，注浆从下往上注，边注浆边拔注浆管直至孔口泛浆为止。

5）灌浆时如遇岩层里有裂缝贯通漏失，采用加速凝剂或分次注浆法进行解决。

6）每次每批注浆随机取样两组 28 天抗压强度。

（4）铺设钢筋网片　施工前先用调直机将盘圆调直。每排锚杆施工完毕后顺壁面绑扎钢筋网 Φ12@200，钢筋网护壁沿支护桩全面积铺设，桩间采用钢筋钉固定，在原抗滑桩植 Φ14 钢筋，外面做好弯钩，植入深度 15d，纵向间距 200mm，每根抗滑桩植四排钢筋。

（5）钢筋与锚杆焊接　沿着锚杆的横竖方向铺设、焊接加强筋 Φ16@1000。锚杆锚入钢筋网内与钢筋网焊接牢固，使其喷射混凝土后边坡锚喷整体性能良好。

（6）喷射细石混凝土

1）在边坡进行喷射细石混凝土前，按图纸要求在坡面上确定泄水孔位，设置泄水孔，并埋设控制喷射细石混凝土厚度的标志。

2）按设计要求比例配料搅拌均匀，喷射细石混凝土前先试喷，喷混凝土时喷浆手要垂直层面喷，注意观察料的水量和回弹情况，及时调整喷浆水量和距离。正式喷混凝土前，由专人负责检查锚杆制作、注浆、挂网等质量是否符合设计要求。

3）喷射细石混凝土的标号为 C20，喷 80~100mm 厚。喷射开始时，减小喷头至受喷坡面的距离，并调节喷射角度，以保证细石混凝土的密实性。喷射细石混凝土分段、分片由下而上进行，作业开始时，先送风，后开机，再给料；结束时，待料喷完后，再关机。

4）向喷射机供料时必须连续均匀，机器正常运转时，料斗内保持足够的存料。喷层厚度要均匀，符合图纸要求的厚度。大面积喷细石混凝土，每隔 20~25m 设置一道伸缩缝，缝宽 20mm。

（7）设置泄水管　边坡喷锚时，为防止坡面渗水影响喷锚质量和边坡稳定，在坡边设置泄水管，泄水管采用 ϕ50PVC 管，间距 2000mm，梅花状布置，外倾 5%，长度为 750mm，穿梅花状小孔 ϕ6@200。泄水管深入土内的一头加设滤网及滤料，外包两层尼龙网，防止土层颗粒进入泄水管造成堵塞而影响正常泄水。

7.2.5　筏板、独立基础施工

建筑物上部结构采用框架结构或单层排架结构承重时，基础常采用圆柱形和多边形等形式的独立式基础（图 7-12），这类基础称为独立式基础，也称单独基础。筏板基础（图 7-13）是把柱下独立基础或者条形基础全部用联系梁联系起来，下面再整体浇注底板。一般说来地基承载力不均匀或者地基软弱的时候用筏板型基础。筏板基础主要构造形式有平板式筏板基础和梁板式筏板基础，平板式筏板基础由于施工简单，在高层建筑中得到广泛的应用。

1. 施工准备

（1）技术准备　基础施工作业面地势较低，四周高，基础施工时因施工场地低洼且无排水系统，周边区域的污水、雨水汇集施工场地积水会汇入基坑、槽内，所以应在施工场地内设置集水坑并采用 ϕ65 污水泵将基坑、槽内积水抽排至建设方指定的市政排污井内，满足施工需要。送原材料检验，进行砂浆、混凝土配合比试配工作。

图 7-12　独立基础

图 7-13　筏板基础

（2）作业条件

1）对建筑物主要轴线及水准基点建立控制网点加以保护，以便随时进行复测核对。

2）深坑施工，无自然排水系统，施工期间遇有地面雨水，则先将深坑内柱基及基槽内污水排至现场设置的固定排水点和市政管网内。现场选择好工程固定排水点的位置。

2. 独立基础施工

独立基础施工流程：定位放线→土石方开挖→修整基坑→垫层混凝土→基础钢筋绑扎、预留柱插筋→浇筑混凝土→土石方回填→辗压回填素土夯实。

（1）定位放线　按照施工图纸对各轴线进行定位，并撒出灰线。将基坑中心线、轴线、标高引至基坑条墙的顶面，并做标记，作为检查和验收基坑的几何尺寸及标高，同时也作为上部结构插筋的控制线，并核实其准确性。

（2）土石方开挖　挖出的土石方，临时堆积于离基坑 1.0m 之外，堆置高度不大于 1.0m。及时将堆积的土石方采用人工运输的方式清理，严格控制堆土高度。

（3）修整基坑　人工开挖 200~300mm 来修整基坑。坑、槽底部宽度和标高，要求坑、槽凹凸不超过 50mm，每次开挖到设计标高时按规范要求进行抽取岩蕊检验，当满足设计要求时整平基底，经检查合格后，浇筑混凝土垫层。当岩蕊检验不满足设计要求时，继续下挖至检验合格为止后，浇筑混凝土垫层。

（4）垫层混凝土　振捣密实，表面抹平。

（5）基础钢筋绑扎、预留柱插筋

1）利用控制桩放施工控制线、基础边线到垫层面，并复查地基垫层标高及中心线位置。

2）绑扎在垫层上的底板钢筋下层设置花岗石垫块，纵、横向呈梅花状错位分布，间距 500mm。

3）布底板筋时以粉笔划线标记，以之作为网片前后左右在钢筋扎制时控位，确保钢筋网片绑扎符合要求。

4）柱竖筋在板面钢筋上表面增设定位箍筋，基础内增设两个定位箍，确保混凝土浇筑时柱钢筋不移位。沿柱的纵向搭设简易钢管稳固架，以稳定插筋，防止偏移。

5）基础混凝土浇筑完成后，平面放线复核竖向锚筋在混凝土浇捣后的位移。对偏离设计位置使保护层减薄或增厚的钢筋予以矫正后再继续绑扎。

（6）浇筑混凝土

1）混凝土浇筑前，模板、钢筋上的杂物、泥土和油污等物应清除干净。

2）浇筑混凝土时，沿基坑对称均匀下料，混凝土浇筑要求一次浇筑完。

3）振捣时注意不过振也不漏振，每 300mm 插一棒逐次推进，直至泛出浓浆、混凝土不反气泡且不向下沉为止。

（7）土方回填

1）基础验收合格后，合格后方可进行回填。

2）回填采用人工填土，机械夯实的办法进行，用手推车及人工运土。

3）挡土墙背后的回填土方，根据现场实际情况回填。

（8）辗压回填素土夯实

1）用气压式打夯机由最靠近基础边由里向外来回夯实。每层虚铺土厚度控制在 20~25cm，压实 3~4 遍。

2）挖土机和汽车配合运土进行夯填。回填土压实时，回填土的含水量应控制在最优含水量范围内。

3）挡墙背后空间狭窄，无法采用机械夯实，为保证回填的施工质量，需采用素土和石谷子用水振法回填。

4）土方回填完毕，由具有相应资质的检测单位进行回填土密实度取样测试，以保证回填土达到设计要求的密实度。

3. 地下室筏板施工

地下室筏板施工流程：定位放线→砂石垫层施工→ C15 混凝土垫层施工→底板防水层施工→细石混凝土保护层施工→基础弹线→绑扎基础钢筋→基础模板→基础混凝土→混凝土养护。

（1）定位放线　施工步骤同独立基础施工。

（2）砂石垫层施工　根据定位桩控制砂石垫层外边线和标高，并沿混凝土垫层各外放 200mm，采用蛙式打夯机辗压，辗压不少于 4 遍，其轮迹搭接不小于 50cm。边缘和转角处应用人工或蛙式打夯机补夯密实。

（3）C15 混凝土施工　根据定位轴线控制基础模板边线，根据模板边线进行垫层模板安装。安装完毕验收合格后浇筑垫层混凝土。人工铺平混凝土后，用平板振动器进行振捣密实，并用木抹搓平。混凝土施工完毕后即用塑料薄膜覆盖。

（4）底板防水层施工

1）防水卷材的铺设：用已经配合好的胶粘剂均匀涂布在 SBS 卷材基层表面，涂布时要求均匀一致，然后粘贴在基础垫层上，每次铺设长度不大于 1m。

2）表面清理：将表面上的砂浆、油漆、铁锈等彻底清扫干净。

3）卷材防水层施工质量检验：卷材层面积 100m^2 抽查一处，每处 10m^2，且不得少于 3 处，检查项目及方法按规范 GB 50208—2011 检查。

（5）细石混凝土保护层施工　在防水卷材铺设完成后，浇筑 50mm 厚细石混凝土。施工过程中防水卷材层有损坏时，必须立即用防水卷材修复后，方可继续浇筑混凝土。细石混凝土浇筑后，完成对混凝土的养护，方可进行下道工序施工。

（6）基础弹线

1）C20 细石混凝土保护层在施工完毕后 24 小时，对基础地梁、筏板墙柱弹线。

2）将基坑内的基础轴线控制点引测到混凝土面层上，用红蓝铅笔划分出各开间尺寸轴线。弹线要明显、清晰，便于钢筋模板就位。

3）基础轴线弹线完毕验收合格后，进行暗柱四角、剪力墙、地梁模板边线弹线。暗柱四角用大红油漆涂红，保证暗柱安装准确就位。

（7）基础钢筋安装

1）筏板下层双向钢筋安装：按设计进行安装，在安装时短跨方向放于下排，长跨方向放于上排，在纵向和横向均设钢筋间距定位卡。钢筋安装完毕后用大理石块进行支垫，保证底部保护层为 4cm。

2）地梁钢筋安装：根据地梁弹线分别将相对应的地梁钢筋就位，地梁钢筋骨架绑扎，并控制其保护层位置。

3）筏板上层双向钢筋安装：安装前用马凳筋严格控制筏板上下层钢筋的位置，马凳钢筋同筏板顶部钢筋相同规格，用短向钢筋焊接而成。马凳筋与上层钢筋绑扎牢固，钢筋安装时采用钢筋间距定位卡，保证钢筋间距符合设计及规范要求。

4）暗柱、剪力墙钢筋安装：绑扎柱四角钢筋，并在柱子根部和地梁上表面处加设 2 个柱定型箍筋。柱子钢筋绑扎完后，检查其轴线和垂直度，确认其允许偏差在规范内后进行绑扎牢固，必要时进行点焊固定。

5）检查核对：基础结构钢筋安装完毕后，认真核对钢筋的规格和数量。

（8）基础模板安装

1）模板安装：根据筏板边模板弹线，精确控制模板安装就位。

2）模板加固：模板的横向变形采用钢管扣件及钢筋定位卡进行加固，在电梯井部位采用的对拉螺杆加设止水圈，防止渗水。

3）筏板外沿模板的根部处理：在筏板外围模板与混凝土垫层接触处用 1:1 水泥砂浆将缝隙封堵严密，防止漏浆。

4）模板验收：模板安装完毕后技术人员复核其轴线标高和断面尺寸，自检合格后报请监理单位进行验收。

5）模板的拆除：拆除模板必须有同条件试块强度作为模板拆除的依据。拆除侧面模板时，不损坏混凝土表面及棱角。

（9）基础混凝土浇筑

1）混凝土浇筑前，模板内的垃圾杂物应清理干净。

2）垫层浇筑：混凝土输送位置后，用振动棒水平拖移振捣完成后，按标高控制点用刮尺刮平，平整度控制在 1.5cm 之内。混凝土稍硬后进行二次刮平，随抹随压光。在混凝土终凝前，进行二次压光并拉毛，注意及时进行养护。

3）基础梁、板浇筑：基础筏板分层浇筑，每层浇筑高控制在 2000mm 左右，边下料边振捣，逐层向上浇筑。下一层混凝土初凝前，上一层混凝土必须振捣完毕。振捣上一层混凝土时，要插入下一层 50mm，防止出现分层现象。

4）剪力墙混凝土浇筑：剪力墙混凝土分层浇筑。施工步骤与基础梁、板浇筑相同。

5）后浇带施工：为保证后浇带的接缝质量，在混凝土浇筑前将后浇带表面凿毛并将杂物清理干净，按设计要求在混凝土中掺混凝土复合液微膨胀剂并进行浇筑。

6）外围剪力墙螺杆眼处理：为保证普通剪力墙螺杆孔不渗水，采取螺杆孔外侧 5~10cm 用膨胀防水砂浆灌实，内侧余留部分用膨胀泡沫剂进行封堵。

7）施工时严格按《混凝土结构工程施工质量验收规范》（GB 50204—2015）要求留置混凝土试块，同条件养护试块不得少于 3 组，以供混凝土强度检验使用。

（10）混凝土的养护　在平均气温高于 +5℃的自然条件下，用覆盖材料对混凝土表面加以在覆盖并浇水养护，对采用硅酸盐水泥、普通硅酸盐水泥等拌制的混凝土，不得少于 7 天，并保持一定的温度和湿度。

7.2.6　地下室外墙施工

1. 钢筋绑扎

钢筋绑扎流程：弹出钢筋边线→绑扎定位横纵钢筋→水平钢筋端部锚→绑扎垫块→钢筋修整。

1）绑扎定位横纵钢筋：先绑 2~4 根竖筋，并划竖筋分档标识。在竖筋下部绑两根横筋，并在横筋上划好分档标识，然后绑其余的竖筋，最后绑其余的横筋。

2）水平钢筋端部锚：剪力墙的水平钢筋按设计要求在端部锚固，与柱连接处，水平筋锚固到柱内，其锚固长度符合设计或规范要求。钢筋的所有弯钩朝向混凝土内。

3）绑扎垫块：垫块厚度按设计要求，按 800~1000mm 距离以梅花形摆放，要与外层钢筋绑扎牢固。

4）钢筋修整：模板支模后对伸出墙体的钢筋进行修整。墙体浇混凝土时派专人看管钢筋，浇完后立即对伸出的钢筋进行修整。

2. 单侧支架模板

（1）单侧支架的组成　单侧支架由埋件系统和架体两部分组成，如图 7-14 所示。其中埋件系统部分包括地脚螺栓、外连杆、连接螺母和压梁，它通过三角形的直角平面抵住模板。当混凝土接触到模板面板时，侧压力也作用于模板，模板受到向后推力。而三角形架体平面压着模板，因架体下端直角部位有埋件系统固定使架体不能后移，所以主要受力点为埋入底板混凝土 45° 角的埋件系统。混凝土的侧压力及模板的向上力均由埋件系统抵消。

工程多选择最高支架高度为 3.6m 的支架。浇筑时为保证接茬部分不漏浆，可先采用浇筑底板时浇筑 300mm 高导墙，单侧支模时保证质量。

（2）模板及支架安装

1）预埋部分安装。地脚螺栓出地面处与混凝土墙面的距离为 170mm；各埋件杆相互之间的距离为 300mm，在靠近一段的起点与终点各布置一个埋件。

埋件与地面成 45°，如图 7-15 所示。现场埋件预埋时要求拉通线，保证埋件在同一条直线上，同时，埋件角度必须按 45° 预埋。

图 7-14　单侧支架

图 7-15　模板及支架

地脚螺栓在预埋前应对螺纹采取保护措施，用塑料布包裹并绑牢，以免施工时混凝土黏附在丝扣上，影响下一步施工时螺母的连接。

因地脚螺栓不能直接与结构主筋点焊，为保证混凝土浇筑时埋件不跑位或偏移，要求在相应部位增加附加钢筋，地脚螺栓点焊在附加钢筋上，点焊时注意不要损坏埋件的有效直径。

2）模板及单侧支架安装。普通位置单侧支架之间的间距为 800mm。局部遇混凝土柱处最大布置间距为 450mm。

安装流程：弹出外墙边线→合外墙模板，单侧支架吊装到位→安装单侧支架→安装加强钢管（单侧支架斜撑部位的附加钢管，现场自备）→安装压梁槽钢→安装预埋件系统→调节支架垂直度→安装上操作平台→再次紧固检查一次埋件系统，如图 7-16 所示。

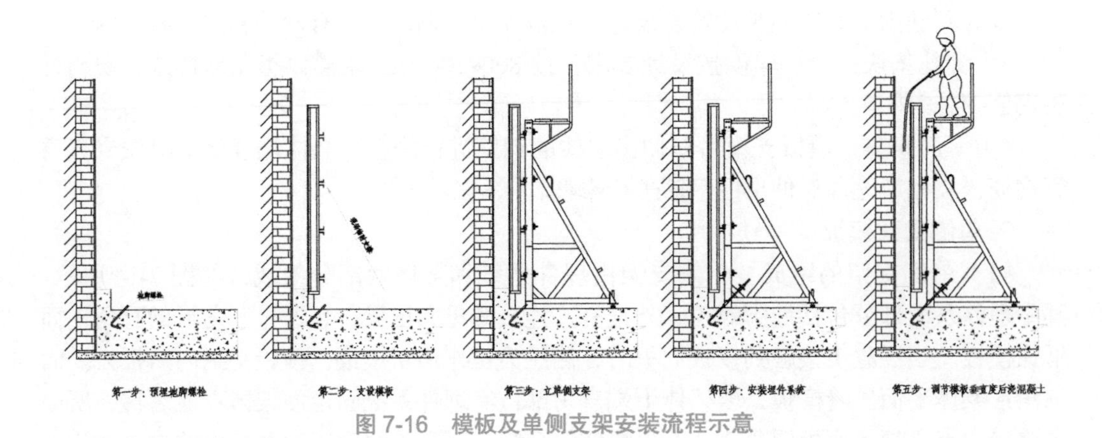

图 7-16　模板及单侧支架安装流程示意

合墙体模板时，模板下口与预先弹好的墙边线对齐，然后安装钢管背楞，临时用钢管将墙体模板撑住。

吊装单侧支架时，将单侧支架由堆放场地吊至现场，单侧支架在吊装时应轻放轻起。多榀支架堆放在一起时，应在平整场地上相互叠放整齐，以免支架变形。需有标准节和加高节组装的单侧支架，应预先在材料堆放场地拼装好，然后由塔吊吊至现场。

在直墙体段，每安装五六榀单侧支架后，穿插埋件系统的压梁槽钢，支架安装完后，安装埋件系统，用钩头螺栓将模板背楞与单侧支架部分连成一个整体，调节单侧支架后座，直至模板面板上口向墙体内侧倾斜 5 ~ 15mm，这样将保证在混凝土浇筑过程中模板侧向受力位移适中，使墙面达到垂直。

最后再进行紧固检查一次埋件受力系统，确保混凝土浇筑时模板下口不会漏浆。

3）模板及支架拆除。

① 外墙混凝土浇筑完 24 小时后，先松动支架后支座，后松动埋件部分。

② 彻底拆除埋件部分，并分类码放保存好。

③ 吊走单侧支架，模板继续贴靠在墙面上，临时用钢管撑上。

④ 混凝土浇筑完 48 小时后，拆模板。

⑤ 混凝土拆模后应加强保温措施。

3. 混凝土浇筑

混凝土浇筑流程：洒水浇湿模板→施工缝处理→剪力墙混凝土循环往复浇筑→接浆处理→墙体混凝土养护。

1）施工缝处理：将新混凝土均匀浇筑，盖满先浇好的混凝土，然后用振捣工具穿过新混凝土达到已浇筑好的混凝土层内 5~10cm，将新老混凝土一并捣实，结成整体。

2）循环往复浇筑剪力墙混凝土：挡墙混凝土浇筑按照墙长方向严格分层浇筑，分层浇筑时间间歇不超过 2 小时。浇筑混凝土时设置串筒下灰。振捣上层混凝土时应插入下层深度 50mm，振捣要做到快插慢拔，并且要上下微微抽动，以使上下振捣均匀。

3）接浆处理：铺设与混凝土相同成分的减石子水泥砂浆进行接浆处理，砂浆厚度为 5~10cm。

4）墙体混凝土养护：墙体混凝土应派专人进行养护，每隔 2 小时浇水一次，抗渗混凝土养护期不少于 14 天。

4. 地下室剪力墙防水施工

地下室剪力墙防水施工流程：基层处理→防水特殊部位加强处理→隐蔽工程验收→大面积铺贴卷材→检查校验。

（1）基层清理　在防水施工之前，先把基层上的灰尘、油迹清理干净，只有在干净、平整、干燥的基层上才能进行防水施工。

（2）防水特殊部位加强处理　所有阴阳角部位用同质材料做两边各 250mm 宽的卷材附加层。后浇带处用与大面积同质材料满实满粘法加铺一道防水卷材，并向两侧延伸各 250mm，以便对后浇带进行加强处理。

（3）隐蔽工程验收　有穿过地下室墙体的管道用密封材料密封处理，做卷材防水层之前在穿墙管根部用 JS 防水涂料涂刷，厚度不小于 1.5mm。地下室剪力墙穿墙管道处铺贴防水卷材时要将防水卷材延伸进穿墙管道，长度不小于 150mm。

（4）大面积施工

1）用粉笔或墨斗弹好控制线。

2）将卷材展开试铺定位，确定卷材的搭接位置，保证纵、横向的搭接长度符合规范要求。

3）用喷火枪烘烤防水卷材，将火焰对准卷材与基层的交接处，同时加热卷材底面热熔胶面和基层，至热熔胶层出现黑色光泽、发亮至稍有气泡出现，慢慢将卷材满实满粘在剪力墙上，然后进行排气碾压使卷材于基层粘接牢固。

4）搭接部位的卷材要上下烘烤反复碾压，接缝处溢出的沥青热熔胶随即刮封接口使接缝粘结严密。长边搭接为100mm，短边搭接为120mm，地下室剪力墙于底板砖模墙处的搭接长度不小于15mm。

5）检查校验：整个防水层完工后，对整个卷材防水层作全面质量检查，搭接缝的粘接是关键，防水施工时必须把搭接缝焊结牢固、密封严密，无起皮翘边现象，如有损坏或粘接不牢现象，应及时作修补处理。

7.2.7 地下室框架柱施工

1. 钢筋绑扎

钢筋绑扎流程：套柱箍筋→绑扎竖向受力筋→画箍筋间距线→绑扎柱箍筋→垫块绑扎。

（1）套柱箍筋　按图纸要求间距，计算好每根柱箍筋数量，将箍筋套在下层伸出的搭接筋上，然后立柱子钢筋。

（2）连接竖向受力筋　柱子主筋立起之后，大于ϕ18框架柱钢筋采用直螺纹套筒连接，小于ϕ18的钢筋采用搭接连接，接头需符合要求。

（3）画箍筋间距线　在立好的柱子的四角竖向钢筋上，按图纸要求用粉笔划箍筋间距线，画好之后，开始绑扎箍筋。

（4）绑扎柱箍筋

1）按已划好的箍筋位置线，将已套好的箍筋往上移动，由上往下绑扎，采用缠扣绑扎。

2）箍筋与主筋要垂直，箍筋转角处与主筋交点均要绑扎，主筋与箍筋非转角部分的相交点成梅花交错绑扎。

3）箍筋的弯钩叠合处沿柱子竖筋交错布置，并绑扎牢固。

4）柱箍筋端头应弯成135°，平直部分长度不小于10d（d为箍筋直径）。

5）柱上下两端箍筋加密，加密区长度及加密区内箍筋间距需符合设计图纸要求。如设计要求箍筋设拉筋时，拉筋需钩住箍筋。

6）柱拉钩应加工成型后（弯钩135°）随柱箍筋一同套入绑扎。

7）柱箍筋绑扎高度比梁底高出一个箍筋，以方便将来凿毛并减少清理粘在钢筋上的水泥浆量，在绑梁筋之前柱头凿毛之后绑至楼板面。

（5）垫块绑扎　垫块绑在柱竖筋外皮上，间距一般为800~1000mm，保证保护层厚度准确，当柱子截面尺寸有变化时，其钢筋弯折需符合设计要求。

2. 地下室框架柱支模板

地下室框架柱支模板流程：弹线→安装定位撑杆→安装柱模板→安装柱箍→安拉杆或斜撑→校验清理。

1）弹线：依据设计图纸，弹好模板边线、模板边线控制线、水平控制标高线。

2）安装定位撑杆：定位撑杆采用整根杆件，若杆件长度不能一次满足要求时，接头需错开设置。

3）安装柱模板：通排柱，先装两端柱，经校正、固定，拉通线校正中间各柱。模板就位后先用铅丝与主筋绑扎临时固定，用U型卡将两侧模板连接卡紧，安装完两面再安另外两面模板。

4）安装柱箍：柱箍用100mm × 100mm方木，ϕ14螺栓紧固，间距450mm。

5）安拉杆或斜撑：柱模每边设两根拉杆或斜撑，固定于事先预埋在底板内的钢筋桩上。

6）校验清理：用花篮螺栓调节校正模板垂直度，检查无误后进行模板的清理。

3. 混凝土浇筑

混凝土浇筑流程：作业准备→混凝土浇筑→混凝土振捣→拆模、养护。

（1）混凝土浇筑

1）柱浇筑前底部应先填以5~10cm厚与混凝土配合比相同水泥砂浆。

2）柱高在2.0m之内，可在柱顶直接下料浇筑，超过2m时应采用溜槽下料。浇筑完后随时将伸出的预留钢筋整理到位。

（2）混凝土振捣

1）振点分布在柱四角且距离模板10~15cm。使用插入式振捣器应快插慢拔，振捣密实。

2）每一振点的延续时间以混凝土表面不再显著下沉、不再出现气泡、呈现灰浆为准，振捣上一层时应插入下层5cm左右，以消除两层间的接缝。

3）混凝土浇筑完毕后，整理好上口甩出的钢筋，用木抹子按标高线将上表面混凝土找平。

（3）拆模、养护

1）混凝土浇筑完毕12小时后，即可拆除柱模。柱模板拆除后，采用塑料薄膜覆盖养护，但必须保证薄膜内有凝结水，养护时间不得少于7天。

2）为保证混凝土接茬质量，混凝土高度高出或梁底2.5cm，柱模拆除后在梁下皮标高上返5mm统一弹线切割，剔除混凝土的浮浆层，露出石子。

7.3 钢结构安装施工

钢结构是由钢制材料组成的结构，是主要的建筑结构类型之一。结构主要由型钢和钢板等制成的钢梁、钢柱等构件组成。各构件或部件之间通常采用焊缝、螺栓或铆钉连接。因其自重较轻、施工简便，广泛应用于大型厂房、场馆、超高层建筑。钢结构安装施工主要包括施工测量、地脚锚栓安装、钢柱吊装、钢梁吊装、高强螺栓安装、钢结构焊接、油漆补刷、栓钉焊接、防火涂料施工等工序。

7.3.1 钢结构安装施工交底与检查

安装施工交底：在钢结构安装施工前应做现场安装交底工作（图7-17），应扼要描述工程概况；全面统计工程量；准确选择施工机具和施工方法；合理编排安装顺序；详细拟订主要安装技术措施；严格制定安装质量尺度和安全尺度；认真编制工程进度表、劳动力计划以及材料供给计划。

安装施工前的检查：施工前的检查包括钢构件的验收、施工机具和丈量用具的检修及基础的复测。对钢构件应按施工图和规范要求进行验收。验收技术文件有设计图和设计修改文件、钢材和辅助材料的质保单或试验报告、高强螺栓摩擦系数的试测资料、构件清单等。安装前对重要的吊装机械、工具、钢丝绳及其他配件均须进行检修，保证具备可靠的机能，以确保安装的顺利及安全。钢结构是固定在钢混凝土基座（基础、柱顶、牛腿等）上的，因而要对基座的正确性、强度进行复测，并把复测结果和整改要求交付基座施工单位。

图 7-17 安装施工交底与安装施工前的检查

7.3.2 施工测量

准备工作完成后，进行施工测量。测量是建筑工程质量保证的基本因素之一，准确、周密的测量工作关系到工程是否能按图施工，而且还给施工质量提供重要的技术保证，为质量检查等工作提供方法和手段。本工程为钢框架结构形式，主体施工时的钢结构定位、测量对整个工程至关重要。

1. 施工前准备

1）测量设备的检验及校正：在使用经纬仪、水准仪和全站仪施工测量前，必须有计量部门的有效检定证明。

2）制定测量放线方案：根据设计要求与施工方案，制定切实可行的测量放线方案。

2. 控制网布设概念与原则

（1）控制网布设　根据场地条件，建筑物平面形状和其主要点线分布情况，按便于观测，长期保留使用为原则，首先在总平面布置图上设计一个平面控制网，以网中确定的几条基本直线，作为施工放样的控制线。

（2）控制网布设原则

1）控制点位应选在结构复杂、受力大的部位。

2）网形尽量与建筑物平行，闭合，且分布均匀。

3）基准点间相互通视，所在位置应不易沉降、变形，以便长期保存。

（3）控制点保护　平面控制网测定后，为防止控制点碰动造成测量差错，对控制点采取必要的安全保护措施，即用混凝土加固后再用砖砌或钢管围护。平面控制网在施工期内定期进行检查复核，如发现控制点碰动，可采用三联脚架直接对控制点坐标进行校核。

3. 轴线控制内容

1）计算控制点坐标：为便于测放平面位置，正式放样前先根据设计图所示关系尺寸将待放点的测量坐标全部算出，经校对无误后再根据站点、后视点（起始方向）与待放点间的关系进行坐标反算，即换算出放样所需的坐标。

2）自然平面上测设平面位置：平面位置放样以测定的平面控制网为施测依据。实地放样时，将全站仪安置在控制点上，先测设出地下室的主角点、折线点、主要轴线点，然后再测放其余的桩点。当有些桩点因场地或通视条件影响无法一次性放出时，可将仪器移至与待放点相对较近的控制点上进行测放，也可视定位条件灵活采用如直角坐标法、距离交会法等其他测量方法测设。

3）基坑垫层上测设平面位置：基坑垫层混凝土浇筑后，就要施工地下室底板。由于地面上的引桩或龙门板受基坑开挖影响变动的可能性很大，为使得能与前次放样尽可能一致，垫层浇筑后地下室的平面位置仍使用全站仪从平面控制点上进行测放。

4）高层测设平面位置：基础工程完成后，随着结构的不断升高，要逐层向上投测轴线，而轴线投测的正确与否直接影响结构的竖向偏差。考虑控制点到能投至最大高度，在楼板上预留孔洞使能在上、下贯通且互相通视的位置设置内控点，作为楼层平面放线和投测竖向轴线的依据。

4. 标高控制

1）标高基准点的设置：在现场土质比较坚硬且安全可靠的地方埋设标高基准点，并对基准点采取必要的安全保护措施（砖砌或用钢管围护）。

2）基准点标高传递：标高基准点埋设后，使用水准仪按国家二等水准测量精度要求，从建设方指定的等级水准点上采取往返测量法将高程引测至标高基准点上。标高基准点埋设后定期进行高程检测。

3）基坑标高传递：坑内的标高由坑内临时水准点进行控制。临时水准点的标高由地面上的标高控制点进行传递。

4）楼层标高传递：楼层的标高传递采用沿结构边柱、电梯井和传递孔向上竖直进行，为便于各层使用和相互校核，至少由三处向上传递标高。在各层抄平时以两条后视水平线作校核。水准仪标高传递如图 7-18 所示。

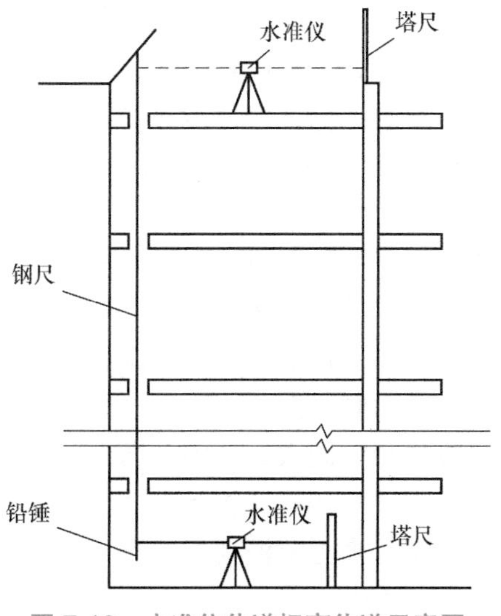

图 7-18　水准仪传递标高传递示意图

7.3.3 地脚锚栓的安装

钢结构基础地脚锚栓预埋是钢结构安装过程的重要环节，预埋的准确性直接影响钢结构安装的质量。为保证地脚锚栓预埋的准确性，要提前检查各地脚锚栓安装材料的质量、规格、尺寸等是否符合设计要求，并在安装过程中准确定位各安装构件，随时安装，随时测量。图 7-19 为地脚锚栓。

图 7-19　地脚锚栓

1. 施工准备

1）为保证施工质量和最大缩短工期，需要对图纸认真审核，确定每个部位所需要的锚栓型号。检查锚栓的位置与基础柱中的钢筋是否交叉及有无其他施工矛盾。

2）加工锚栓和定位钢板，做完前期准备工作。确定锚栓相对位置、标高。浇筑混凝土等工序安排专人操作，对出现移位的锚栓要及时校正，并在每道工序完工后进行认真检查。

3）定位钢板进场后要逐一检查定位钢板的孔位、孔径，不满足要求的一律不得使用。

4）安排夜间施工时，应有足够的照明设施，并要合理安排安装顺序，已进入场地的锚栓做好保护工作。

2. 操作工艺

（1）确定预埋锚栓型号　螺栓要求丝扣均匀、螺纹长度满足设计及规范要求。地脚螺栓托板和加劲板采用人工电弧焊焊结，要求焊缝均匀、饱满、无焊瘤和气孔，焊缝尺寸必须符合设计要求。螺栓进场后由材料员和质检员进行验收，检查螺栓规格、尺寸、数量丝扣长度是否符合设计要求，验收合格后按规格码放整齐，并做好标识。

（2）锚栓定位与轴线、标高确定　按照施工图纸要求，在承台及扩展基础预埋地脚螺栓处进行轴线放线定位，以确定其水平位置和标高。在已经安装完毕的承台及扩展基础模板上口画出螺栓十字中心线的标识，作为螺栓安装的初步安装位置。根据模板上的标记位置用钢管搭设独立的螺栓组安装支架并固定，以确定定位钢板的标高及初步定位。

（3）定位模板就位　为防止浇筑混凝土时地脚螺栓移位，本工程埋设地脚螺栓时采用定位模板加强固定螺栓。将定位板放置于钢管水平支架上，使定位板（上画垂直十字丝的模板）的十字丝与模板标志对齐，并初步固定。检查其位置是否合适，否则再做局部调整，调整过程中架设经纬仪从两侧监控。

（4）安装螺栓组　将地脚螺栓预先放入短柱内，插入定位模板预留孔内，将螺杆上部用螺帽上下固定，并边拧边校核单组螺栓的相互尺寸。把标高调节一致，套入定位模板，在每根螺栓顶部再拧入一个螺母来固定模具。

（5）地脚螺栓的固定

1）用短钢筋头将锚栓下部焊接成整体。

2）待螺栓最终固定后，螺栓撑脚与承台及基础钢筋网架焊接，以固定地脚螺栓，防止施工时位移。

3）地脚螺栓位置调试完成后将定位模板点焊与基础模板之上，点焊过程中经纬仪检测。

4）精确控制地脚螺栓丝顶标高。

（6）混凝土浇筑　当螺栓组满足尺寸精度要求后，即可浇筑混凝土。在混凝土浇筑之前，将螺栓丝扣部分打油后用塑料胶带包扎好，以防止混凝土浇筑完成之后螺栓被污染。在螺栓组附近浇筑振捣混凝土时要特别注意，既要捣实混凝土又不要碰撞螺栓，要精心施工，以免引起螺栓移位变形。混凝土浇筑时跟踪测量地脚螺栓移动偏差。一旦发现偏差超标的立刻进行校正，直至符合规范要求。在混凝土浇筑完成之后、混凝土初凝之前应派专人进行螺栓的再次校核、调整，直到螺栓位置满足规范要求。混凝土施工完后，应立即派人用层板制成的盖子盖在螺帽上面进行保护，防止螺栓丝口被破坏。

（7）地脚螺栓复测　在钢柱吊装前，必须对已完成施工的预埋螺栓的轴线间距进行认真核查、验收。对不符合《钢结构工程施工质量验收规范》（GB 50205—2001）的，要提请有关方会同解决；对弯曲变形的地脚螺栓，要进行校正；对已损伤的丝扣用钣牙进行修理，并对所有的螺栓予以保护。

（8）锚栓防护　螺栓、螺母、垫圈外观表面应涂油保护，不应出现生锈和沾染污物，确保螺纹不受损伤；螺栓运输和固定过程中，严禁碰撞螺纹；在浇筑混凝土前，用胶带包裹螺栓的螺纹部分。

7.3.4　钢柱吊装

钢柱的吊装在地脚锚栓安装完成后进行。先要检查钢柱的定位及标高等信息是否准确，确认符合设计图纸要求后，再对钢柱进行吊装。吊装点要考虑吊装方便、稳定可靠等因素，避免起吊时在地面拖拉造成地面和钢柱的损伤。根据现场塔吊布置情况，将钢柱根据塔吊的吊重情况进行分节，将最远端、最重的钢柱按照楼层划分为每层一节，每节钢柱顶端高出楼面 1 ~ 1.3m，便于两节钢柱对接、焊接作业。图 7-20 为钢柱吊装。

图 7-20　钢柱吊装

1. 施工前准备

（1）主要机具　垫木、扭矩扳手、撬棍。

垫木（图 7-21）：是为增加局部支承受压面积将上部荷载均匀传给支承体的木条或木块。在构件堆叠过程中，使用垫木，可以使构件堆放平整、并且使荷载能够均匀地传递到下方支撑体中，防止地基地不均匀沉降。扭矩扳手（图 7-22）是扳手的一种，按动力源可分为：电动力矩扳手、气动力矩扳手、液压力矩扳手及手动力矩扳手。力矩扳手用于高强螺栓连接，使用方法为先调节扭矩，再紧固螺栓。定扭矩电动扳手具有的特点为操作方便、省时省力、扭矩可调。撬棍（图 7-23）：在构件相互挤压时，运用撬棍将挤压构件撬松开，然后再卸运构件，避免错误操作使构件倒塌、掉落伤人。

图 7-21　垫木

图 7-22　扭矩扳手

图 7-23　撬棍

（2）作业条件

1）对构件的外形几何尺寸、制孔、组装、焊接、摩擦面等进行检查。损坏和变形的构件需矫正或重新加工。

2）按构件明细表核对进场构件的数量。钢结构构件按安装顺序成套供应。构件分类堆放，刚度较大的构件可以铺垫木水平堆放；多层叠放时垫木在一条垂线上。

3）钢柱起吊前将吊索具、操作平台、爬梯、溜绳以及防坠器等固定在钢柱上，以确保执行下道工序的操作人员的安全。

4）按照室外的标高，利用水准仪将基础底部利用 M10 砂浆对标高进行找平。

5）平整场地、修筑起重吊车的临时道路，并清除工程吊装范围内的障碍物。

2. 钢柱吊装工艺流程

（1）轴线定位放线　依据定位轴线、基础轴线和标高，按设计图纸要求，划出钢柱上下两端的安装中心线和柱下端标高线。

（2）吊点与垫木的设置　钢柱吊点设置在钢柱的顶部，直接在临时连接板上预留吊装孔（连接板至少 4 块）。为保证吊装平衡，在吊钩下挂设四根足够强度的单绳进行吊装。钢柱下方垫好足够数量的枕木，以防止钢柱起吊时在地面拖拉造成地面和钢柱损伤。

（3）吊装有单机旋转法、单机滑行法和双机抬吊法三种方法

1）采用旋转法吊装柱子时，柱的平面布置宜使柱脚靠近基础，柱的绑扎点、柱脚中心与基础中心三点宜位于起重机的同一起重半径的圆弧上。旋转法吊装柱子振动小，生产效率高，但对起重机的机动性要求高。当采用履带式起重机、汽车式起重机与轮胎式起重机等时，宜采用此法。

2）采用滑行法吊装柱子时，起重机只升钩，起重臂不转动，使柱顶随起重钩的上升而上升，柱脚随柱顶的上升而滑行，直至柱子直立后，吊离地面，并旋转至基础杯口上方，插入杯口。滑行法吊装柱子振动大，但起吊过程中只需升钩一个动作。当采用独脚把杆、人字把杆吊装柱子时，常采用此法；另外对于一些长而重的柱，为便于构建布置和吊升，也常采用此法。

3）采用双机抬吊法时，利用两台起重机将钢柱起吊，使钢柱底部悬空，然后主吊机起钩，副机配合，使钢柱在空中回直。一般钢柱较重或带有较大的挑翼时，采用此种方法。

（4）临时固定　安装第一根钢柱时，在松开吊钩前进行初步校正。钢柱临时固定（柱子插入杯口就位，在初步矫正后，用钢或硬木楔临时固定）方法是：柱插入杯口使

柱身中心线对准杯口（或杯底）中心线后停止，再用橇杠拨正，在柱与杯口壁之间的四周空隙，每边塞入两个钢（或硬木）楔，然后将柱子落到杯底并复查对线，接着将每两侧的楔子同时打紧，起重机即可松绳脱钩进行下一根柱的吊装。重型或高 10m 以上的细长柱以及杯口较浅的柱，遇刮风天气时，还可在柱面两侧加缆风绳或支撑来临时固定。

7.3.5 钢梁吊装

钢梁在钢柱吊装完成经调整固定于基础上后，即可吊装。钢梁安装主要采用塔吊吊装的方式，可根据构件吊装分区进行，参考安装顺序图，按照先主梁后次梁，先下层后上层的安装顺序进行吊装。图 7-24 为钢梁吊装。

图 7-24　钢梁吊装

1. 施工准备

（1）材料准备

对进场构件进行尺寸复核。焊条、油漆、防火涂料的规格、型号需符合设计要求，有质量证明书并符合国家有关标准规定。

（2）作业条件

1）场地平整完毕，确定运输构件的车辆可进场作业。

2）施工平面布置划分为材料堆放区、拼装区。构件按吊装顺序进场。

3）构件钢梁分类堆放，刚度较大的构件需铺垫木水平堆放。多层叠放时，垫木在一条垂线上。钢梁需立放，紧靠立柱，绑扎牢固。

2. 施工工艺流程

流程为：施工准备→测量放线→钢梁试吊→钢梁安装→测量校正→焊接→检查验收。

1）检查安装定位所用的轴线控制点和测量标高使用的水准点并放出标高控制线和吊装辅助线。

2）钢梁正式起吊前要进行试吊，钢梁吊离地面 30~40cm，检查吊点布置是否合适，钢梁稳定性是否满足要求。

3）钢梁吊装按先主梁后次梁，先内后外、先下层后上层的顺序进行。钢梁吊装就位时，及时夹好连接板，对孔洞有偏差的接头应用冲钉配合调整跨间距，然后再用普通螺栓临时连接。普通安装螺栓数量按规范要求不得少于该节点螺栓总数的 30%，且不得少于两个。

7.3.6 钢结构安装校正

在装配式钢结构中，钢柱不仅在承重上起到了作用，而且在钢梁和承台板的定位上也起到了关键的作用。因此，为了确保钢结构安装施工符合设计要求，就需要钢柱安装具有一定的精确性。钢柱安装过程中产生的定位、高度、垂直度、扭转角度的偏差，都会在一定程度上影响到梁及承台板位置，从而使结构与设计要求不相符，使结构的安全性下降。所以，要对钢柱安装过程产生的各种偏差进行严格的控制与校对，使之在允许的范围内。钢梁与平台板的安装精确度取决于钢柱安装的准确度以及钢柱制作过程中连接板位置的精确度。

1. 影响钢柱安装精确度的各类因素

（1）影响垂直度的因素　安装后的钢柱因某些原因发生倾斜，使垂直度偏差超过允许值。产生的原因有：

1）安装误差。这部分误差主要由安装过程中碰撞及钢柱本身几何尺寸偏差引起，也包括校正过程中测量人员操作的误差。人为因素可以通过加强施工管理监测工作进行保证。

2）焊接变形。钢梁施焊后，焊缝横向收缩变形对钢柱垂直度影响很大，由于本工程焊缝较厚，所以累计误差的影响比较大。为减小此误差，焊接过程中进行抽样轴线变化观察，并相应调整焊接顺序。焊接时在柱 90° 两侧挂磁力线锤，测定焊接过程中的轴线变化，并做相应焊接顺序调整。

3）日照温差。日照温差引起的偏差与柱子的细长比、温度差成正比。一年四季的温度变化会使钢结构产生较大的变形，尤其是夏季。在太阳光照射下，向阳面的膨胀量较大，故钢柱便向背向阳光的一面倾斜。通过监测发现，夏天日照对钢柱偏差的影响最大，冬天最小；每日上午 9~15 时较大，早间及晚间较小。选择合适的时间进行施工，以减小此类误差。

4）缆风绳松紧不当。在施工过程中，各个方向上的缆风绳用于保持钢柱的直立和稳定。缆风绳松紧不当，将会使钢柱向缆风绳拉紧的方向偏斜。在施工过程中，严禁利用揽风绳强行改变柱子垂偏值。

（2）影响标高的因素　安装后的钢柱高度尺寸或相对位置标高尺寸超差，使各柱总高度、牛腿处的高度偏差数值不一致。产生原因有：

1）基础标高不正确或产生偏差。基础施工时，应严格控制标高尺寸，保证标高准确。对基础上表面标高尺寸，应结合钢柱的实际长度或牛腿支承面的标高尺寸进行调整处理，使安装后和钢柱的高度、标高尺寸达到一致。

2）钢柱制作阶段的长度尺寸存在超差。钢柱在制作过程中应该严格控制长度以及尺寸（包括控制设计规定的总长度及各位置的长度尺寸，控制在允许正负偏差范围的长度尺寸和不允许产生的正超差值），对于无节点的钢柱，可先焊柱身，柱底座板和柱头暂不焊接，一旦出现超差，在焊柱的底座板或上端柱头板前进行调整，最后焊接柱底座板和柱头板。

3）对基础标高调整不当。安装时对基础标高调整、处理时，没有与钢柱实际长度（高度）结合进行，均会造成安装后的钢柱高度尺寸或标高尺寸产生正超差或负超差。由于超差，造成与它连接的构件安装、调整困难，矫正难度很大，费工费时，有时校正过程中还会对构件造成损坏，影响钢结构建筑的整体结构安全。

2. 钢柱校正施工

1）用两台经纬仪从柱的纵、横两个轴向同时观测，柱底依靠千斤顶进行调整。柱顶部依靠缆风绳葫芦调整柱顶部，无误后固定柱脚，并牢固栓紧缆风绳。

2）上节钢框架结构安装完成后，根据钢柱的截面尺寸，用角钢、钢板及圆钢制作仪器的固定架，固定架环箍在下节已经安装焊接完成的钢柱柱头上，仪器架设在固定支架上。在楼层钢梁上用脚手钢管搭设操作平台测量操作点，测量人员站在操作平台上进行测量作业。

3）钢柱接头对位校正时，钢柱中心线需对齐，且扭转偏差小于 3mm。

4）首节钢柱标高主要依赖于基础埋件标高的准确，安装前要严格测量柱底标高，基础搁置标高控制设在锚栓上，提前用钢板调整到高度。上节钢柱安装时以水准仪复测柱顶标高，无误后拴好缆风绳令吊车落钩。

7.3.7 高强螺栓施工

螺栓连接是钢结构构件安装连接的一种方法，分为普通螺栓连接和高强度螺栓连接两种。若采用高强度螺栓连接，施工前要检查钢结构构件连接面，清除浮锈、飞刺、油污等。钢结构构件吊装后采用临时螺栓固定，在确定可作业条件（天气、安全）后拆除临时螺栓，安装高强度螺栓。高强度螺栓初拧的当天进行终拧，经检验后将不合格的高强度螺栓进行更换，完成施工。

1. 施工前准备

（1）材料　高强螺栓（图 7-25）。高强螺栓进场时，其型号、规格、性能等级符合设计要求并应有质量证明书和出厂检验报告。进场后按规定每批号随机抽取 8 套进行复试，其复试结果符合设计要求和现行国家产品标准后方可使用。

图 7-25　高强螺栓

（2）作业条件

1）高强螺栓摩擦面采用喷丸、砂轮打磨等方法进行处理，摩擦面表面不允许有残留氧化铁皮、无锈蚀、干燥平整，孔边无毛刺、飞边。

2）局部摩擦面需要在现场处理且现场采用砂轮打磨摩擦面时，打磨范围不小于螺栓直径的 4 倍，打磨方向应与受力方向垂直。摩擦面严禁被油污、油漆等污染。

3）摩擦面抗滑移系数值已通过试验，其结果符合设计要求和规范规定的抗滑移系数值。

4）检查各安装构件的位置是否正确，接头处应无翘曲和变形，应满足设计和规范规定的精度要求。

5）检查安装母材的螺栓孔径及孔距尺寸，孔边的光滑度是否符合设计要求，必须彻底去掉毛刺、飞边。

6）施工部位应有安全防护设施并已准备好操作设备及机具。

2. 高强螺栓施工

高强度螺栓穿入方向以设计要求为准，并尽可能便于施工操作。框架周围的螺栓穿向结构内侧，框架内侧的螺栓沿规定方向穿入，同一节点的高强螺栓穿入方向需一致。各楼层高强度螺栓竖直方向拧紧顺序为先上层梁，后下层梁。对于同一层梁来讲，先拧主梁高强螺栓，后拧次梁高强螺栓。对于同一个节点的高强螺栓，顺序为从中心向四周扩散。图 7-26 为高强螺栓安装。

（1）安装冲钉　安装时先打定位冲钉，冲钉按螺栓孔眼数量的25%布置，呈梅花形排列，冲钉直径比螺栓孔直径小0.3mm，开始安装高强螺栓前用5%或不少于4个精制螺栓将板缝夹紧。

（2）高强螺栓安装

1）在冲钉安装完毕后进行高强螺栓安装。高强螺栓按由箱外向箱内的方向穿设。高强螺栓严禁强行穿入，以防止损伤螺纹，影响预紧力。

图7-26　安装高强螺栓

2）安装高强螺栓时注意垫圈及螺母的正反面。垫圈的正反以垫圈内径处有无倒角来判别，螺母正反以支撑面有无螺肩判别。垫圈使用要正确，即螺栓头一侧及螺母一侧各置一个垫圈，垫圈有内倒角的一侧朝向螺栓头和螺母的支承面。

3）冲钉拆除必须在高强螺栓初拧完毕后方能对其逐个替换，并进行处理。

4）如高强螺栓穿不过，则对该孔进行扩孔，扩孔前将该孔四周高强度螺栓全部拧紧（初拧），扩孔孔径不应大于设计孔径2mm。

（3）高强螺栓初拧和终拧

1）初拧力矩定为终拧施工力矩的50%。

2）高强度螺栓的拧紧顺序，从钉群中心板件刚度大的部分向不受约束的板边缘进行。钢箱梁螺栓施拧顺序为先腹板，再底板、顶板。

3）初拧和终拧在同一工作日内完成，施拧时用卡死扳手卡住螺栓头，防止螺栓转动。

4）高强螺栓初拧完毕后用黄色油漆在螺栓、螺母、垫片及连接板上进行画线标识。

5）初拧后全部螺栓用0.3kg的小锤沿施拧方向逐个敲击进行初拧检查，防止漏拧。

6）初拧完毕2小时后进行终拧，终拧顺序应与初拧顺序相同，终拧时施加扭矩应平稳连续，螺栓、垫片不得与螺母一起转动，如发生转动，应更换螺栓，重新初拧、终拧。

7）终拧完毕后，用红色油漆在螺栓上画线标识，并记录施拧班组的人员、施拧位置、施工扳手编号，以便在扳手不合格时查找其施拧的螺栓，利于检查处理。

7.3.8　钢结构安装焊接

钢结构焊接是钢结构构件安装连接的方法之一，是在被连接金属件之间的缝隙区域，通过高温使被连接金属与填充金属熔融结合，冷却后形成牢固连接的工艺过程。一般焊接工艺有气体保护焊、埋弧自动焊和手动电弧焊等。

1. 施工前准备

（1）材料准备　焊条、焊剂的烘烤：焊条使用前必须按质量要求进行烘烤，严禁使用湿焊条。

（2）作业条件

1）焊接缝焊接区域两侧需要将油污、杂物、铁锈等清除干净。

2）手工电弧焊现场风速大于 8m/s 时，采取有效的防风措施后方可施焊。雨、雪天气或相对湿度大于 90% 时，采取有效防护措施后方可施焊。

3）焊接材料进行抽样复验，复验结果应符合现行国家产品标准和设计要求。焊材有齐全的材质证明，并经检查确认合格后入库。

4）检查焊接操作条件，工具、设备和电源。焊工操作平台安装到位；焊机型号应正确、完好；必要的工具应配备齐全，且放在操作平台上的设备排列应符合安全规定；电源线路要合理和安全可靠，安装稳压器。

（3）坡口检查　采用坡口焊的焊接连接，焊前应对坡口组装的质量进行检查，如误差超过规范所允许的误差，则应返修后再进行焊接。

2. 焊接施工

钢结构多层建筑的焊接方法多采用 CO_2 保护焊，手工电弧焊则一般用作焊缝打底。在钢结构的现场安装中，柱与柱的连接用横坡口焊，柱与梁的连接用平坡口焊；焊接母材厚度不大于 20mm 时采用手工焊，焊接母材厚度大于 20mm 时采用 CO_2 气体保护焊。

（1）柱与柱的焊接顺序　应由两名焊工在两相对面等温、等速对称施焊。先对两相对面施焊，焊接后切除引弧板并清理焊缝表面。再对第二个相对面施焊，如此循环直到焊满整个焊缝，如图 7-27 所示。

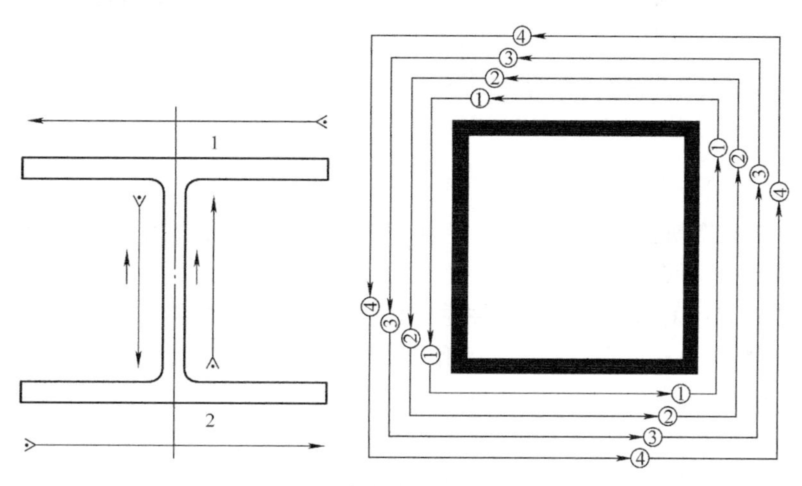

图 7-27　钢构件接头施焊顺序

（2）梁柱焊接顺序

1）当柱子向某方向偏差超过 5mm（在允许偏差以内）时，先焊柱子倾斜反方向的焊口；当柱子垂直度偏差小于 5mm 时，柱、梁节点两侧对称的两支梁应同时施焊。

2）同一支钢梁，先焊一端焊缝，等其冷却后，再焊接另一端；同一支梁，先焊下翼板，再焊接上翼板，上下两翼板焊缝的焊接方向应相反。

3）焊接完成后，焊缝 100mm 范围内用角向磨光机打磨干净，以备探伤。焊工将自己钢印号打在焊缝左下角 100mm 处钢梁表面上。

4）柱与梁连接平角焊缝、对接平焊缝，引、熄弧板采用工艺垫板每边加长 40mm，引、熄弧在垫板上进行。焊缝探伤合格后气割切除引、熄弧板，打磨、割除时应保留 5~10mm。

（3）钢板剪力墙焊接施工顺序

1）先焊接收缩量大的焊缝；同类焊缝对称、同时、同向焊接。

2）为减少焊接变形，原则上单块剪力墙相邻两个接头不要同时开焊，先焊接一端焊缝，同时对另一端焊缝临时固定，带焊缝冷却到常温后，再进行另一端的焊接。

3）焊接先焊接纵向焊缝，如图 7-28 所示。纵向焊缝焊接完毕后进行横向焊缝焊接，最后再焊接与钢柱连接的焊缝。

4）横焊缝临时连接板宜布设在钢板剪力墙暗柱处，每片钢板剪力墙至少布置两道。立焊缝临时连接板宜布设在钢板剪力墙上下两端，保留出足够的操作空间，如图 7-29 所示。

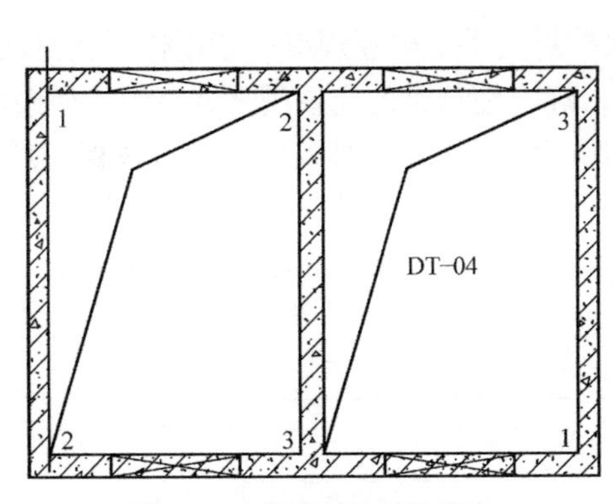

图 7-28　纵缝对接焊接顺序

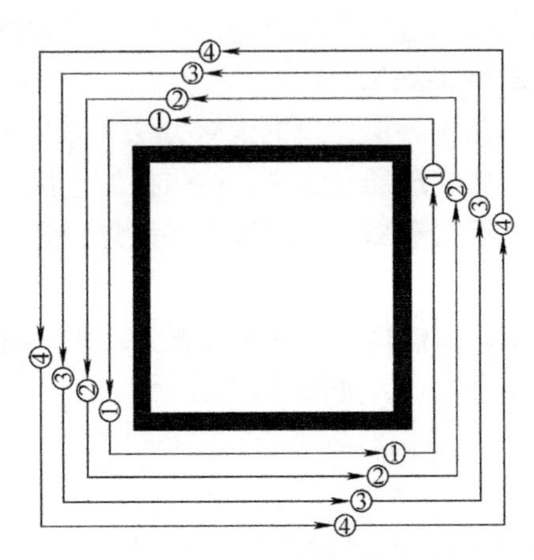

图 7-29　横缝焊接顺序

（4）点焊技术要点

1）焊接结构在拼接、安装时，要确定零件、构件的准确位置，要先进行定位点焊。定位点焊的尺寸参考有关手册。

2）定位焊采用的焊材型号与焊件材质相匹配。定位焊焊缝与最终焊缝有相同的质量要求。设引弧板，严禁在母材上引弧和收弧。定位焊的位置布置在焊道以内，且尽量避开构件的端部、边角等应力集中的地方。

3）为与正式焊缝搭接，定位焊缝的余高不能过高，定位点焊的起点和终点要与母材平缓过渡，防止正式焊接时产生未焊透等缺陷。

4）焊条直径比正式焊缝的直径小一些；电流要比正式焊缝提高 10% ~ 15%，以防止点焊缝出现夹渣缺陷。

5）定位焊焊缝厚度不宜超过设计焊缝厚度的 2/3，且不应大于 6mm。长焊缝焊接时，定位焊缝长度不宜小于 50mm，焊缝间距宜为 500~600mm，并应填满弧坑。

7.3.9　现场油漆补刷施工

油漆因自身的特点，不仅给钢结构建筑以不同的标注作用，还有防腐、防锈的性能，充分弥补了钢结构的缺陷，很好地保护了钢结构，最大限度地延长了钢结构的使用寿命。工程现场油漆补刷施工中，首先要将金属表面上的浮土、砂、灰浆、油污、锈斑、焊渣、毛刺等清除干净，然后进行表面除锈。涂防锈漆时构件表面必须干燥，施涂时一定要涂刷到位、刷满、刷匀。待防锈漆干燥后，用与油漆配套的腻子将构件表面缺陷处刮平。为了使金属表面的油漆能有较好的附着力，延长油漆的使用期，避免生锈腐蚀，可在钢结构构件表面先涂一层磷化底漆。钢结构构件表面打磨平整、清扫干净后，即可涂装面漆，且应按设计要求完成遍数。

1. 涂装前准备

（1）油漆刷的选择　刷涂底漆、调和漆和磁漆时，选用扁形和歪脖子形、弹性大的硬毛刷；刷涂油性清漆，选用刷毛较薄、弹性好的猪鬃或羊毛等混合制作的板刷和圆刷；涂刷树脂漆时，选用弹性好、刷毛前端柔软的软毛板刷或歪脖子形刷。

（2）作业条件

1）涂装工程前钢结构工程已检查验收，并符合设计要求。

2）涂装作业场地有安全防护措施，有防火和通风措施，防止发生火灾和人员中毒事故。

2. 油漆补刷施工

1）油漆涂刷前，采取适当的方法将需要涂装的部位的铁锈、焊缝药皮、焊接飞溅物、油污、灰尘等杂务清理干净。

2）油污的清除方法根据工件的材质、油污的种类等因素来决定。通常采用溶剂清洗或碱液清洗。清晰方法有槽内浸洗法、擦洗法、喷射清洗和蒸气法等。

3）钢构件表面除锈方法根据要求不同可采用手工除锈、机械除锈、喷射除锈、酸洗除锈等方法。各种除锈方法的特点见表 7-2。

表 7-2　各种除锈方法的特点

除锈方法	设备工具	优点	缺点
手工、机械	纱布、钢丝刷、铲刀、尖锤、平面砂轮机、动力钢丝刷	工具简单，操作方便，费用低	劳动力强度大、效率低、质量差，只能满足一般的涂装要求
喷射	空气压缩机、喷射机、油水分离器等	工作效率高，除锈彻底，能控制质量，能获得不同要求的表面粗糙度	设备复杂，需要一定操作技术，劳动强度较高、费用高、污染环境
酸洗	酸洗槽、化学药品等	效率高，使用大批件，质量较高，费用较低	污染环境、废液不易处理、工艺要求较严

4）摩擦面的处理采用抛丸处理，对柱体的连接板、牛腿等可预先进行磨擦面加工后装焊到柱体上，然后柱体在整个喷丸时再次进行处理。

5）涂刷顺序一般应按自上而下、从左向右、先里后外、先斜后直、先难后易的原则，使漆膜均匀、致密、光滑和平整。对干燥较慢的涂料，应按涂敷、抹平和装饰三道工序进行；对于干燥较快的涂料，应从被涂物一边按一边的顺序，快速连续地刷平和修饰，不宜反复涂刷，如图 7-30 所示。

图 7-30　钢结构油漆补刷施工

6）滚涂法施工工艺要求。

① 涂料应倒入装有滚涂板的容器内，将滚子的一半浸入涂料，然后提起在滚涂板上来回滚涂几次，使棍子全部均匀浸透涂料，并把多余的涂料滚压掉。

② 把滚子按 W 形轻轻滚动，将涂料大致涂布于被涂物上，然后滚子上下密集滚动，将涂料均匀地分布开，然后使滚子按一定的方向滚平表面并修饰；滚动时，初始用

力要轻，以防流淌，随后逐渐用力，使涂层均匀。

③ 滚子用后，尽量挤压掉残存的油漆涂料，使用涂料的稀释剂清洗干净，晾干后保存好，以备后用。

7）浸涂法施工工艺要求。将被涂物放入油漆槽中浸渍，经一定时间取出后吊起，让多余的涂料尽量滴净，再晾干或烘干。

8）空气喷涂法施工工艺要求。

① 空气喷涂场所应配备良好的通风和除尘全设施。喷涂前将油漆用稀释剂调至一定粘度，视喷嘴大小、油漆面的需要量而定。

② 利用空压机的气带动喷枪将油漆均匀地喷涂在金属结构的表面，喷枪离金属结构的表面距离均匀以缓慢均匀的速度左右喷涂。空气压力应为 0.3~0.6MPa，喷嘴与喷涂面的距离为 250~400mm。喷涂液喷出方向尽量垂直于待喷表面。

9）涂装时对摩擦面进行保护（采用纸张包裹封闭），不得使构件表面污染及暴露生锈。

10）现场钢构件油漆补涂采用空气压缩喷涂和手工刷涂。

3. 油漆补涂施工工艺优缺点

不同的油漆补涂方式需要选用不同的涂料与设备工具，同时每种补涂方式的特点也不尽相同。不同油漆补涂工艺的对比见表 7-3。依据施工现场条件对补涂方式进行选择。

表 7-3 不同油漆补涂工艺的对比

施工方法	使用涂料的特性			被涂物	实用工具和设备	主要优缺点
	干燥速度	黏度	品种			
涂刷法	干性较慢	塑性小	油性漆酚醛漆醇酸漆等	一般构件及建筑物、各种设备管道等	各种毛刷	投资少，施工方法简单，适合各种形状及大小面积的涂装；缺点是装饰性较差，施工效率低
手工滚涂法	干性较慢	塑性小	油性漆酚醛漆醇酸漆等	一般大型平面的构件和管道	滚子	投资少、施工方法简单，使用大面积物的涂料；缺点是装饰性较差，施工效率低
浸洗法	干性适当，流平性好，干燥速度适中	触变性较好	各种合成树脂涂料	小型零件、设备和机械部件	浸漆槽、离心及真空设备	设备投资较小，施工方法简单，涂料损失少，适用于复杂构件；缺点是流平性不太好，有流挂和污染现场，溶剂易挥发
空气喷涂法	挥发快和干燥适中	黏度小	各种硝基漆、建筑乙烯漆、聚氨酯漆等	各种大型构件及设备和管道	喷枪、空气压缩机、油水分离器等	设备投资较小，施工方法复杂，施工效率较涂刷法高；缺点是消耗溶剂量大，有污染现象，易引起火灾
雾气喷涂法	具有高沸点溶剂的涂料	高不挥发性，有触变性	原浆性涂料和高不挥发分涂料	各种大型钢结构、桥梁、管道、车辆和船舶等	高压无气喷枪、空气压缩机等	投资设备较大，施工方法较复杂，效率比空气喷涂法高，能获得厚涂料；缺点是要损失部分涂料，装饰性较差

7.3.10 现场熔焊栓钉

栓钉焊是指将栓钉焊接于金属构件表面上的焊接方法，包括直接将栓钉焊接于钢结构构件表面的非穿透焊和穿过覆盖于构件上的薄钢板焊于构件表面上的穿透焊接。常见的方法有拉弧式栓钉焊接与电弧焊。以下主要以拉弧式栓钉焊接作为代表进行详细的工艺解读。

拉弧式栓钉焊接是将夹持好的栓钉置于瓷环内部，通过焊枪或焊接机头的提升机将栓钉提升起弧，经过一定时间的电弧燃烧，通过外力将栓钉顶送插入熔池实现栓钉焊接的方法，如图 7-31 所示。

图 7-31　拉弧式栓钉焊接

1. 材料和设备

（1）材料

1）栓钉（图 7-32）：又称焊钉，是指在各类结构工程中应用的抗剪件、埋设件和锚固件。栓钉焊接的力学性能见表 7-4。

图 7-32　栓钉

表 7-4　栓钉焊接端的力学性能

栓钉直径 d/mm		10	13	16	19	22	25
拉力试验	抗拉载荷 /kN	≥ 33.0	≥ 56.0	≥ 84.5	≥ 129.5	≥ 159.5	≥ 206.0

2）瓷环：在栓钉焊接过程中起到电弧防护、减少飞溅并参与焊缝成型作用的陶瓷护圈。圆柱头焊钉用瓷环尺寸见表 7-5。

表 7-5　圆柱头焊钉用瓷环尺寸

焊钉公称直径 d/mm	D/mm		D_1/mm	D_2/mm	H/mm
	min	max			
10	10.3	10.8	14	18	11
13	13.4	13.9	18	23	12
16	16.5	17	23.5	27	17
19	19.5	20	27	31.5	18
22	23	23.5	30	36.5	18.5
25	26	26.5	38	41.5	22

3）焊条：电焊时熔化填充在焊接工件的接合处的金属条。

（2）设备

1）熔焊栓钉机专用设备。使用设备必须是焊接工艺评定试件制作的设备，且工艺评定结果合格。

2）角向磨光机：配合施工的工具，用于安装栓钉时去处钢梁上的非导电型油漆。

3）焊机（交流、直流均可）。熔焊时必须配套安排中型焊机用于栓钉补焊。

4）烘箱或其他烘烤设备。必要时用于栓钉和配套使用瓷环的烘烤除湿。

2. 焊前准备

（1）焊接材料与设备的检查

1）栓钉的检查。焊接前由栓钉焊工对栓钉进行检查，保证无锈蚀、氧化皮、油脂、受潮及其他会对焊接质量造成影响的缺陷。

2）母材的检查。在栓钉施焊处的母材附近不应有氧化皮、锈、油漆或潮湿等影响焊接质量的有害物质，且母材表面施焊处不得有水分，如有水分必须用气焊烤干燥。

3）陶瓷护圈的检查。焊接用的陶瓷护圈保持干燥，陶瓷护圈在使用前进行烘干，烘干温度为120℃，保温2小时。

4）焊枪的检查。焊枪筒应移动平滑，绝缘性良好，电源线、控制线良好。

5）焊机的检查。焊机距离墙体及其他障碍物应不低于30mm，焊机周围要保持气体流通，要利于散热。

（2）现场试焊栓钉　每一次施焊前，若焊接设备，焊钉规格未变，且焊接参数均与工艺评定实验相同时，则应对最先焊的两个焊钉做试验，即对试验焊钉进行外观检验和弯曲试验。试验合格后，方可进行正式工程焊接。试验焊钉可直接焊于构件上。

（3）除锌处理　镀锌板用乙炔氧焰在栓钉位置烘烤，敲击后双面除锌。

（4）确定栓钉位置　在已安装好的压型板上测量放线，确定栓钉位置。

3. 栓钉焊接施工

1）把栓钉放在焊枪的夹持装置中，把相应直径的保护瓷环置于母材上，把栓钉插入瓷环内并于母材接触。

2）按动电源开关，栓钉自动提升，激发电弧。

3）焊接电流增大，使栓钉端部和母材局部表面熔化。

4）设定的电弧燃烧试件到达后，将栓钉自动压入母材。

5）切断电流，熔化金属凝固，并使焊枪保持不动。

6）冷却后，栓钉端部表面形成均匀的环状焊缝余高，敲碎并清除保护环。

7.3.11　防火涂料施工

防火涂料是施涂于建筑物及钢结构表面，形成耐火隔热保护层，以提高钢结构耐火极限的涂料。所选用的防火涂料必须有防火监督部门核发的生产许可证和厂方的产品合格证。露天钢结构，应选用适合室外用的钢结构防火涂料。用于保护钢结构的防火涂料应不含石棉，不用苯类溶剂，在施工干燥后应没有刺激性气味，不腐蚀钢材。

1. 防火涂料施工工艺

防火涂料的涂装，是用不同的施工方法、工具和设备将涂料均匀地涂覆在被保护物表面。涂装的质量直接影响涂膜的质量。针对不同的被保护物和不同的防火涂料应该采用适宜的涂装方法和设备，以获得最佳的涂膜质量。所以要根据基材的不同选用不同的涂料和施工工艺，方能获得最佳的效果。

1）刮涂法：使用金属或非金属刮刀，如硬胶皮片、玻璃钢刮刀、牛角刮刀等用手工涂刮，用于涂刮各种厚浆型防火涂料和腻子。

2）辊涂法：辊子是一个直径不大的空心圆柱，表面粘有用合成纤维制成的长绒毛，圆柱两端装有2个垫圈，中心带孔，弯曲的手柄即由这个孔中通过。使用时先将辊子浸入涂料中浸润，然后用力辊涂到所需的表面上。现在发展有用空压机输送涂料的辊涂装置。

3）刷涂法：刷涂法适用于涂刷任何形状的物件，绝大多数防火涂料可以用此种方法施工。刷涂法很容易渗透到金属表面的细孔中，因而可加强对金属表面的附着力。缺点是生产效率低、劳动强度大，有时涂层表面留有刷痕，影响涂层的装饰性，如图7-33所示。

图7-33 防火涂料刷涂法

4）喷涂法：使用压缩空气及喷枪使涂料雾化的施工方法，它的特点是喷涂后的涂层质量均匀，生产效率高。缺点是有一部分涂料被损耗，同时由于溶剂的大量蒸发，影响操作者的身体健康。空气喷涂的关键设备是喷枪。喷枪依据涂料供给方式通常分为重力式、吸引式和压送式3种，又按喷涂能力分为小型和大型两类。涂料黏度高，需要空气压力大，喷嘴应选大口径的；涂料黏度低，需要压力小，喷嘴可以选小口径的。空气喷涂的空气压力一般为0.3～0.6MPa。

2. 施工前准备

（1）搭设操作平台　涂装施工前，搭设牢固可靠的操作平台，确保操作方便及人员安全，必要的工具应配备齐全，且放在操作平台上的设备排列应符合安全规定。

（2）钢构件表面的除锈、防锈处理　对大多数钢结构而言，必须涂防锈底漆，并保证它与选用的防火涂料不发生化学反应。此外，还需将钢结构表面的尘土、油污、杂物等清除干净。表面除锈应达到用《涂装前钢材表面处理规范》（SY/T 0407—2012）规定的要求。

（3）防火涂料调制　搅拌和调配涂料，使之均匀一致，且稠度适当，既能在输送管道中流动畅通，而且喷涂后又不会产生流淌和下坠现象。防火涂料配置搅拌，应边配边用，当天配置的涂料必须在说明书规定时间内使用完，如图7-34所示。

图7-34 防火涂料调制

1）单组分涂料配置。单组分湿涂料现场采用便携式搅拌器搅拌均匀；单组分干粉涂料，现场加水或其他稀释剂调配，应按照产品说明书的配比混合搅拌。

2）双组分涂料配置。双组分涂料应按说明书规定的配比进行现场调配，采用便携式电动搅拌器予以适当搅拌，方可用于喷涂。

3. 防火涂料喷涂施工

喷涂工艺广泛应用的有厚涂型及薄涂型。

（1）厚涂型钢结构防火涂料工艺及要求　喷涂应分若干遍完成，通常喷涂 2 ~ 5 遍。第一遍喷涂基本盖住钢材表面即可，以后每遍喷涂厚度 5 ~ 10mm，一般 7mm 左右为宜。在每层涂层基本干燥或固化后，方可继续喷涂下一遍涂料，通常每遍间隔 4 ~ 24h 喷涂一次，如图 7-35 所示。喷涂保护方式、喷涂遍数和涂层厚度应根据防火设计要求确定。喷涂时，喷枪要垂直于被喷钢构件表面，喷枪口直径宜为 6 ~ 10mm，喷枪气压保持在 0.4 ~ 0.6MPa。喷枪运行速度要保持稳定，不能在同一位置久留，避免造成涂料堆积流淌。喷涂过程中，配料及往喷涂机内加料均要连续进行，不得停留。施工过程中，操作者应采用测厚针或测厚仪检测涂层厚度，直到符合规定的厚度，方可停止喷涂。喷涂后，对明显凹凸不平处，采用抹灰刀等工具进行剔除和补涂处理，以确保涂层表面均匀。

图 7-35　防火涂料喷涂

（2）薄涂型钢结构防火涂料涂装工艺及要求

1）底层涂装施工工艺及要求。底层涂装一般喷涂 2 ~ 3 遍，施工间隔 4 ~ 24h。待前一遍涂层基本干燥后再喷涂后一遍。第一遍喷涂以盖住钢材基面 70% 即可，二、三遍喷涂每遍厚度不超过 2.5mm。喷涂保护方式、喷涂层数和涂层厚度应根据产品说明书及防火设计要求确定。喷涂时，操作工手握喷枪要稳、喷嘴与钢材表面垂直成 70°，喷口到喷面距离为 40 ~ 60cm。要求旋转喷涂的，需注意交接处的颜色一致、厚薄均匀，防止漏涂和面层流淌。确保涂层完全闭合、轮廓清晰。施工过程中，操作者应随时采用测厚针或测厚仪检测涂层厚度，确保各部位涂层达到设计规定的厚度要求。喷涂后，如果喷涂完最后一遍，应采用抹灰刀等工具进行抹平处理，以确保涂层表面均匀平整。

2）面层涂装工艺及要求。当底涂层厚度符合设计要求，并基本干燥后，方可进行面层涂料涂装。面层涂料一般涂刷 1 ~ 2 遍。如第一遍是从左到右涂刷，第二遍应从右到左涂刷，以确保覆盖底部涂层。面层喷涂用量为 0.5 ~ 1.0kg/m^2。面层涂装施工应保证各部分颜色均匀一致，接头平整。对于露天钢结构的防火保护，喷好防火底涂层后，也可选用适合建筑外墙用的面层涂料作为防水装饰层，用量为 1.0kg/m^2。

4. 防火涂料成品保护

1）为确保工程质量外观美观，项目施工管理班长根据工程实际情况，在涂料分区完成后，专门组织专职人员，负责成品质量保护，值班巡察，进行保护工作。

2）拆除脚手架和其他辅助设施时，注意避免碰撞涂料面层。

3）防火涂料施工交验完成，需其他工种配合做好成品保护。

4）周围已装饰好的墙面：在涂料施工作业时，对作业面、点附近有可能被污染处，用塑料彩条布遮盖。

7.4 钢结构施工质量控制

钢结构安装质量控制是根据本工程的结构类别、质量目标要求，建立在实际施工操作过程中的质量检测方法、制度，强调“以人为本”“预防为主”的原则，以施工技术、质量验收规程、规范为依据，从对投入原材料的质量检测开始，到施工中间每一分部分项的质量检测直至施工完成，进行现场全过程的质量检测。

7.4.1 钢结构施工质量控制内容

1. 质量方针与目标

1）质量方针：精益求精、创造优质工程、竭诚服务、追求总包满意。

2）质量目标：在确保钢结构分部工程达到合格标准的基础上，工程施工质量一次验收合格。工程合格率 100%，分项工程优良率不小于 90%；确保一次通过竣工验收备案。严格执行 ISO9001 质量保证体系的有关规定和要求。

2. 质量管理体系及机构

（1）施工质量保证体系　施工质量保证体系主要包括质量管理体系和施工质量控制体系。在管理过程中，将从这两个方面着手，严格进行质量的过程控制。为保证工程管理体系的顺利实施，项目经理部，将依据本工程的具体情况，严格按照 ISO9001 进行质量管理。保证现场质量管理中责任明确，分工明确。其质量保证体系具体设置情况如图 7-36 所示。

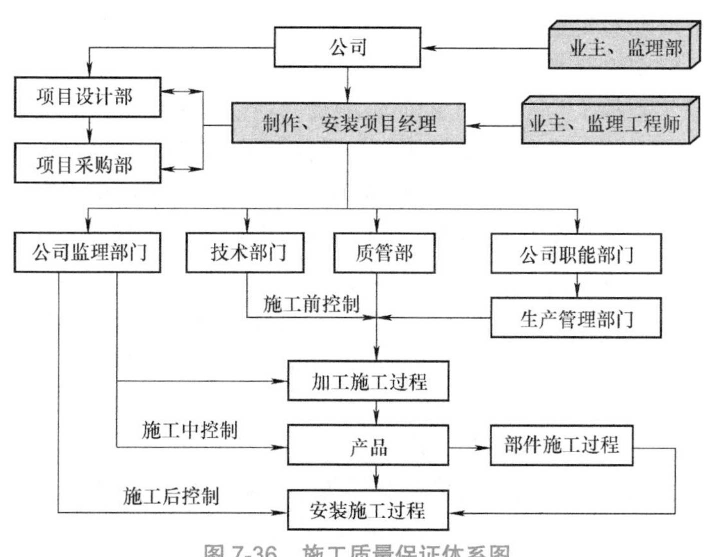

图 7-36　施工质量保证体系图

（2）施工质量管理组织机构　施工质量的管理组织是确保工程质量的保证，其设置合理、完善与否将直接关系到整个质量保证体系能否顺利地运转及操作。质量保证及检验组织机构如图 7-37 所示。

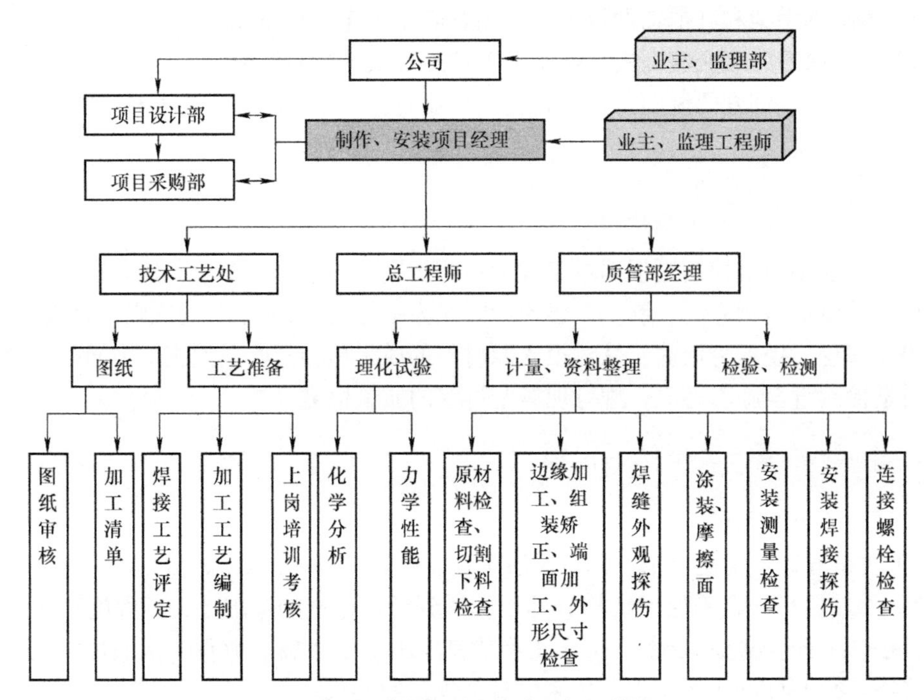

图 7-37　质量保证及检验组织机构图

3. 质量管理职责

施工质量管理组织体系中最重要的是质量管理职责。职责明确，是落实责任到位、有效管理的首要条件。施工质量管理组织机构作为在工程施工现场质量控制的直接实施者，因此对施工现场管理人员的质量职责予以明确。

（1）项目经理的质量职责　项目经理作为项目的最高领导者，对整个工程的质量全面负责，在保证质量的前提下，平衡进度计划、经济效益等各项指标的完成，并督促项目所有管理人员树立质量第一的观念，确保《质量保证计划》的实施与落实。

（2）项目总工程师（质量经理）的质量职责　项目总工程师作为项目的质量控制及管理的执行者，对整个工程的质量工作全面管理，从质保计划的编制到质保体系的设置、运转等，均由项目总工程师负责。作为项目总工程师需组织编写各种方案、作业指导书、施工组织设计、审核施工方案等、主持质量分析会、监督施工管理人员质量职责的落实。项目总工程师亦是项目的质量经理。

（3）项目执行经理的质量职责　项目执行经理作为负责生产的项目主管领导，把抓工程质量作为首要任务，在布置工作任务时，需充分考虑施工难度对施工质量带来的影响。在检查正常生产工作时，严格按方案、作业指导书等进行操作检查，按规范、标准组织自检、互检、交接检等的内部验收。

（4）质检人员的质量职责　质检人员作为项目对工程质量进行全面检查的主要人员，需有相当的施工经验和吃苦耐劳的精神，并对发现的质量问题有独立的处理能力，在质量检查过程中有相当的预见性，能提供准确而齐备的检查数据，对出现的质量隐患及时发出整改通知单，并监督整改以达到相应的质量要求。

（5）施工工长的质量职责　施工工长作为施工现场的直接指挥者，需树立质量第一的观念，并在施工过程中随时对作业班组进行质量检查，随时规范作业班组的操作，对质量未达到要求的施工作业进行督促整改。施工工长是各分项施工方案、作业指导书的主要编制者，对施工中易出质量问题的工序做好技术交底工作并加以重点跟踪、指导、总结。

4. 质量保证措施

工程质量的好坏，直接反映出施工企业的管理和施工水平。根据工程的质量方针和质量目标，并结合本工程质量确保达到合格的目标，拟定以下质量保证措施。

（1）人的保证

1）选派有丰富实践经验的项目经理、施工员、质检员及有关管理人员。为确保工程质量，采取强化质量管理体系，实行工序控制，落实质量责任制，每道工序每个岗位具体落实到人。出问题时有章可循、有据可查，并从管理人员到具体操作人员与经济挂钩进行管理。

2）选派技术力量较强、具有丰富的施工经验、认真负责、在社会上有一定的信誉，并且做过类似工程的施工安装队伍。

3）积极开展质量意识教育，不断提高全体员工的质量意识，掌握和运用质量管理方法及技术，牢固地树立“质量第一”的思想，使每名员工都认识到实现工程质量目标对企业的发展，提高企业的知名度的重要意义。充分调动起全体员工关心质量、参加质量管理活动的自觉性、主动性、积极性。同时采取板报、专栏、通报等形式在员工中进行宣传、普及。

4）对各级管理人员及专业工种进行技术基础教育和操作技能训练，使受训人员能够掌握工程质量要求、施工工艺流程、岗位操作技能和检验方法。培养一批技术精、管理硬的施工队伍。

（2）做好工程质量检测工具的配备　施工测量、检测设备及时提供，保证现场施工需要。定期进行检测，保证在检测合格有效期限内使用。工具齐全、正确可靠。随时检查轴线，标高及安装时产生的挠度，焊缝质量等，如有问题及时加以解决。

（3）材料保证

1）严格执行材料验收和计量管理制度，把好原材料质量关。全部材料由专职材料员采购，进场时由施工员、质量员、材料员共同验收，确认质量合格和现货质量。

2）对需要复测的材料、及时做好复测工作、合格后方可使用。对外加工的构件或半成品，进场时需签收验货，详细核对其品种、数量、规格、质量要求，做到不合格产品不进场。

3）工程材料和辅助材料（包括构件、半成品），是工程的构筑实体，保证工程材料按质、按量、按时的供应是提高和保证质量的前提。

4）钢构件必须符合国家相应标准及招标技术要求。焊接材料如焊条、焊丝、焊剂等，应与被焊钢材匹配。

5）对材料生产厂家要进行企业资质、等级以及产品合格证、试验报告的审查工作；进口材料还要有商检报告及海关进货单据。

（4）技术保证　认真仔细地学习和阅读施工图纸，及时提出不明之处，遇工程变更或有其他技术措施，均以施工联系单和签证手续为依据。施工前认做好各项技术交底工作，严格按国家颁行的《钢结构工程施工质量验收规范》（GB 50205—2001）和其他相关规定施工和验收，并随时接受总包、监理单位和质量监督部门对本工程的质量监督和指导。

（5）管理措施　积极开展样板、质量奖罚、质量分析等管理措施。严格过程控制，使工程质量始终处于受控状态，即通过过程来控制结果。严格工序中间检查制度，每道工序要进行四查：施工班组自查、质检员检查、项目总工程师会同有关专业人员复查、项目部会同监理公司共同检查。强化质量监督，严格实行质量否决权，对不合格分项、分部和单位工程必须返工。

1）工程样板制度。为保证工程质量目标“一次成优”的实现，针对工程施工单位多，施工难度大，施工材料复杂，工序有交叉作业等特点，在关键分项工程中推行样板制。经监理、设计、总包验收确认后再全面推行。在施工过程中验收的质量标准只能高于样板而不能低于样板。

2）工程质量奖罚制度。由项目部以各施工班组现场施工质量及质量管理状况为依据，根据相关规定负责考核，并建立质量专业台账。

3）质量分析会制度。由项目部的项目经理或总工程师主持召开，各施工班组参加，每半月一次。

（6）质量分析会内容

1）对工程实施质量预控，做到心中有标准，施工有标准。

2）对工程质量趋势进行分析。

3）分析已出现的质量问题（不合格物资、不合格过程）和可能造成质量问题的潜在因素。

4）针对质量趋势、质量问题，制定出相应的预防、纠正措施。

5）对质量有广泛影响的质量问题及其产生原因、预防、纠正措施等，以通报、纪要形式及时发布。

5. 安装现场质量控制方案

（1）安装质量控制主要环节　安装工程重点控制以下几个方面：

1）安装前对构件的质量检查。

2）现场安装质量控制。

3）高强度螺栓产品的质量检查和安装质量的控制。

4）测量本身的质量控制。

5）成品保护。

（2）安装质量控制体系　项目经理部根据质量保证手册和程序文件的要求编制质量保证程序文件和质量计划，并由技术主管组织质量体系运行。建立由项目经理领导、现场经理中间控制、专业技术人员和质量人员的施工过程控制检查的三级管理系统，从项目经理到生产班组逐一落实责任。

（3）质量检查控制程序　班组自检→安装专职质检员→项目质检人员→现场监理。

（4）施工准备阶段质量控制

1）进入现场的施工人员必须经过专业培训，技术工人必须持证上岗。

2）对总包提供的材料和设备必须进行检验，检验合格后方可在工程中使用。

3）构件加工运至现场后，要对构件进行外观和尺寸检查。重点检查构件的型号、编号、长度、螺栓孔数和孔径、承剪板方向。

（5）现场安装的质量控制

1）严格按照安装施工方案和技术交底实施。

2）严格按图纸核对构件编号、方向，确保准确无误。

3）安装过程中严格工序管理，做到检查上工序、保证本工序、服务下工序。

4）钢结构安装质量控制重点：构件的垂直度偏差、标高偏差、位置偏差。要用测量仪器跟踪安装施工全过程。所有检测器具必须使用经检查合格的计量器具。

（6）半成品、材料保护

1）材料需放在室温在正温以上的干燥仓库中，下铺垫木方和木板，设专人保管，严禁受潮后使用。

2）高强度螺栓需放在干燥、洁净的仓库中，分类分规格堆码，设专人保管，严禁螺栓丝口损坏后使用。

3）氧气、乙炔等气体的存储，必须远离火源，放在干燥洁净、温度适中的仓库中，由专人看管。

（7）不合格品处理

1）对于材料出现的不合格品由供货方负责处理。

2）施工中造成的不合格品，由钢结构技术责任人提出技术处理方案，报经理部批准后实施处理。

（8）质量验收　依据《钢结构工程施工质量验收规范》（GB 50205—2001）进行工程质量验收，且必须具备下列各项技术文件：

1）钢柱垂直度测量成果表。

2）钢柱、钢梁标高 / 挠曲测量成果表。

3）高强度螺栓扭矩扳手检测记录。

4）高强度螺栓安装质量检查表。

5）支撑安装检查记录表。

6）焊接检测报告。

7）焊工资格审查报告。

8）油漆防腐检查表。

9）施工后的自检报告。

（9）安装质量控制　根据本工程的结构类别、质量目标要求，建立在实际施工操作过程中的质量检测方法、制度。以施工技术、质量验收规程、规范为依据，从对投入原材料的质量检测开始，到施工中间每一分部分项的质量检测直至施工完成，进行现场全过程的质量检测。

7.4.2　钢结构施工质量控制的步骤和方法

1. 现场质量检测的内容

1）在开工前的检查工程是否具备开工条件、开工后能否保证工程质量。

2）在工序交接时对本工程重要的工序进行检测，在自检、互检的基础上，组织专职质量员进行工序交接检查。

3）隐蔽工程均需检查认证后方能掩盖，如本工程混凝土浇捣前栓钉焊接工程、各类预埋件等项目的质量检测。

4）停工后复工前的质量检测，因某种原因停工后复工时，必须经过检查认可后方能复工。

5）施工过程中对于每一分项、分部工程的施工过程质量控制。

6）检查成品有无保护措施，或对其保护措施是否可靠。

2. 现场质量检测的具体方法

1）目测法：根据质量标准进行外观目测或触摸、敲击。可采取看、摸、敲、照四种手段。检查涂装工程外表是否洁净、是否有漏刷、是否有流挂；楼承板工程的堵头是否密闭、栓钉是否排列整齐、敲击栓钉是否牢固。

2）实测法：通过实测数据与施工质量标准所规定的允许偏差对照的方法进行检测。采用直尺、塞尺检查梁面、柱面的接缝平整度；采用线锤吊线检查垂直度；用测量工具和计量仪表等检查断面尺寸、轴线、标高等的偏差；以角尺套方，辅以塞尺检查，如构件的方正、垂直度等项目的检测；用探伤仪进行焊缝的检测。

3）试验检测：通过试验的手段，对质量进行判断的检测方法。如对摩擦面进行拉力试验，以检测摩擦面处理质量，对进场的高强螺栓进行轴力测试，检验其是否质量合格，对现场焊接试件进行探伤及物理试验，以检查现场各项焊接要素对焊接质量的影响。

3. 现场计量器具管理措施

1）由专职计量员负责施工所用计量器材的周期鉴定、抽检工作。

2）现场计量器具必须确定专人保管、专人使用，并建立使用台账，他人不得随意动用。

3）所有计量器具（包括经纬仪、水准仪、钢卷尺、拉力秤、温度仪等）要定期进行校对、鉴定，损坏的计量器具必须及时申报修理调换。

4）测量工程质量保证技术措施。

① 测量定位所用的全站仪、水准仪等测量仪器及工艺控制质量检测设备必须经过鉴定合格，要使用周期内的计量器具按二级计量标准进行检测控制。

② 测量基准点要严格保护，避免撞击毁坏。施工期间，要定期复核基准点是否发生位移。所有测量观察点的埋设必须可靠牢固，以免影响测量结果精度。

③ 总标高控制点的引测，必须采用闭合测量方法，确保引测精度。

④ 轴线控制点及总标高控制点，必须经监理书面认可方可使用。

⑤ 所有测量结果，需及时汇总，并向有关部门提供。

7.4.3 施工测量质量控制的措施

1）合理布置施工控制网：方格网的主轴线应与总平面上所设计的主要建筑物的基本轴线相平行，方格网的转折角应严格成90°，方格网边长的相对精度视工程要求而定，一般为$\frac{1}{10000}\sim\frac{1}{20000}$。控制点用桩的位置应选在不受施工影响并能长期保存处。

2）沉降观测控制：多层建筑沉降观测点的布置，以能全面反映建筑物地基变形特征并结合地质情况及建筑物的特点确定。点位选设在建筑物四大角、大转角及沿外墙每10～15m处或每隔2～3根柱基上、高低层建筑物交接处的两侧、建筑物的沉降缝两侧，在建筑中部设内墙点。建筑物上设置的沉降观测点纵横向要对称，且相邻点之间间距以15～30m为宜，均匀地分布在建筑物的周围。

3）测量精度质量控制：在施工过程中，为了使竣工测量图与拨地测量图能进行同精度比较，对于竣工测量的平面控制精度非常高，一般要求不低于拨地测量的控制精度。其中，建筑物定位轴线、基础上柱定位轴线和柱底标高允许偏差见表 7-6。

表 7-6 建筑物定位轴线、基础上柱定位轴线和柱底标高允许偏差

项目	允许偏差 /mm	图例
建筑物定位轴线	L/20000，且不应大于 3.0	
基础上柱的定位轴线	1.0	
基础上柱底标高	±2.0	

4）施工后的质量控制：当主体结构施工完成后，对外墙大角轴线、墙面垂直度、平整度、建筑物全高、建筑沉降等进行实测复核，以此作为单位工程验收的依据。

7.4.4 土方开挖质量保证措施

1）施工要配备专职质量员进行质量控制。及时复撒灰线，将基坑开挖下口线测放到基坑底。及时控制开挖标高，做到 5m 扇形挖土工作面内，标高白灰点不少于 2 个。

2）做好地表和坑内排水，坑内周边设排水沟和积水井，配备相应的抽水机或潜水泵，确保坑内的雨水能及时排走。坑内的积水经沉砂井把泥沙沉淀后才能排入市政管网。

3）土方开挖从上往下分层分段依次进行，并在接近设计坑底标高或边坡边界时预留 200 ~ 300mm 厚的土层。

4）重新开挖边坡坑底时，经测量人员或质检人员检查合格后才能继续开挖。施工人员换班时，要交接挖深、边坡、操作方法，以确保开挖质量。

5）开挖边坡时，采用沟端开行，挖土机的开行中心线要对准边坡下口线，并采用先修坡后挖土的操作方法。严禁切割坡脚，以防导致边坡失稳。

6）在坑沟边使用机械挖土前计算支撑强度，危险地段加强支撑。机械挖土过程中，配备足够的人工。随时清理修坡，并将土送至挖土机开挖半径内。

7）土方开挖工程质量验收标准：标高控制在 50mm 以内，基坑槽的长度偏差不大于 200mm，宽度偏差不小于 50mm，表面平整度偏差不大于 20mm，基底土质符合设计要求。

8）阴雨天气，在各流程段分界的边坡上加盖彩条布，以防止边坡上的土体流失，导致土方滑坡。

7.4.5 护坡桩施工质量保证措施

（1）土钉墙顶部水平位移监测

1）设置监测点沿基坑周边每隔 15 ~ 20m 布设一个监测点。

2）设置基准点：在基坑顶部选择通视良好且不易扰动的基准点。

3）设置观测点：观测点用黑油漆画三角形，在黑三角附近打入水泥钉，并用油漆做好标记。

4）观测：将轴线用经纬仪投射到位移点旁边，量取位移点离轴线的偏距，通过两次偏距的比较来计算水平位移量。利用场外的半永久性基准点对观测基准点进行校核，并测得角部观测基准点的侧向水平位移后，可以测得各观测点的水平位移。

（2）护坡桩顶部水平位移监测　检测方法同土钉墙顶部水平位移监测。

（3）周围重要建筑物及地下管线变形监测

1）建立控制网：依据城市导线点，建立高精度水准测量控制网，并用高精度的水准仪进行监测。

2）设置观测点：基坑周边坡顶的沉降观测点与水平位移观测点合二为一。

3）设置沉降观测点：周边建筑物的沉降观测点利用其原有的永久沉降观测点。

4）观测：基坑开挖前观测 2 次，得到各监测点初始值。基坑施工过程中每 15 天观测一次，基坑挖到基底标高后每月测一次。建筑物的倾斜可根据沉降观测数据进行推算。

（4）建筑物裂缝监测　当建筑物多处发生裂缝时，先对裂缝进行编号，然后分别监测裂缝的位置、走向、长度及宽度等。对于混凝土建筑物上裂缝的位置、走向及长度的监测，是在裂缝的两端用油漆画线做标记，或在混凝土表面绘制方格坐标，用钢尺量测。

（5）钢筋笼质量检验标准　见表 7-7。

表 7-7　钢筋笼质量检验标准

序号	检查项目	允许偏差或允许值 /mm	检查方法
1	主筋间距	±10	用钢尺量
2	长度	±100	用钢尺量
3	钢筋材质检验	设计要求	抽样送检
4	箍筋、螺旋筋间距	±20	用钢尺量
5	直径	±10	用钢尺量

（6）支护桩质量检验标准　见表 7-8。

表 7-8　支护桩质量检验标准

序号	检查项目	允许偏差		检查方法
		单位	数值	
1	桩位	mm	① D/6，且不大于 100 ② D/4，且不大于 150	用钢尺量，D 为桩径
2	孔深	mm	+300	测钻杆长度
3	桩体质量检验	按基桩检测技术规范		按基桩检测技术规范
4	混凝土强度	设计要求		试件报告或钻芯取样送检
5	承载力	按基桩检测技术规范		按基桩检测技术规范
6	垂直度	%	≤ 1.0	测钻杆，或用超声波探测
7	桩径	mm	−20	井径仪或超声波检测
8	钢筋笼安装深度	mm	±100	用钢尺量
9	混凝土充盈系数	>1		检查每根桩的实际灌注量
10	桩顶标高	mm	+30 −50	水准仪，需扣除桩顶浮浆层及劣质桩体

7.4.6 喷锚施工质量要求

1）锚杆必须与面层有效连接，设置加强钢筋等构造措施，加强钢筋与锚杆刚性连接。

2）锚杆注浆材料为纯水泥浆，水灰比为 0.45 ~ 0.5，水泥为 32.5MPa 的普通硅酸盐水泥。灌浆压力 0.4 ~ 0.6MPa。按设计选准材径、长度下料，误差允许值为 ±20mm。

3）锚杆安装：检验材径，长度和稳中架要符合要求，对号入座。

4）上层锚杆注浆体及喷射混凝土面层达到设计强度的 70% 后方可开挖下层土方及下层锚杆施工。

5）基坑开挖和锚杆施工按设计要求自上而下分段分层进行。在机械开挖后，辅以人工修整坡面，坡面平整度的允许偏差为 ±20mm。在坡面喷射混凝土支护前，需清除坡面虚土。

6）锚杆成孔施工需符合下列规定：

① 孔深允许偏差 ±20mm。

② 孔径允许偏差 ±20mm。

③ 孔距允许偏差 ±20mm。

④ 成孔倾角偏差 ±20mm。

7）喷射混凝土作业需符合下列规定：

① 喷射混凝土作业分段进行，同一分段内喷射顺序自上而下，一次喷射厚度不小于 50mm。

② 喷射混凝土时，喷头与受喷面保持垂直，距离为 0.6 ~ 1.0m。

③ 喷射混凝土终凝 2h 后，喷水养护，养护时间为 3 ~ 7h。

8）喷射混凝土面层中的钢筋网铺设需符合下列规定：

① 钢筋网钢筋保护层厚度不小于 20mm。

② 钢筋网与土钉连接牢固。

③ 钢筋网网格允许误差 ±20mm，经、纬筋搭接点用扎丝扎牢，不得少于 3 道，搭接长度不小于 200mm。

9）锚杆注浆材料需符合下列规定：水泥浆、水泥砂浆拌和均匀，随拌随用，一次拌和的水泥浆、水泥砂浆在初凝前用完。

10）注浆作业需符合以下规定：

① 注浆前将孔内残留或松动的杂土清除干净；注浆开始或中途停止超过 30min 时，用水或稀水泥浆润滑注浆泵及其管路。

② 注浆时，注浆管插至距孔底 250 ~ 500mm 处，孔口部位宜设置止浆塞及排气管。

③ 锚杆钢筋设定位支架。

7.4.7 高强螺栓工程质量保证措施

1. 高强螺栓质量检验

1）按《钢结构工程施工质量验收规范》（GB 50205—2001）中高强螺栓复试要求取样复试，合格后方可使用。

2）高强螺栓紧固轴力见表 7-9。当同批螺栓中还有长度较长的螺栓时，可以用较长螺栓的轴力试验结果来旁证该批螺栓轴力值，根据设计要求，不小于设计要求的紧固轴力。

表 7-9 高强螺栓紧固轴力

螺栓规格		M16	M20	M22	M24
每批紧固轴力的平均值 /kN	标准	109	170	211	245
	max	120	186	231	270
	min	99	154	191	222
紧固轴力标准偏差 $\delta \leqslant$		1.01	1.57	1.95	2.27
允许不进行紧固轴力试验螺栓长度限制值		≤ 60	≤ 60	≤ 65	≤ 70

3）扭剪型高强度螺栓的拧紧分为初拧和终拧。初拧采用扳手进行，按不相同的规格调整初拧值，一般可以控制在终拧值的 50% ~ 80%。施工终拧采用定值电动扭矩扳手，尾部梅花头拧掉即达到终拧值。初拧、终拧扭矩值见表 7-10。

表 7-10 初拧、终拧扭矩值

螺栓直径 *d*/mm	16	20	（22）	24
初拧扭矩 /（N · m）	160	310	420	550
终拧扭矩 /（N · m）	230	440	600	780

4）扭剪型高强度螺栓连接副终拧后，除因构造原因无法使用专用扳手终拧掉梅花头者外，未在终拧中拧掉梅花头的螺栓数不应大于该节点螺栓数的 5%。对所有梅花头未拧掉的扭剪型高强度螺栓连接副应采用扭矩法或转角法进行终拧并作标记。

5）高强度螺栓连接副终拧后，螺栓丝扣外露应为 2 ~ 3 扣，其中允许有 10% 的螺栓丝扣外露 1 扣或 4 扣。

6）高强度螺栓连接摩擦面应保持干燥、整洁，不应有飞边、毛刺、焊接飞溅物、焊疤、氧化铁皮、污垢等，除设计要求外，摩擦面不应涂漆。

2. 高强螺栓施工技术要求

1）高强螺栓由专职保管员管理，储存在专用仓库内，并按规格、批号分别码放，填写标牌，以免混淆。

2）高强度螺栓施工受气温影响很大，超过常温（0 ~ 30℃）时施工，高强度螺栓必须经过专项试验，依据试验制定特殊工艺方可使用。

3）扭矩扳手预设值必须进行试验测定，严防超拧。采用音响控制扳手操作，并严格做好初柠标记，严防漏拧。

4）施工前摩擦面必须清理干净，保证高强螺栓工作时的摩擦系数。高强度螺栓连接摩擦面如在运输中变形或表面擦伤，安装前必须在矫正变形的同时，重新处理摩擦面。

5）高强度螺栓的连接孔由于制作和安装造成的偏差，采用电动铰刀修整，严禁气割或锥杆锤击扩孔。

6）高强螺栓节点交叉处螺栓无法使用电动扳手施拧的，可采用定扭矩扳手施拧。降雨后或空气比较潮湿时，不得进行施拧，待节点部位干燥后方可进行施拧。

7）高强螺栓安装时严禁强行穿入，个别不能自由穿入的孔，可采用电动绞刀扩孔，严禁气割或锥杆锤击扩孔。

8）铰孔前先将其四周的螺栓全拧紧，使板叠密贴紧后进行，防止铁屑落入叠缝中。扩孔后的孔径不超过 1.2*d*，扩孔数量不超过同节点孔总数的 1/5。

7.4.8 结构构件安装允许误差

1. 钢结构安装质量控制方法

（1）钢柱垂直度控制　一般分四步进行：初校后初拧；终拧前复校；焊接过程中跟踪监测；焊接后的最终结果测量。初拧前先用长水平尺粗略控制垂直度，待形成框架后进行精确校正。焊接后进行复测，并与终拧时的测量成果相比较，以此作为上节钢柱校正依据。

（2）柱顶标高变化的控制　通过控制柱底标高来控制柱顶及各层梁标高。每节柱结构焊接后再次复测柱顶标高，计算出误差值为下节柱安装提供修正数值。焊接时的收缩和压缩变形数根据每节柱焊接后均进行精确测量加以分析，同时精确测量钢柱的旋转变位累积数值及方向，并将数据及时通知工厂作为下节柱的加工控制依据。

（3）钢柱安装的轴线控制　以一节柱为单元进行调整，在每节柱安装前将原始控制点投射到安装楼面，并放线（样）确定各柱的预制柱中心线作为各柱校正的基准。在每节柱安装前复核前一节柱安装轴位偏差结果，并在再一节柱安装时及时进行调整，调整的基准线以控制点为准。

（4）柱旋转的控制　接柱前复核柱上连接板中心与中心线的吻合情况，在接柱时根据连接板中心与柱中心线的误差情况对上下柱中心线的吻合进行控制。

（5）超长体系焊接变形的预控

1）平面外框变化的控制：主楼外侧柱以焊前向外倾 2mm 控制。

2）高度变化的控制：每节柱的焊接后柱顶标高应及时传递给工厂，对大的误差值进行下节柱的特制处理。

2. 钢结构安装允许偏差

1）柱子安装的允许偏差应符合表 7-11 的规定。检测要求：标准柱全部检查；非标准柱抽查 10%，且不应少于 3 根。用全站仪或激光经纬仪和钢尺实测。

表 7-11　柱子安装的允许偏差

项目	允许偏差 /mm	图例
底层柱柱底轴线对定位轴线的偏移	3.0	Δ Δ
柱子定位轴线	1.0	Δ Δ
单节柱的垂直度	h/1000，且不应大于 10.0	Δ

2）多层及高层钢结构主体结构的整体垂直度和整体平面弯曲矢高的允许偏差符合表 7-12 的规定。检测要求：对主要立面全部检查。对每个所检查的立面，除两列角柱

外，尚应至少选取一列中间柱。对于整体垂直度，可采用激光经纬仪、全站仪测量，也可根据各节柱的垂直度允许偏差累计计算；对于整体平面弯曲，可按产生的允许偏差累计计算。

表 7-12　整体垂直度和整体平面弯曲矢高的允许偏差

项目	允许偏差 /mm	图例
主体结构的整体垂直度	（H/2500+10.0），且不应大于 50.0	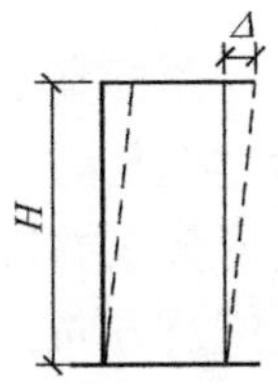
主体结构的整体平面弯曲	L/1500，且不应大于 25.0	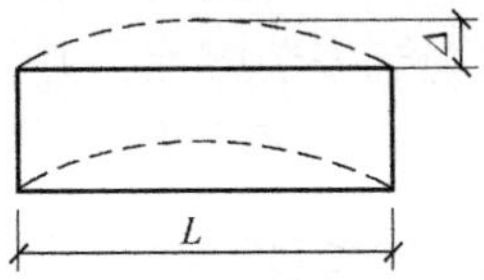

3）钢构件安装的允许偏差应符合表 7-13 的规定。检测要求：按同类构件或节点数抽查 10%。其中柱和梁各不应少于 3 件，主梁与次梁连接节点不应少于 3 个。支承压型金属板的钢梁长度不应少于 5mm。

表 7-13　多层及多层钢结构中构件安装的允许偏差

项目	允许偏差 /mm	图例	检验方法
上、下柱连接处的错口 Δ	3.0	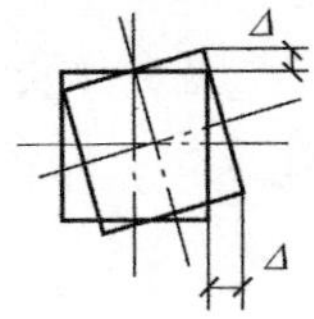	用钢尺检查
同一层柱的各柱顶高度差 Δ	5.0	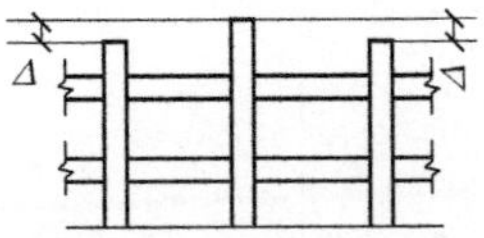	用水准仪检查
同一根梁两端顶面的高差 Δ	l/1000，且不应大于 10.0	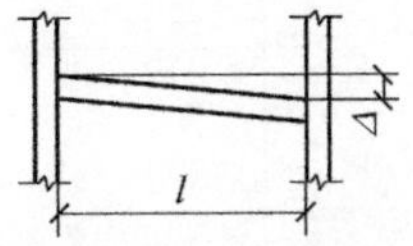	用水准仪检查
主梁与次梁表面的高差 Δ	±2.0	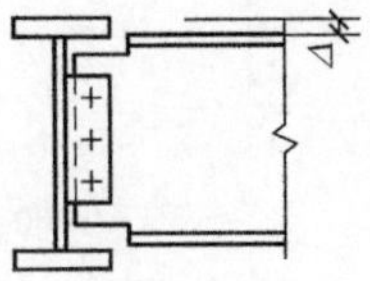	用直尺和钢尺检查
楼承板在钢梁上相邻列的错位 Δ	15.0	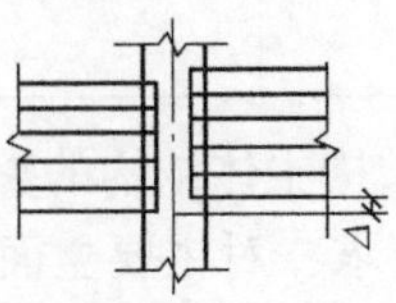	用直尺和钢尺检查

4）主体结构总高度的允许偏差应符合表7-14的规定。检测要求：按标准柱列数抽查10%，且不应少于4例。采用全站仪、水准仪和钢尺实测。

表7-14 主体结构总高度的允许偏差

<table>
<tr><th>项目</th><th>允许偏差 /mm</th><th>图例</th></tr>
<tr><td>用相对标高控制安装</td><td>$\pm\Sigma(\Delta h+\Delta z+\Delta w)$</td><td rowspan="2">$H$</td></tr>
<tr><td>用设计标高控制安装</td><td>H/1000，且不应大于30.0
$-H$/1000，且不应小于−30.0</td></tr>
</table>

注：1. Δh 为每节柱子长度的制造允许偏差。
2. Δz 为每节柱子长度受荷载后的压缩值。
3. Δw 为每节柱子接头焊缝的收缩值。

5）钢梁及受压杆件的垂直度和侧向弯曲矢高的允许偏差见表7-15。检验方法：用吊线、拉线、经纬仪和钢尺现场实测。

表7-15 钢梁的垂直度和侧向弯曲矢高的允许偏差

<table>
<tr><th>项目</th><th colspan="2">允许偏差 /mm</th></tr>
<tr><td>跨中的垂直度</td><td colspan="2">h/250，且不应大于15.0</td></tr>
<tr><td rowspan="2">侧向弯曲矢高</td><td>$L \leqslant 30$m</td><td>L/1000，且不应大于10.0</td></tr>
<tr><td>30m $< L \leqslant 60$m</td><td>L/1000，且不应大于30.0</td></tr>
</table>

3. 钢结构安装技术要求

1）构件必须符合设计要求和施工规范的规定，检查构件出厂合格证及附件。由于运输、堆放和吊装造成的构件变形必须矫正。

2）结构表面干净，无焊疤、油污和泥砂。中心线和标高基准点完备清晰。

3）螺栓孔眼不对时不得任意扩孔，安装时发现上述问题，需报告技术负责人，经与设计单位洽商后，按要求进行处理。

7.4.9 焊接工程质量控制措施

1. 焊接技术要求

1）为控制局部及整体焊接变形，各焊缝预留收缩量。钢柱沿其高度及其轴向长度，根据其每道安装接缝的收缩余量2～3mm及其总和，在地面组拼时加放焊接收缩余量。

2）地面组装时分段矫正，控制好拼装块以及柱的焊接变形；设置部分后装段，在地面组装时留余量，待实测拼接口坐标后切除修正。

3）采用合理的焊接顺序，以分散和控制变形与应力按吊装顺序进行，支撑结构的焊接先于梁，根据分段安装顺序采取逐段由下往上，先焊横向杆件予以定位，后焊竖向杆件的顺序，并遵循三柱间两小区同时对称施焊的原则。

4）经检查发现的焊缝不合格部位，必须进行返修，并按同样的焊接工艺进行补焊，再用同样的方法进行质量检查。

5）当焊缝有裂纹、未焊透和超标准的夹渣、气孔时，必须将缺陷清除后重焊。清除可用碳弧气刨或气割进行。

6）低合金结构钢焊缝返修，在同一处返修次数不得超过 2 次。对经过 2 次返修仍不合格的焊缝要更换母材，或由责任工程师会同设计和专业质量检验部门协商处理。

2. 焊接质量检查

1）焊前：焊接前要检验构件标记并确认该构件、检验焊接材料、清洁现场、预热。预热如图 7-38 所示。

图 7-38　焊接前预热

2）焊接过程中：预热和保持层间温度、检验填充材料、打底焊缝外观、清理焊道、按认可的焊接工艺焊接。

3）焊后：清除焊渣和飞溅物，检查焊缝外观、咬边、焊瘤、裂纹和弧坑。

① 外观检查：焊缝质量的外观检查，在焊缝冷却后进行。梁柱构件以及厚板焊接件，在完成焊接工作 24h 后，对焊缝及热影响区是否存在裂缝进行复查。所有焊缝均进行外观检查，焊缝表面均匀、平滑，无折皱、间断和未满焊，并与基本金属平缓连接。焊缝外观缺陷允许偏差见表 7-16。

表 7-16　焊缝外观缺陷允许偏差

<table>
<tr><th>焊缝质量检查</th><th colspan="3">允许偏差 /mm</th></tr>
<tr><td>等级项目</td><td>一级</td><td>二级</td><td>三级</td></tr>
<tr><td>表面气孔</td><td>不允许</td><td>不允许</td><td>每米焊缝长度内允许直径≤ 0.4t，且≤ 3.0 的气孔 2 个，孔距≥ 6 倍孔径</td></tr>
<tr><td>表面夹渣</td><td>不允许</td><td>不允许</td><td>深≤ 0.2t 长≤ 0.5t，且≤ 20.0</td></tr>
<tr><td>咬边</td><td>不允许</td><td>≤ 0.05t，且≤ 0.5t；连续长度≤ 100.0，且焊缝两侧咬边总长≤ 10% 焊缝全长</td><td>≤ 0.1t 且≤ 1.0，长度不限</td></tr>
<tr><td rowspan="2">接头不良</td><td rowspan="2">不允许</td><td>缺口深度 0.05t，且≤ 0.5</td><td>缺口深度 0.1t，且≤ 1.0</td></tr>
<tr><td colspan="2">每 1000mm 焊缝不超过 1 处</td></tr>
<tr><td rowspan="2">根部收缩</td><td rowspan="2">不允许</td><td>≤ 0.2+0.02t 且≤ 1.0</td><td>≤ 0.2+0.04t 且≤ 2.0</td></tr>
<tr><td colspan="2">长度不限</td></tr>
<tr><td rowspan="2">未焊满</td><td rowspan="2">不允许</td><td>≤ 0.2+0.02t 且≤ 1.0</td><td>≤ 0.2+0.04t 且≤ 2.0</td></tr>
<tr><td colspan="2">每 1000mm 焊缝内缺陷总长≤ 25.0</td></tr>
<tr><td>焊缝边缘不直度 f</td><td colspan="2">在任意 300mm 焊缝长度内≤ 2.0</td><td>在任意 300mm 焊缝长度内≤ 3.0</td></tr>
<tr><td>电弧擦伤</td><td colspan="2">不允许</td><td>允许存在个别电弧擦伤</td></tr>
<tr><td>弧坑裂纹</td><td colspan="2">不允许</td><td>允许存在个别长度≤ 5.0 的弧坑裂纹</td></tr>
<tr><td>坡口角度</td><td colspan="3">±5°</td></tr>
</table>

② 超声波检验：对全熔透的焊缝，进行超声波探伤检查。超声波探伤检查在焊缝外观检查合格后进行。全熔透焊缝的超声波探伤检查数量，一级焊缝应 100% 检查；二级焊缝可抽查 20%，当发现有超过标准的缺陷时，应全部进行超声波检查。全熔透焊缝焊脚尺寸允许偏差值见表 7-17。角焊缝及部分熔透的角接与对接组合焊缝偏差值见

表 7-18。所有超声波检验都应填写焊缝超声波检验记录表。

表 7-17 全熔透焊缝焊脚尺寸允许偏差

项 目	允许偏差 /mm		图 例
腹板翼板对接焊缝余高 C	$B<20.0$：$0\sim3.0$ $B\geqslant20.0$：$0\sim4.0$	$B<20.0$：$0\sim4.0$ $B\geqslant20.0$：$0\sim5.0$	
腹板翼板对接焊缝错边 d	$d<0.15t$ 且 $\leqslant2.0$	$d<0.15t$ 且 $\leqslant3.0$	
一般全熔透的角接与对接组合焊缝	$h_f\geqslant(t/4)+4$ 且 $\leqslant10.0$		
需经疲劳验算的全熔透角接与对接组合焊缝	$h_f\geqslant(t/2)+4$ 且 $\leqslant10.0$		
T 形接头焊缝余高	$t\leqslant40$mm $a=t/4$mm	+5 0	
	$t>40$mm $a=10$mm	+5 0	

注：焊脚尺寸 h_f 由设计图纸或工艺文件所规定。

表 7-18 角焊缝及部分熔透的角接与对接组合焊缝偏差

项目	允许偏差 /mm	图例
焊脚高度 h_f 偏差	$h_f\leqslant6$ 时 $0\sim1.5$	
	$h_f>6$ 时 $0\sim3.0$	
角焊缝余高（C）	$h_f\leqslant6$ 时，为 $0\sim1.5$	
	$h_f>6$ 时，为 $0\sim3.0$	

注：1. 焊脚尺寸 h_f 由设计图纸或工艺文件所规定。

2. $h_f>8.0$mm 的角焊缝其局部焊脚尺寸允许低于设计要求值 1.0mm，但总长度不得超过焊缝长度的 10%。

3. 焊接 H 型梁腹板与翼板的焊缝两端在其两倍翼板宽度范围内，焊缝的焊脚尺寸不得低于设计值。

3. 对不合格构件，焊缝返工的处理措施

1）对不合格品的处置：

① 返工：对不合格品采取措施，在返工后给以重新检验，确保返工后产品符合规定的要求。

② 返修：对不合格品采取返修措施，确保返修后使其符合预期使用要求，返修后应重新检验。

③ 降级：虽不满足要求，但仍可以满足其使用要求的不合格品给以降级使用，降

级产品须经有关授权人批准，适用时经顾客批准，同时要向顾客提供产品实际情况。

④ 报废：对报废的不合格品经以明显的标识或隔离，防止误用。

⑤ 出现质量问题，应对事故原因进行分析，定出处理方案，一般质量问题处理由项目总工认可，其他质量事故处理方案应报设计单位批准。

2）常见焊接质量问题的预防措施见表 7-19。

表 7-19　常见焊接质量问题的预防措施

常见焊接质量问题	焊缝咬边	未熔合	裂纹
产生的主要原因	焊接时电流过大，焊接中焊条角度不当，焊接操作速度不当	焊接电流过小，焊接速度过快，坡口形状不当，坡口未清理干净，焊接区域热量不够	焊条含氢量过多，在大刚度的焊接部位焊接，收弧过快，产生弧坑
处理对策	咬边深度超过允许偏差的进行补焊	用碳弧气刨、打磨等方式将缺陷清除后进行补焊	将裂纹处及两端各延长 50mm 处同时铲除，重焊

7.4.10　油漆补刷质量要求

1）除锈作业完成后应在当天 4 小时内进行涂刷底漆作业，因故未能在当天油漆的隔天应重新除锈后再进行油漆作业。

2）第一道底漆与第二道底漆间隔不能低于 4 小时，不能超过 8 小时。涂刷下道漆时，须等上道漆干燥后才能施工，当天不得同时涂刷两道漆。

3）油漆道数和漆膜厚度，依据施工规定作业，且各道漆应有颜色区分。

4）涂刷好的构件要进行标识以防止误用。严禁漏涂和锈蚀，且颜色符合设计要求。对构件的标识，在进行成品终检时，必须进行 100% 检查，确保各项标记都已正确标注。

5）涂刷的油漆需均匀，色泽一致，外观无垂流、渗色、粉化、回粘、龟裂、针孔、气泡、剥离、附着物等不良现象。

6）金属表面涂刷的油漆需刷纹通顺，无明显皱纹、流挂，附着力良好。

7）损坏的涂层按涂装工艺分层补漆，涂层应完整，附着良好。

7.5　钢结构施工安全管理

为保障钢结构施工过程中的安全，应全面贯彻落实安全第一、预防为主、综合治理的方针，确保施工过程中人员的生命安全和身体健康，杜绝一切伤亡事故的发生，控制小碰小擦的发生频率，建立安全管理制度。建立健全项目经理部、经理部各业务部门、项目队和项目队作业班组的各级安全责任制，分级负责，形成“目标明确、各负其责、共同监督控制、有点有面、不留死角”的安全控制网络。

7.5.1　钢结构施工安全管理的内容

1. 安全生产责任制

1）项目经理是项目安全生产的第一责任人，对整个工程项目的安全生产负责。

2）项目总工程师负责主持整个项目的安全技术措施、大型机械设备的安装及拆卸、脚手架的搭设及拆除、季节性安全施工措施的编制、审核工作。

3）项目副经理具体负责安全生产的计划和组织落实。

4）专职安全员负责对分管的施工现场，对所属各专业分包队伍的安全生产负监督检查、督促整改的责任。

5）项目各专业工长是其工作区域安全生产的直接责任人，对其工作区域的安全生产负直接责任。

2. 安全管理制度

1）安全教育制度：所有进场施工人员必须经公司、项目、岗位三级教育进行安全培训，考核合格后方可上岗。

2）安全学习制度：项目经理部针对现场安全管理特点，分阶段组织管理人员进行安全学习。各分包队伍在专职安全员的组织下进行每周一次的安全学习，施工班组针对当天工作内容进行班前教育，通过安全学习提高全员的安全意识，树立“安全第一，预防为主”的思想。

3）安全技术交底制：根据安全措施要求和现场实际情况，项目经理部必须分阶段对管理人员进行安全书面交底，各施工工段及专职安全员必须定期对各班组进行安全书面交底。

4）安全知识宣传制：以广大施工人员为对象，加强安全生产法律法规和安全生产知识的普及教育。通过集体观看“关爱生命，安全发展”主题宣传影视资料、组织安全知识学习等多种形式，提高全体职工的安全生产知识普及教育。

5）安全检查制：项目经理部每周由项目经理组织一次安全大检查；各专业工长和专职安全员每天对所管辖区域的安全防护进行检查，督促各施工班组对安全防护进行完善，消除安全隐患。对检查出的安全隐患落实责任人，定期进行整改，并组织复查。

3. 安全管理工作

安全管理工作遵循“预防为主，防治结合，综合治理”的方针来开展工作。

1）安全巡视：项目安全组织机构内各责任人，在项目安全主管的领导下开展日常安全巡视工作。各责任人对各自区域内可能产生安全隐患的工作点要严加检查，对施工人员做好安全提示，对出现的安全违犯行为随时查处、上报。

2）安全报告：安全管理机构内各责任人，按规定填写每天的安全报告。对当天的安全隐患巡视结果提出统计报表，对当天的生产活动提出分析因素，提出防范措施。在现场无重大安全事故的前提下，安全报告经项目经理审批后报公司和上级安全科。如果现场发生重大安全事故报告，按国家规定的申报程序向上级主管部门申报。

3）安全分析会：每月召开安全分析会，对当月的安全工作进行分析，对安全隐患提出整改完工时间，对以后的安全工作提出预防措施，对安全事故进行分析，对事故责任单位和个人提出处罚意见，对其他承包商的安全工作提出配合要求，对下月的安全工作提出新的指导意见。

7.5.2 钢结构施工安全管理的步骤和方法

1. 钢结构加工的安全措施

（1）钢构件加工

1）机械、砂轮、电动工具、电、气焊等设备均设置安全防护装置。

2）切割、气刨前，清除现场的易燃、易爆物品。离开操作现场前，切断电源，锁好配电箱，并检查周围无余火后方准离开。

3）在加工钢部件时，设有专人收集部件加工过程中产生的各种铁屑，送到指定的场所存放，做到工完场清。

4）加工场噪声较大时，对主要噪声源周围采取隔声措施，如砂轮切割机周围采用木板搭建封闭工棚，操作人员戴耳塞。

（2）钢构件组装

1）构件翻身起吊绑扎牢固，起吊点通过构件的重心位置，吊升时平稳避免振动或摆动，在构件就位并临时固定前不得解开索具。

2）保证钢构件组装场地用电安全，起重机在电线下进行作业时保持规定的安全距离。

3）在雨期或潮湿地点加工钢构件，电焊工需戴绝缘手套和穿绝缘胶鞋。

4）使用机械除锈、喷涂工具必须戴上防护眼镜及防尘、防毒口罩。

5）机械噪声必须限制在95dB以下。构件翻身就位时，缓慢放置在胎具上。

6）加工车间通风良好，设置换气装置，粉尘必须控制在$10mg/m^2$标准内。操作者有齐全的劳动防护用品，并按规定正确使用。

2. 土方开挖安全保障措施

1）土方开挖前需探明地下管网，防止发生意外事故。基坑施工期间设警示牌。夜间挖土时，施工场地设有足够的照明，并加设红色灯标识。

2）上下基坑要设置专用上下斜道，并采取防滑措施。禁止攀边坡上下。人工挖土、修土时，作业人员要有2m安全操作距离。

3）基坑四周不得任意堆放材料。基坑开挖后，基坑边与重物间的距离为：汽车不小于3m，起重机不小于4m，土方堆放不小于1m，材料堆放应不小于1m。

4）及时施工垫层，防止搁置时间过长基坑土体产生隆起现象，同时加快基础施工步伐，缩短施工流水步距。开挖土方时配备有足够的照明，电工日夜轮流值班。

5）基坑边设置防护栏杆。在离基坑边1m设置钢管防护栏杆，立杆打入地下600mm，间距2m，在离地0.6m和1.2m处各设置一道横向栏杆，用密目网密封。

6）机械行驶道路平整、坚实，必要时，底部铺设枕木、钢板或路基箱垫道，防止作业时下陷。挖掘机操作和汽车装土行驶要听从现场指挥，严格按规定的开行路线行驶，防止撞车。

7）挖掘机工作回转半径范围内不得站人或进行其他作业。挖掘机、装载机卸土，待整机停稳后进行，不得将铲斗从运输汽车驾驶室顶部越过。装土时任何人都不得停留在装土车上。

8）挖土时严禁先挖坡脚或逆坡挖土，操作时随时注意土壁的变动情况，如发现有裂纹或部分坍塌现象，及时做放坡或支撑处理，并注意支撑、防护的稳固和土壁的变化，确定安全后，方可进行下道工作。

9）土方外运时，在门口设立清扫站，派专人拍实车上的土，扫干净车轮上的土，确保道路上无遗洒，并设专人洒水降尘。

3. 土方开挖施工应急措施

1）土方开挖和基坑维护期间，储备槽钢、钢管、花管、草袋、土工织物装砂或土等应急物质。当基坑状况恶化时，立即用上述材料反压坡脚，必要时在坡顶削坡减载，保持坡顶稳定后再妥善处理。

2）较差土质的局部剥离坍塌的处理：迅速采用土钉挂网固定，喷射速凝混凝土。

3）边坡局部涌水的处理：迅速插入花管引流，用黄泥料封堵缩小范围，在基坑上部打入垂直花管注浆和水平花管注浆，喷射速凝混凝土封堵。

4）基坑边坡局部发生塌方的处理：

① 立即采用彩条布覆盖，预防雨水入渗，造成边坡再次塌方。

② 基坑边坡塌方段坡顶面的裂缝用水泥砂浆封闭，并设置止水墙挡水或设置排水沟排水，防止雨水进入边坡壁内。

③ 采用自上而下、逐层清除塌方体、逐层进行喷锚网作业，每层深度一般为 1.5 ~ 2.0m，严禁超深清除塌方体。

④ 对塌方后已形成自然被面的边坡，立即用喷射混凝土予以封闭，然后采用喷锚网进行系统加固。

⑤ 当塌方体不允许完全清除时，采用锚管对塌方体进行预先加固。

⑥ 对塌方后未形成自然坡面的边壁，加固作业时加强监测，并派专人在地表面观测边壁的稳定情况，发现险情，及时撤出作业人员。

⑦ 当基坑边壁出现位移不收敛但尚未塌方时，立即用勾机铲斗反压或采取其他措施使其临时稳定，然后采用喷锚网支护进行系统加固。

4. 基坑支护应急预案

1）基坑四周坡顶施工场地进行硬化处理，以保证施工机械以均布荷载的形式作用于坡面。

2）合理组织卸掉坡顶堆载，坡面组织有效支撑，防止坡面破坏扩大。

3）当坡顶部分地段的土质情况不好时（如坡顶附近有近期挖沟且回填不密实的松动土层），采用通过锚杆设置地面拉筋的办法进行固定。

4）在施工过程中，在边坡建立位移观测点。

5）当发现坡面位移较大时，现场设专人 24 小时不间断观测，发现问题及时通过有关技术人员进行处理。

5. 钢筋绑扎施工质量保证措施

1）加工好的成型钢筋，运到现场后按型号、规格铺垫木整齐堆放，防止压弯变形，周围做好排水沟，避免钢筋陷入泥土中。

2）钢筋绑扎时支撑马凳要绑扎牢固，避免操作时对钢筋踩踏，造成钢筋变形。

3）绑扎钢筋时严禁碰撞预埋件，如碰撞应按设计位置重新固定牢固。

4）绑扎墙筋时搭临时架子，并在上面铺设脚手板，搭设跳板必须符合要求，禁止蹬踩钢筋。

5）严禁随意割断钢筋，对于锈蚀较严重的钢筋用钢刷除锈。

6）在绑扎、验收板墙柱筋时必须搭设好走人马道，便于运料和行走。

7）钢筋绑扎完毕必须将脚底下剩余的钢筋、保护帽全部清走，便于以后使用。

8）模板板面刷隔离剂时严禁污染钢筋。

6. 模板施工质量保证措施

1）模板安装质量要求。

① 模板安装必须保证结构部位分形状及截面尺寸、预留洞口尺寸及位置准确性。

② 模板在安装后需保证整体稳定性，确保在施工中模板不变形、不错位、不胀模。

③ 模板的拼缝必须平整、严密、不得漏浆。

④ 模板安装允许偏差见表 7-20。

表 7-20　模板安装允许偏差

序号	项目	误差 /mm
1	轴线位置	4
2	截面位置	±2
3	层高垂直度	（≥ 5m）5
4	相邻模板面高低差	2
5	表面平整度	≤ 4

2）模板安装施工注意事项。

① 吊装时轻起轻放，不准碰撞，防止模板变形。

② 拆模时不得用大锤硬砸或撬棍硬撬，以免损伤混凝土表面和棱角。

③ 模板在使用中应加强管理，分规格堆放，及时修补。

④ 支模时注意脚手架，架板稳固，拆模时防止用力过猛。

7. 混凝土浇筑质量保证措施

1）作业前，检查电源线路无破损漏电，漏电保护装置灵活可靠，机具各部连接紧固，旋转方向正确。

2）在模板报验合格后，浇筑混凝土前一天在模板根部用水泥砂浆将根部封堵严密，在混凝土浇筑前先均匀浇筑 5 ~ 10cm 水泥砂浆，防止墙体烂根。

3）混凝土入模前施工缝混凝土需剔除表面浮浆和松动石子等，并用水冲洗充分湿润。

4）浇筑时需防止混凝土冲击洞口模板，洞口两侧应对称均匀进行浇筑振捣。

5）插入式振捣器软轴的弯曲半径不得小于 50cm，并不得多于两个弯；操作时振捣棒自然垂直地插入混凝土，不得用力硬插、斜推或使钢筋夹住棒头，也不得全部插入混凝土中。

6）振捣器保持清洁，不得有混凝土粘结在电动机外壳上妨碍散热。发现温度过高时，停歇降温后方可使用。

7）墙面气泡过多振捣时应全面排出气泡，注意“快插慢拔”，至表面不泛气泡为止，模板表面要清洁。

8）严格控制混凝土塌落度，防止混凝土离析造成墙面有蜂窝、孔洞等外观质量缺陷。

9）混凝土运输车辆进出现场设专人指挥，在指定位置卸料、停放。

8. 钢结构吊装的安全措施

1）对所有用于提升的挂钩、挂环、钢丝绳、铁扁担等进行定期检测、检查和标定、更换、验收。吊装前再次对起重机具进行检验。仔细检查钢绳、卡具是否符合规格要求，是否有损伤，所有起重指挥及操作人员必须持证上岗。

2）构件起吊时需保证水平，均匀离开平板车或地面。起重吊钩在重心的正上方，钢绳均匀受力，构件吊点牢固无滑落现象。起钩由地面人员指挥，塔机操作员需服从地面的专职指挥员口令。施工人员不得站在构件上。

3）高空作业人员需配工具袋，将小型工具、小型零配件等放在专用工具袋内，不得放在钢梁上等易失落的地方。所有手动工具（如榔头、扳手、撬棍等）需穿上绳子套在安全带或手腕上，防止失落伤及他人。统一高空、地面通信，联络一律用对讲机，严禁在高空和地面互相直接喊话。

4）钢爬梯、吊篮、钢平台等，需设计得轻巧、牢靠、实用，制作焊接牢固，检查合格，并按规定正确使用。

5）夜间吊装必须保证足够的照明，构件不得悬空过夜，特殊情况时需报主管领导批准，并采取可靠的安全防范措施。

9. 高强螺栓施工注意事项

1）在施工区域拉设警戒线，安全员进行巡视。高空作业时尽量避免与下方工作区域交叉作业。

2）现场施工人员必须正确佩戴安全帽、戴好防护手套。高强螺栓施拧人员佩戴防护眼罩、耳塞。

3）高强螺栓终拧过程中，被终拧螺栓栓头面和螺杆延伸线处严禁站人，以防螺杆拧断弹出伤人。

4）高空作业使用的扳手及螺栓梅花头等小件必须采取措施固定或放入专用工具袋，防止坠落伤人。

5）高空作业完毕后，必须清理现场螺栓、螺母及其他小件，避免大风刮落伤人。

10. 焊接施工注意事项

1）焊接设备外壳必须有效地接地或接零。

2）焊机前应设漏电保护开关，即一机一闸一漏电开关。

3）焊接电缆、焊钳及连接部分，应有良好的接触和可靠的绝缘。

4）焊工工作时必须穿戴防护用品，如工作服、手套、胶鞋，并应保证干燥和完整。

5）焊接工作场所周围5m以内不得存在有易燃、易爆物品。

11. 钢结构涂装

1）涂装现场不允许堆放易燃物品且远离易燃物品仓库，严禁烟火。涂装现场配备消防水源和足够消防器具，有明显的防火宣传标识。

2）涂装施工使用的设备和电气导体接地良好，防止静电集聚。禁止用铁棒等金属物品敲击金属物体和漆桶。

3）除锈操作人员，检查喷枪、喷嘴、风管及有关机具完好无损；除锈时要佩带防护、防尘面罩及其他保护用品。

4）涂装操作人员避免吸入溶剂蒸汽，眼睛、皮肤不得接触涂料；在涂装施工过程中，操作人员穿戴好各种防护用具。

5）当眼睛接触涂料时，立即用大量清水清洗并尽快送医院；当皮肤接触涂料时，用肥皂水或适当的清洁剂彻底清洗。

6）涂装车间设排风装置。被污染的空气排出前需过滤，排气风管超过屋顶1m以上。

7）在涂装车间施工时，吸入新鲜空气点和排废气点之间水平距离不小于10m。

8）对于毒性大、有害物质含量高的涂料，禁止采用喷涂法施工。使用新的油漆材料时，先进行试验，符合设计要求时在施工。

9）严禁向下水道倒溶剂和涂料。废油桶、废油漆设专门堆放地点，不得随处乱堆乱放。

10）擦过溶剂和涂料的棉纱、旧布等存放在带盖的桶内，并定期按规定处理掉。

12. 安全用电技术措施

（1）临时用电注意事项　临时用电实行三级配电，即设置总配电箱、分配电箱、开关箱配电；并设置两级保护，即在总配电箱和开关箱中各设漏电保护器。开关箱要做到“一箱、一机、一闸、一漏”，有门、有锁和防雨、防尘。电箱安置要适当，周围不得有杂物。

（2）漏电保护器的设置

1）施工现场必须逐级设置漏电保护装置，实行分级保护，形成完整的保护系统。

2）开关箱中必须设置漏电保护器，施工现场所有用电设备，除了进行保护接零外，必须在设备负荷线首端处安装漏电保护器。

3）漏电保护器需装设在配电箱电源隔离开关的负荷侧和开关箱电源隔离开关的负荷侧。

（3）配电箱、开关箱的设置

1）施工现场配电系统设置室外总配电箱和室外分配电箱，实行分级配电。动力配电箱和照明配电箱宜分别设置。

2）开关箱由末级分配电箱配电。开关箱内一机一闸，每台设备有自己的开关箱，严禁用一个开关电器直接控制两台及以上的用电设备。

3）总配电箱设在电源附近，分配电箱应装设在负荷相对集中的地方，分配电箱与开关箱间的距离不得超过30m，开关箱与其控制的固定式用电设备的水平距离不宜超过3m。

4）配电箱、开关箱中导线的进线口和出线口设在箱体下底面，严禁设在箱体的上顶面、侧面、后面或箱门处。

5）配电箱、开关箱外观完整，箱体外涂安全色标，统一编号。固定式配电箱需设围栏，并有防雨、防砸措施。配电箱、开关箱安装要端正、牢固，移动式箱体装设在坚固的支架上。

（4）室内导线的敷设及照明装置

1）室内配线必须采用绝缘铜线或绝缘铝线，并采用瓷瓶、瓷夹或塑料夹敷设，距地面高度不得小于2.5m。

2）进户线在室外处用绝缘子固定，进户线过墙应穿套管，距地面应大于2.5m，室外要做防水弯头。

3）金属外壳的灯具，外壳必须进行保护接零，所用配件均应使用镀锌件。

4）室外灯具距地面不得小于3m，室内灯具不得低于2.4m。插座接线时应符合规范要求。

5）各种用电设备、灯具的相线必须经开关控制，不得将相线直接引入灯具。

6）施工现场使用移动式碘钨灯照明，必须采用密闭式防雨灯具。碘钨灯的金属灯具和金属支架应做良好接零保护，金属架杆手持部位采取绝缘措施。

7）食堂、浴室、试样室等潮湿场所的照明，要采用防水灯具。行灯和低压灯的变压器需装设在电箱内，符合户外电气安装要求。

（5）电焊机的使用　使用电焊机需单独设开关，电焊机外壳做接零保护。电焊机装设采取防埋、防浸、防雨、防砸措施。交流电焊机要装设专用防触电保护装置。电焊机开关箱中要设置电源测漏电保护器，以及把线测漏电保护器。

（6）手持电动工具的使用　依据国家标准的有关规定采用Ⅱ类、Ⅲ类绝缘型的手持电动工具。工具的绝缘状态、电源线、插头和插座完好无损，电源线不得任意接长或调换，维修和检查应由专业人员负责。

13. 氧气、乙炔使用安全

1）氧焊与气割操作人员必须持证上岗。气瓶、压力表及焊枪、割刀使用前必须经过检验。氧乙炔瓶上设有防止回火装置、减震胶圈和防护罩。

2）乙炔瓶和氧气瓶不得平放使用。乙炔瓶与氧气瓶之间的距离不得少于3m，距易燃易爆物品或明火的距离不得少于10m。

3）采取搭设遮阳棚架、瓶身铺盖厚帆布等措施，防止气瓶在阳光下暴晒，以免引起爆炸事故。

4）氧气胶管为黑色，乙炔胶管为红色，两种胶管不能互换使用，胶管应无磨损、轧伤、刺孔、老化、裂纹。焊枪、割枪使用专用点火器，禁止使用普通火柴点火，防止人员烧伤。

5）操作人员在通风环境中作业，现场不得有模板、木方、锯屑、编织袋等易燃物。火焰不能对准周围其他人员，作业完毕后对作业现场进行检查不允许存在没有熄灭的火星、焊花。

14. 消防保证措施

1）消防保证措施。

① 严格遵守市有关消防方面的法令、法规，开工前及时办理“消防安全许可证”，并配备专职消防安全员。

② 对易燃易爆物品指定专人负责，并按其性质设置专用库房分类存放。对其使用严格按规定执行，并制定防火措施。

2）开工前根据施工总平面图、建筑高度及施工方法等，布置消火栓和工程用消防竖管。在库房、木工加工房及各楼层、生活区均匀布置消防器材和消防栓，并由专人负责，定期检查，保证完整。冬季应对消防栓、灭火器等采取防冻措施。

3）施工现场内建立严禁吸烟的制度，发现违章吸烟者从严处罚。为确保禁烟，在现场指定场所设置吸烟室，室内安放存放烟头、烟灰的水桶和必要的消防器材。

4）在不同的施工阶段，防火工作应有不同的侧重点。结构施工时，要注意电焊作业和现场照明设备，加强看火，特别应注意电焊下方的防火措施。与焊接、切割、打磨等有关的静止或手提式设备是火灾的隐患点。

5）施工现场运输道路兼作临时消防车道，并保证临时消防车道的畅通。

6）新工人进场要进行防火教育，重点区域设消防人员，施工现场值勤人员昼夜值班，搞好“四防”工作。

15. 安全应急预案

1）应急预案响应。

当施工现场发生事故或可能产生下列任何事故时，在场人员应及时向应急救援组组长及生产经理汇报或向场外应急响应单位汇报。

① 人员伤害。

② 火灾或因爆破器材爆炸引起的火灾。

③ 车辆交通事故。

④ 燃油泄露。

2）人员伤害事故急救措施。

① 如伤者行动未因事故受到的限制，且伤较非常轻微，身体无明显不适，能站立并行走，在场人员将伤员转移至安全区域，再设法消除或控制现场的险情，防止事故蔓延扩大，然后找车护送伤者到医院做进一步的检查。

② 如伤者行动受到限制，在场人员需立即将伤者从事故现场转移至安全区域，防止伤者受到二次伤害，然后根据伤者的伤势，采取相应的急救措施。

③ 如伤者伤口出血不止的症状时，在场人员需立即用现场配备的急救药品为伤者止血，并及时用车将伤者送医院治疗。

④ 如出现受伤等症状时，在场人员需立即根据针对伤者的症状，施行人工呼吸、心肺复苏等急救措施，并在施行急救的同时派人联系车辆或拨打医院急救电话，以最快的速度将伤者送往就近医院治疗。

3）车辆交通事故。若现场发生车辆交通事故并造成人员受伤害时，在场人员应立即采取如下措施：

① 立即将伤员从车内转移至安全区域。

② 对伤者进行急救。

③ 通知主管生产经理前往处理事故。

4）火灾。若现场发生火灾时，在场人员应立即采取以下措施：

① 若机动车辆行驶或工作状态中发生着火，驾驶员需立即停车并将车熄火，并采用随车配备的灭火器进行灭火，处理完成后，再向主管经理报告损失情况。

② 若燃油库或爆破器材库发生火灾，在场人员需立即组织所有人员撤离出火灾现场。

③ 人员撤离后，由一名有经验的在场人员判断火场是否有可能发生爆炸的危险，若无爆炸可能且在场人员有能力灭火或控制险情。

④ 在场人员立即采用配备的干粉灭火器或消防砂等消防器进行灭火，并派人向应急救援组及主管生产经理报告现场情况；并说明是否需要派人前往协助灭火。

⑤ 若现场火势较大，在场人员无法控制住火势时，在场人员应立即派人拨打火警电话，请专业消防队员前往灭火。

5）爆炸事故。若库存或现场使用的爆炸器材发生爆炸时，在场人员立即组织采取如下措施：

① 查看、寻找现场是否有人员受伤，若有，则采取急救措施。

② 组织将事故现场内人员撤离至安全区域。

③ 在场人员应判断现场是否有发生二次爆炸的危险，若没有发生二次爆炸的危险，通知应急救援小组及主管生产经理前往处理事故现场。

④ 若存在发生二次爆炸的危险，立即拨打报警电话，通知消防队前往处理。

6）应急救援程序。应急救援组接到事故通知后，立即赶赴事故现场，并迅速采取以下行动：

① 撤离、疏散事故可能波及区域内的其他人员；将事故区域内的危险品、易燃物品及设备等转移至安全区域。

② 清理路障，保持场内外的道路畅通，并在路口为救护车或消防车指示最近的路线；若在夜间应在现场的设置足够的临时照明。

③ 协助、配合医护人员抢救伤员，将伤员送上救护车；为消防队员指出最近的消防水源，协助消防队员灭火，阻止事故蔓延扩大。

④ 加固有倒塌危险的设施及建筑物，用警戒旗、绳封闭事故可能波及区域，并竖立警告标识，夜间应使用声光报警设备发出信号，避免无关人员进入此区域。

⑤ 根据需要，为在此进行救治、处理事故等人员提供安全防护设备（如橡胶手套、裤子、长靴、防毒面罩、呼吸器等）或工具。

⑥ 事故处理结束后，应急救援组对事故区域进行必要的整理，消除事故遗留的材料对人员或环境造成的伤害可能性。

⑦ 事故处理结束后，组织或协合上级主管部门对事故进行调查、处理，并对调查及处理情况作书面记录备案，并向上级主管部门提交事故记录或报告的复印件。

本章小结

本章主要介绍了装配式钢结构施工流程与技术要点的基本知识。对施工现场布置、土方开挖与支护、基础施工、钢结构安装进行了论述；并介绍了装配式钢结构安装质量控制与安全管理等相关内容。

随堂思考

1. 简述装配式钢结构现场布置施工流程。
2. 请用流程图表示装配式钢结构土方开挖施工流程。
3. 简述钢结构安装质量控制包含的内容。
4. 简述钢结构安装安全管理的内容。

第 8 章　装配式钢结构建筑部品部件施工 | CHAPTER 8

内容提要

本章主要介绍装配式建筑部品部件施工与技术要点的基本知识。对楼承板施工、预制外墙板安装、预制内墙板安装、门窗楼梯安装、机电管线安装、内隔墙安装、吊顶安装、地面装饰装修安装等进行阐述；并介绍整体厨卫、同层排水、智能家居等内容。

学习目标

1. 掌握装配式钢结构楼承板施工流程。
2. 掌握预制外墙板、预制内墙板安装施工流程。
3. 掌握门窗楼梯安装施工流程。
4. 掌握机电管线安装施工流程。
5. 掌握内隔墙、吊顶、地面装饰装修精装施工流程。
6. 了解整体厨卫、同层排水、智能家居等内容。

8.1　装配式钢结构构件加工

装配式钢结构建筑中用到的部品部件大体可分为预制楼板、预制外墙板、预制内墙板、预制楼承板、预制门窗等。装配式钢结构构件加工是按照标准化进行设计，根据结构、建筑的特点将构件进行拆分，并在工厂内进行标准化生产的过程。装配式钢结构构件加工生产具有以下特点：

1）设计科学合理：按照标准化进行设计，在工厂内进行标准化生产。

2）现场施工机械化：现场施工主要为机械安装，施工速度快，现场工人数量少，方便现场的安装与管理，大大提高了工作效率，能有效地保证施工工期。

3）经济合理：较传统施工工艺减少了脚手架和木方等建材的投入，降低了施工成本，又减少了木材、钢材的应用，从而达到了环保、节能、绿色施工的效果。

4）节能环保：装配式结构建筑构件采用工厂化进行生产，在构件厂进行蒸汽养护，减少了现场混凝土振捣造成的噪声污染、粉尘污染，在节能环保方面优势明显。

8.1.1　预制 PC 板的加工

预制 PC 构件，即预制混凝土构件是在工厂或现场预先制作的混凝土构件。装配整体式混凝土结构是由预制混凝土构件通过可靠的方式进行连接，并与现场后浇混凝土、水泥基灌浆料形成整体的装配式混凝土结构，即 PC 与现浇共存的结构。预制 PC 板

（图 8-1）种类主要有外墙板和内墙板。

1. 构件制作

1）钢筋入模时，应平直、无损伤，表面不得有油污、颗粒状或片状老锈。

2）混凝土应按国家现行标准《普通混凝土配合比设计规程》（JGJ 55—2011）的有关规定，根据混凝土强度等级、耐久性和工作性等要求进行配合比设计。

3）混凝土成型应振捣密实，振动器不应碰到钢筋骨架、面砖和预埋件。

图 8-1 预制 PC 板

2. 构件养护

1）静停时间为混凝土全部浇捣完毕后不少于 2h。

2）恒温时，最高温度不超过 55℃，恒温时间不少于 3h。

3）养护时，注意预埋塑钢窗的变形。

3. 构件脱模

1）预制构件拆模起吊前应检验其同条件养护的混凝土试块强度，达到设计强度 50% 方可拆模起吊。

2）应根据模具结构按序拆除模具，不得使用振动构件方式拆模。

3）预制构件起吊前，应确认构件与模具间的连接部分完全拆除后方可起吊。

8.1.2 钢结构楼梯的加工

楼梯是建筑物内用于楼层之间和高差较大时的交通联系。楼梯由连续梯级的梯段（又称梯跑）、平台（休息平台）和围护构件等组成。楼梯分普通楼梯和特种楼梯两大类。普通楼梯包括钢筋混凝土楼梯、钢楼梯和木楼梯等。特种楼梯主要有安全梯、消防梯和自动梯 3 种。钢结构楼梯（图 8-2）是在工厂或现场预先制作的楼梯。

图 8-2 钢结构楼梯

1. 钢梯的制作

1）放样：要认真核对图纸尺寸，为保证装配安装尺寸，要求现场放大样，节点必须放样。所有要求钻孔的板，划线时要用划针，样板做好后，要经过自检、互检后，才能交质检员检查。

2）下料：下料前，必须检查材料的外观质量。气割下料时，要求切割断口表面平滑，没有明显凹坑和沟槽，超过 1mm 磨光，超过 2mm 补焊并磨光。钢板下料后，其切割边缘不得有分层、夹渣等缺陷。下料后，每个零件都要按单元、图号、零件号、规格编好号，标记要清楚工整。

3）煨弯：型钢下料后，利用煨弯机进行煨弯。煨弯采用冷煨法。

4）钻孔：钻孔前，钻模要用固定的专用卡具，紧固好后才能钻孔，钻床钻孔前必须用水平仪找平，钻孔时要控制同心度。对好钻模后，为防止孔的窜动，除了用卡兰紧固外，还要在腹板上孔的对角线处钻穿销子。钻孔后，要清除加工件上的飞边、毛刺。

5）除锈：本工程除锈采用人工除锈，人工使用角磨，将构件便面浮锈清除干净。除锈标准应符合规范规定：手工和动力工具除锈前，厚的锈层应铲除，可见的油脂和污垢也应清除。手工和动力工具除锈后，钢材表面应无可见的油脂和污垢，清除去浮灰和碎屑。

2. 钢梯的质量检验

1）钢平台、钢梯和防护钢栏杆外形尺寸应符合表 8-1 的要求。

表 8-1　钢平台尺寸误差

序号	项目	误差
1	平台长度和宽度	±5.0mm
2	平台支柱高度	±3.0mm
3	平台支柱弯曲矢高	5.0mm
4	钢梯宽度	±5.0mm
5	钢梯纵向挠曲矢高	1/1000
6	栏杆高度	±5.0mm

2）钢梯的制造安装工艺应确保梯子及其所有部件的表面光滑，无锐边、尖角、毛刺或其他可能对梯子使用者造成伤害或妨碍其通过的外部缺陷。

8.1.3　纸面石膏板的加工

纸面石膏板（图 8-3）是以建筑石膏为主要原料，掺入适量添加剂与纤维做板芯，以特制的板纸为护面，经加工制成的板材。纸面石膏板具有重量轻、隔声、隔热、加工性能强、施工方法简便的特点。纸面石膏板的品种很多，市面上常见的纸面石膏板有普通、耐水、耐火、防潮四类。

图 8-3　纸面石膏板

1. 配料

1）原料经计量后放入水力碎浆机搅拌成原料浆，然后泵入料浆储备罐备用。

2）发泡剂和水按比例投入发泡剂制备罐搅拌均匀，泵入发泡剂储备罐备用。

3）促凝剂和熟石膏粉原料经提升输送设备进入料仓备用。

2. 搅拌

料浆储备罐中的浆料使用计量泵泵入到搅拌机，发泡剂使用动态发泡装置发泡后进入搅拌机，促凝剂和石膏粉使用全自动计量带称计量后进入搅拌机，然后所有主辅料在搅拌机混合成合格的石膏浆。

3. 成型

上纸开卷后经自动纠偏机进入成型机，下纸开卷后经自动纠偏机、刻痕机、振动平台进入成型机，搅拌机的料浆落到振动平台的下纸上进入成型机，在成型机上挤压出要求规格的石膏板。然后，在凝固带上完成初凝，在输送轨道上完成终凝，经过定长切断机切成需要的长度，经横向机转向，转向后两张石膏板同时离开横向机，然后使用靠拢轨道使两张板材的间距达到要求后，经分配机分配进入干燥机干燥。

4. 烘干

采用导热油炉提供热源，经过换热器换出热风后经风机送入干燥机内部完成烘干任务，干燥机采用热交换及热油管双结合，可完全按照石膏板的干燥特性进行配温、配风，可使石膏板在最低能量消耗的情况下，在最短的时间内进行干燥，能耗量最省，是最经济高效的石膏板干燥技术。

5. 成品包装

干燥机完成干燥任务后，经出板机送入横向系统，完成石膏板的定长切边、全自动包边，然后经过成品输送机送入自动堆垛机堆垛。堆垛完成后，使用叉车运送到打包区检验包装，全套生产流程完成。

8.1.4 门窗部件的加工

门（图 8-4）窗（图 8-5）按其所处的位置不同分为围护构件或分隔构件，具有保温、隔热、隔声、防水、防火等功能。门和窗又是建筑造型的重要组成部分，所以它们的形状、尺寸、比例、排列、色彩和造型等对建筑的整体造型都有很大的影响。

图 8-4 门

图 8-5 窗

1. 量材下料

量材是需要通过双头锯床标尺和钢卷尺来测量，在使用两台双头锯进行测量前要确保两台锯床标尺与钢卷尺的尺寸的统一。测量完成后对窗的外框进行切割。推拉门窗断料采用直角切割；平开门窗断料采用 45° 角切割；其他类型应根据拼装方式来选用切割方式。

2. 铣水槽

在铣水槽前，门窗外框需要查看清楚漏水孔的情况，再把型材放在托架的正确位置上，然后开始铣切。在铣平开窗固定窗时，一定要根据窗型是内平开，还是外平开，以及具体的安装方法来确定水槽方向。

3. 开 V 形口

使用 V 形切割锯对铝合金型材 90°V 形槽下料。根据 V 口深度来调整升降台紧定手柄，再摇动至所需位置，夹紧手柄，同样根据 V 口位置来确定水平定位尺寸。

4. 焊接

在规定的熔接温度、夹紧压力、加热时间等条件下，对内外框进行焊接。在焊接中，还应及时检查边框垂直度、对角尺寸误差等，如有不妥，应及时调整焊机。

5. 框扇组角工艺

拼接榫口、榫头采用弹性机械连接，连接件与型材间缝注胶密封，榫接缝采用高级榫口胶密封。铝合金组角缝采用注胶组角工艺，组角前型材截面必须涂专用组角胶，组角定位片必须采用不锈钢材质，组角码与型材间缝必须高压注胶填充，不得有松动现象。

6. 框料、扇料挤角

调试组角机并制作样角。组角时，注意饰面的平整度。组角完毕后，应马上清理余胶并调整平整度。按照不同规格尺寸码放整齐。

8.1.5 陶瓷墙地砖的加工

陶瓷墙地砖（图 8-6）是墙面砖的一种，具有工艺简单、墙地砖生产成本低的优点。陶瓷砖指的是由黏土和其他无机非金属原料制造的用于覆盖于墙面或地面的薄板制品。由于采用的分类方法不同，其分类也有不同，瓷砖常见的分类方法有以下几种。

图 8-6 陶瓷墙地砖

1）根据是否施釉，可以分为有釉砖和无釉砖。

2）根据使用场所的不同，可以分为室内墙砖、室内地砖、阳台墙砖、阳台地砖和广场砖等。

3）根据成型方法不同，可以分为干压砖和挤压砖。

4）按照吸水率不同，可以分为瓷质砖、炻瓷砖、细炻砖、炻质砖和陶质砖。

1. 选料

对新进仓的原材料取样并检测样品水分。将样品按程序进行制粉、打饼、试烧，并对试烧后样饼的白度、强度、吸水率等物理性能进行检测，同时从制粉环节中抽取部分粉料进行化学分析。

2. 粉料制备

根据工艺配方单对相应的原料称重配料，然后将配好的原料加入球磨机进行研磨成浆，球磨后的泥浆经检测符合工艺质量要求后，放入浆池中进行过筛除铁。过筛除铁后，不断搅拌均化，使泥浆组成更均匀。均化后的泥浆经高压雾化输送到喷雾塔，通过热风炉提供的热风干燥制成粉料颗粒。最后输送到料仓进行陈腐，使粉料的水分更加均匀。

3. 压制成型

制备好的粉料将送入压机工序，通过模具布料后，对其粉料施加一定压力制成砖坯。在压制成砖坯的过程中，要保证粉料质量要求以及压机的正确操作。

4. 干燥和印花

经过干燥把砖坯中的自由水蒸发掉，并用印花机在砖坯上印花。

5. 烧成

砖坯干燥后入窑炉烧成。砖坯在进入窑炉前要先上底浆，进入窑炉高温煅烧。烧成后的产品吸水率更低、砖面更光亮平整、细腻无针孔，而且坯体白度大大提升。

6. 磨边、抛光

用磨边机打磨砖坯边角。打磨后将用于抛光的磨块由粗到细排列，将经过铣平的瓷砖表面逐步研磨成具有光泽度并呈现出砖坯原有的纹理。

7. 分级、打蜡、包装、入仓

对加工后的瓷砖成品分级，控制出厂前的产品质量。最后，对瓷砖表面和砖底的水分进行风干，并对成品上蜡和成品分级检选、包装、入库。

8.2 楼承板施工

楼承板也叫钢楼承板，是装配式钢结构结构体系的重要组成部分。楼承板采用镀锌钢板经辊压冷弯成形，主要用作永久性模板，也可被选为其他用途。楼承板按材料可分为钢筋桁架楼承板、预制混凝土叠合楼板、可拆卸式钢筋桁架楼承板等。楼承板具有以下特点：

1）适应主体钢结构快速施工的要求，能够在短时间内提供坚定的作业平台，并可采用多个楼层铺设压型钢板，分层浇筑混凝土板的流水施工。

2）压型板表面压纹使楼承板与混凝土之间产生最大的结合力，使二者形成整体，配以加劲肋，使楼承板系统具有高强承载力。

8.2.1 镀锌板式钢筋桁架楼承板

钢筋桁架模板是将桁架钢筋与施工模板组合为一体，组成一个在施工阶段能够承受混凝土自重及施工荷载的承重构件。在使用阶段，钢筋桁架与混凝土共同工作，承受使用荷载。在施工现场，可以将钢筋桁架模板直接铺设在钢梁上，然后进行简单的施工，便可浇筑混凝土。使用该模板不需要架设木模及脚手架，底部镀锌压型钢板仅作模板用，还替代受力钢筋，为提高楼板施工质量创造了有利条件。当浇筑混凝土形成楼板后，具有现浇板整体刚度大、抗震性能好、抗冲击性能好等众多优点，如图 8-7 所示。

图 8-7 镀锌板式钢筋桁架楼承板

1. 施工前准备

1）材料准备。

① 装载钢筋桁架模板的车辆到达现场后，现场负责人仔细检查核对产品，保证进料合格准确。积极做好一些辅料如角钢、封边钢板准备工作，保证工程的顺利进行。

② 钢筋放样由专人负责审核，要求按施工图纸和施工规范要求进行放样，提前上

报。根据放样精确计算出的每段钢筋量，做出材料计划，组织钢筋进场。

③ 混凝土工程施工前，根据材料计划选购塑料布、保温材料等。

2）施工前，对照图纸检查钢筋桁架模板尺寸、钢筋桁架构造尺寸等是否符合设计要求，并按表 8-2 和表 8-3 进行检查。

表 8-2　钢筋桁架模板宽度、长度允许偏差

自承式模板的长度	宽度允许偏差	长度允许偏差
≤ 5.0m	±4mm	±3mm
＞ 5.0m		±4mm

表 8-3　钢筋桁架构造尺寸允许偏差

对应尺寸	允许偏差
钢筋桁架高度	±3mm
钢筋桁架间距	±10mm
桁架节点间距	±3mm

3）钢筋桁架模板运入现场及存放。

① 装载钢筋桁架模板的车辆到达施工现场后，要进行详细查验，对桁架模板进行验收并向监理单位进行物资报验。

② 存放时，每捆包装沿板宽度方向上、下用两道角钢横枕，角钢两端钻孔，用螺母将两端有螺纹的圆钢相连接、拧紧，再在两道角钢中间加设两道木枕，用封口条封口。上面两道角钢上各设有两个吊环，供在现场卸车吊放之用，使模板的外观质量得到充分的保证。

③ 钢筋桁架模板吊运时，应轻起轻放，不得碰撞，防止钢筋桁架模板变形。钢筋桁架模板的装卸、吊装均采用角钢或槽钢制作的专用吊架配合软吊带来吊装，不得使用钢索直接兜吊钢筋桁架模板，避免钢筋桁架模板板边在吊运过程中受到钢索挤压变形，影响施工。

2. 镀锌板式钢筋桁架楼承板安装施工

（1）定位弹线　先在铺板区弹出钢梁的中心线。主梁的中心线是铺设楼承板固定位置的控制线。由主梁的中心线控制楼承板搭接钢梁的搭设宽度，并决定楼承板与钢梁熔透焊接的焊点位置。次梁的中心线将决定熔透焊栓钉的位置。因楼承板铺设后难以观测次梁翼缘的具体位置，故将次梁的中心线及次梁翼缘宽度返弹在主梁的中心线上。固定栓钉时，应将次梁的中心线及次梁翼缘宽度再返弹到次梁面上的楼承板上。

（2）吊装前准备　根据施工现场实际情况，在决定安装部位先后的情况下，确定吊装顺序及数量。铺设施工用的临时设施，保证施工方便及安全。准备好钢筋桁架模板在钢梁上临时设置的垫木。准备好简易的操作工具，如吊装用的软吊索及零部件、操作工人的劳动保护用品等。钢板堆放如图 8-8 所示。

（3）起吊前检查　起吊前，应先行试吊，以检查重心是否稳定、软吊索是否会滑动，待安全无虑时方可起吊。

图 8-8　钢板现场堆放

1）钢结构构件安装完成并验收合格，钢筋桁架模板构件进场并验收合格，钢梁表面吊耳清除。

2）起吊前，对照图纸检查钢筋桁架模板型号是否正确。

3）检查钢筋桁架模板的拉钩是否变形。若变形影响拉钩之间的连接，必须用自制的矫正器械进行修理，保证板与板之间的搭钩连接牢固。矫正后的搭钩开口角度不宜太大，防止出现搭钩之间连接不牢，造成漏浆。

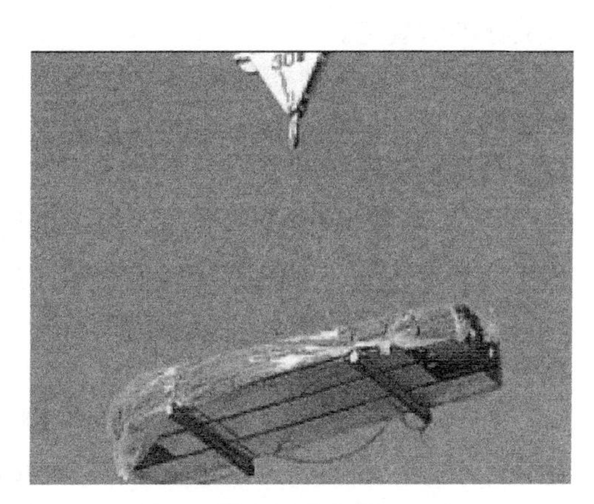
图 8-9　吊装

（4）吊装（图 8-9）

1）在装、卸、安装中，严禁用钢丝绳捆绑直接起吊压型钢板，应使用软吊索或在钢丝绳板接触的转角处加橡胶或钢板下使用垫木，运输及堆放应有足够支点，以防变形。起吊要平稳，不能有倾斜现象，以防滑落伤人。

2）压型板在吊放于梁上时，应以缓慢速度下放，切忌粗暴的吊放动作。压型钢板成捆堆置，应横跨多根钢梁，单跨置于两根梁之间时，应注意两端支承宽度，避免倾倒而造成坠落事故。

3）钢筋桁架模板在结构外围采用汽车起重机将钢筋桁架模板吊至施工区域；在结构内部的钢筋桁架模板采用汽车起重机吊至施工区域。

图 8-10　压型钢板安装

4）当风速大于等于 6m/s 时，禁止施工，已拆开的压型钢板应重新捆绑，否则压型钢板很可能被大风刮起，造成安全事故或损坏压型钢板。

（5）压型钢板安装（图 8-10）

1）铺设前对弯曲变形者应矫正好。

2）铺设前认真清扫钢梁顶面的杂物，楼承板与钢梁顶面的间隙应控制在 1mm 以下。

3）安装压型钢板前，应在梁上标出压型钢板铺放的位置线。铺放压型钢板时，相邻两排压型钢板端头的波形槽口应对准。板吊装就位后，先从钢梁已弹出的起始线开始，沿铺设方向单块就位，到控制线后应适当调整板缝。

4）应严格按照图纸和规范的要求来散板与调整位置，板的直线度为单跨最大偏差

10mm，板的错口要求小于5mm，检验合格后方可与主梁连接。

5）不规则面板的铺设。根据现场钢梁的布置情况得出实际要铺设压型钢板的面积，再根据压型钢板的宽度进行排版，之后，再对压型钢板进行放样、切割。将压型钢板在地面在平台上进行预拼，发现有咬合不紧和不严密的部位要进行调整。

6）楼承板的铺设应由下层楼面往上层楼面顺序施工，以楼层板母扣件为基准起始边，依次铺设，必须保证板与板、板与梁焊牢固定。

（6）栓钉焊接（图8-11）

1）对采用的栓钉和钢材焊接应进行焊接工艺评定，其结果应符合设计要求和国家有关标准的规定。

2）每一片压型钢板两侧谷底均需以焊钉与钢梁固定，楼承板与主梁采用电弧焊焊接，焊条为E4303。

3）与钢梁的焊接不仅包括压型钢板两端头的支承钢梁，还包括跨间的次梁；如果栓钉的焊接电流过大，造成压型钢板烧穿而松脱，应在栓钉旁边补充焊点。

图8-11 栓钉焊接

4）栓钉焊接时，为保证焊接电弧的稳定性，不得任意调节工作电压，可对焊接电流和通电时间进行调节。

5）钢筋桁架模板底模与钢梁的间隙控制在1.0mm以内，应尽可能地减小其间隙，保证施工质量。

6）如遇钢筋桁架模板有翘起因而与钢梁间隙过大，可用手持杠杆式卡具对钢筋桁架模板临近施焊处局部加压，使之与钢梁贴合。

（7）模板安装（图8-12）

1）柱边处角钢安装。角钢安装前，应先刷防锈漆，后安装。安装角钢时，先在钢柱上放好线，确定角钢的安装位置，然后将角钢焊接于原预埋钢板上。角钢焊接完毕后，对其与柱、梁焊接节点处进行防腐涂刷处理。

2）每层钢筋桁架模板的铺设宜根据施工图起始位置由一侧按顺序铺设，最后处理边角位置。为保证上层钢柱安装时人员操作安全，每节柱铺设钢筋桁架模板时，优先采用先铺设上层板，后铺设下层板。钢筋桁架模板安装宜在下一节钢柱及配套钢梁安装完毕并经验收通过后进行。

图8-12 模板安装

3）钢筋桁架模板铺设前，按图纸所示的起始位置放桁架模板基准线。对准基准线，安装第一块板，并依次安装其他板。钢筋桁架模板侧向采用搭接方式，板侧边设置连接拉钩，搭接宽度不小于10mm。板与板之间的拉钩连接应紧密，保证浇筑混凝土时不漏浆，同时注意排板方向要一致。

4）平面形状变化处（遇钢柱、弧形钢梁等处），现场对钢筋桁架模板进行切割，切割前对要切割的钢筋桁架模板尺寸进行检查、复核后，在模板上放线切割。切割后，应现场补焊支座钢筋。切割时，注意钢筋桁架模板上搭接扣的方向。

5）严格按照图纸及标准要求来调整钢筋桁架模板的位置，板的直线度误差为10mm，板的错口要求小于5mm。

6）钢筋桁架模板伸入梁边的长度，必须满足设计要求。钢筋桁架平行于钢梁处，底模与钢梁的搭接不得小于50mm；钢筋桁架垂直于钢梁处，模板端部的竖向钢筋在钢梁上的搭接长度不得小于50mm，确保在浇筑混凝土时不漏浆。

7）钢筋桁架模板就位后，应立即将其端部竖向钢筋与钢梁点焊牢固；沿板宽度方向，将底模与钢梁点焊，焊接采用电弧焊，焊点不大于间距200mm，特殊悬挑部位焊点间距加密为100mm。

8）钢筋桁架模板跨过横梁，钢筋桁架腹杆脚部未支撑在横梁上时，在横梁处补焊支座钢筋。

9）待铺设一定面积之后，必须及时绑扎楼板下铁钢筋，以防钢筋桁架侧向失稳。垂直于钢筋桁架模板方向布置的楼板下铁钢筋设置在钢筋桁架模板下弦钢筋之上，楼板上铁分布钢筋设置在垂直于钢筋桁架模板方向上弦钢筋的下表面。

10）洞口位置，大小根据相关专业确定预留，在楼板混凝土浇筑完成达到设计强度后，将洞口范围内钢筋桁架楼承板割除。钢筋按图纸要求进行加强。

11）楼承板的边模、收边板、封口板焊接依施工详图要求施工。

（8）钢筋绑扎（图8-13）

1）主体施工时，预留主体与楼层板连接钢筋，楼承板在此位置处由于预留钢筋楼层板无法安装，将原预留钢筋割除，待楼承板安装完成后，连接钢筋进行植筋。

2）必须按设计要求设置楼板支座连接钢筋、负弯矩筋及楼板上、下铁及分布钢筋，并将其与钢筋桁架绑扎或焊接牢固。

图8-13 钢筋绑扎

3）楼板开孔处，必须按设计要求设洞边加强筋及边模，待楼板混凝土达到设计强度时，方可切断钢筋桁架模板的上、下弦钢筋及钢板。切割时，宜从下往上切割，防止底模边缘与浇筑好的混凝土脱离。

（9）水电管线敷设　钢筋绑扎完成后，进行水电管线的敷设与连接工作。楼中敷设管线，正穿时，采用刚性管线；斜穿时，采用柔韧性较好的管材。避免多根管线集束预埋，采用直径较小的管线，分散穿孔预埋。施工过程中，各方必须做好成品保护工作。

（10）混凝土浇筑前的准备工作

1）浇筑混凝土之前，新旧混凝土结合处必须进行剔凿处理，清理干净后将原构件表面用水润湿，但不得有明水。

2）机具准备及检查：混凝土地泵、振捣器等机具设备按需要准备充足，应有备用的混凝土泵和振捣器，所用的机具均应在浇筑前进行检查和试运转正常。

3）保证水、电及商品混凝土的供应：在混凝土浇筑期间，要采取必要措施保证水、电及混凝土的供应不断，以防出现意外的施工停歇缝。

4）检查钢筋桁架模板支架、钢筋和预埋件，做好隐、预检验收。在浇筑混凝土前，模内垃圾须清除干净。

5）检查安全设施、劳动配备是否妥当，能否满足浇筑速度的要求。

（11）浇筑混凝土（图 8-14）

待钢筋桁架楼承板、栓钉验收合格后，方可进行钢筋工程的施工。组合楼板的混凝土浇筑时，应小心避免混凝土堆积过高，以及倾倒混凝土所造成的冲击。

图 8-14　浇筑混凝土

其施工阶段强度和刚度由受力更为合理的钢筋桁架提供。

在使用阶段，由钢筋桁架和混凝土一起共同工作。

镀锌底板仅作施工阶段模板使用，不考虑结构受力，但在正常的使用情况下，钢板的存在增加了楼板的刚度，改善了楼板下部混凝土的受力性能。

3. 质量检查

1）楼承板端部直接焊接在钢梁上翼缘，楼承板所经大小梁均需每个波谷至少焊一次。

2）组合楼板中，压型钢板与主体结构的锚固支撑长度应符合设计要求，且不应小于 50mm。

3）楼承板与主体构件在支撑长度内接触紧密，压型钢板应固定可靠、无松动，连接件数量、间距符合设计要求和国家现行有关标准规定。

4）楼承板侧向搭接于钢梁之上的点焊间距不得大于 500mm，楼承板端口部点焊间距不得大于 350mm。

5）安装验收。

① 每个部位钢筋桁架模板的型号。

② 支座竖筋及板边是否与钢梁焊接。

③ 钢筋搭接长度、错开百分率及排列间距等。

④ 检验栓钉焊接质量、数量及间距。

⑤ 板边是否有漏浆可能。

⑥ 临时支撑设置情况。

6）泵送混凝土浇筑时，输送管道头应紧固可靠，不漏浆，安全阀完好，管道支架要牢固，检修时必须卸压。

7）外观质量的检查。

① 钢筋桁架。

a. 焊点处熔化金属应均匀。

b. 每件成品的焊点脱落、漏焊数量不得超过焊点总数的 4%，且相临的两焊点不得有漏焊或脱落。

c. 焊点应无裂纹、多孔性缺陷及明显的烧伤现象。

② 钢筋桁架与底模的焊接。每件成品焊点的烧穿数量不得超过焊点总数的 20%。

4. 质量控制与成品保护

1）钢筋桁架模板吊运时，应轻起轻放，不得碰撞，防止钢筋桁架模板变形。

2）钢筋桁架模板在露天存放时，应略微倾斜放置（角度不得超过 10°），以保证水分尽快从板的缝隙中流出，避免钢筋桁架模板产生冰冻或水斑。

3）成捆钢筋桁架模板叠放高度不得超过三捆。堆放场地应夯实平整，不得有积水。模板存放必须做好防水保护措施。

4）在附加钢筋及管线敷设过程中，不得在已铺设好的钢筋桁架模板底模上行走或踩踏。禁止随意扳动、切断钢筋桁架。

5）混凝土振捣过程中，不得触及钢筋桁架模板，以免发生移位现象。

6）设置临时支撑的钢筋桁架模板，在混凝土强度符合规范要求后，方可拆模。

7）对已浇筑完毕的楼板混凝土，应在 12h 后在其表面覆盖毛毡，养护时间不少于 7 天。养护效果是要保持混凝土处于湿润状态，严防混凝土裂缝的出现。

8）混凝土养护期间，楼板上应避免过大的施工荷载，以防影响钢筋与混凝土的粘结。

5. 楼承板安装施工注意事项

1）安装前按楼承板的平面位置图，在加工厂或现场分区配套下料。分批运入现场，按照预拼装顺序排列，吊至安装位置，放于主梁之上。分块铺设，由近至远用人工搭拢，要保证接茬顺直、搭接吻合。

2）铺设楼承板前，要清理次梁梁顶污物，严防潮湿或积水，以保证下道工序栓钉焊接的质量。

3）在铺设楼承板时，要按照施工图纸的起板线开始，随板安装位置移动，确保铺设完毕后，压型板横平竖直。

4）在施工现场进行的楼承板开孔或裁切，需经业主、监理同意后方可使用；切割面力求平整。

5）浇筑楼板时，外防护架搭设应超出作业面。

6）振捣工必须懂得振捣器的安全知识和使用方法，保养、作业后及时清洁设备。

7）振捣器接线必须正确，电动机绝缘电阻必须合格，并有可靠的零线保护，必须装设合格漏电保护开关保护。

8.2.2 预制混凝土叠合楼板施工

叠合楼板（图 8-15）是由预制板和现浇钢筋混凝土层叠合而成的装配整体式楼板。叠合楼板整体性好，板的上下表面平整，便于饰面层装修，适用于对整体刚度要求较高的高层建筑和大开间建筑。现以 80mm 叠合板 +90mm 现浇板组合成的预制混凝土叠合楼板为例，说明预制混凝土叠合楼板施工情况。

图 8-15 混凝土叠合楼板

叠合楼板施工工艺流程：检查支座及板缝硬架支模上的平面→楼板支撑体系安装→

叠合楼板吊装→梁、附加钢筋及楼板下层横向钢筋安装→水电管线敷设、连接→楼板上层钢筋安装→预制楼板底部拼缝处理→模板检查验收→混凝土浇筑。

（1）检查支座及板缝硬架支模上的平面标高　用测量仪器从两个不同的观测点上测量墙、梁及硬架支模的水平楞的顶面标高。复核墙板的轴线并校正。

（2）楼板支撑体系安装

1）叠合楼板支撑体系采用承插式支撑架系统，安装方便、快捷，间距步距尺寸标准，其稳定性安全性均优于扣件式支撑架系统。顶部可调顶托方便检查调节标高。

2）楼板支撑体系木工字梁设置方向垂直于叠合板内格构梁的方向。

3）起始支撑设置根据叠合楼板与边支座的搭设长度来决定，当叠合板与边支座的搭接长度大于或等于 40mm 时，楼板边支座附近 1.5m 内无须设置支撑，当叠合板与边支座的搭接长度小于 35mm 时，需在楼板边支座附近 200~500mm 范围内设置一道支撑体系。

4）楼板的支撑体系必须有足够的强度和刚度，楼板支撑体系的水平高度必须达到精准的要求，以保证楼板浇筑成型后底面平整。跨度大于 4m 时，中间的位置要适当起拱。

5）楼板支撑体系的拆除，必须在现浇混凝土达到规范规定强度后方可拆除。

（3）叠合楼板吊装

1）楼板吊装前应将支座基础面及楼板底面清理干净，避免点支撑。

2）吊装时，先吊铺边缘窄板，然后按照顺序吊装剩下来的板。

3）每块楼板起吊用 4 个吊点，吊点位置为格构梁上弦与腹筋交接处，距离板端为整个板长的 1/5~1/4。

4）吊装索链采用专用索链和 4 个闭合吊钩，平均分担受力，多点均衡起吊，单个索链长度为 4m。

5）楼板铺设完毕后，板的下边缘不应该出现高低不平的情况，也不应出现空隙，局部无法调整避免的支座处出现的空隙应做封堵处理；支撑柱可以做适当调整，使板的底面保持平整，无缝隙。

（4）梁、附加钢筋及楼板下层横向钢筋安装

1）预制楼板安装调平后，按照施工图进行梁、附加钢筋及楼板下层横向钢筋的安装。

2）按照施工图纸和规范要求处理好梁锚固到暗柱中的钢筋及现浇板负筋锚固到叠合墙板内。

（5）水电管线敷设、连接

1）楼板下层钢筋安装完成后，进行水电管线的敷设与连接工作。为便于施工，叠合板在工厂生产阶段已将相应的线盒及预留洞口等按设计图纸预埋在预制板中。

2）楼中敷设管线，正穿时，采用刚性管线；斜穿时，采用柔韧性较好的管材。避免多根管线集束预埋，采用直径较小的管线，分散穿孔预埋。施工过程中，各方必须做好成品保护工作。

（6）楼板上层钢筋安装

1）水电管线敷设经检查合格后，钢筋工进行楼板上层钢筋的安装。

2）楼板上层钢筋设置在格构梁上弦钢筋上并绑扎固定，以防止偏移和混凝土浇筑

时上浮。

3）对已铺设好的钢筋、模板进行保护，禁止在底模上行走或踩踏，禁止随意扳动、切断格构钢筋。

（7）预制楼板底部拼缝处理

1）在墙板和楼板混凝土浇筑之前，应派专人对预制楼板底部拼缝及其与墙板之间的缝隙进行检查，对一些缝隙过大的部位进行支模封堵处理。

2）塞缝选用干硬性砂浆并掺入水泥用量 5% 的防水粉。

（8）模板检查验收

1）楼板安装施工完毕后，由项目部质检人员对楼板各部位施工质量进行全面检查。叠合式预制楼板安装允许偏差见表 8-4。

表 8-4　叠合式预制楼板安装允许偏差

序号	项目	允许偏差 /mm	检验方法
1	预制楼板标高	±4	水准仪或拉线、钢尺检查
2	预制楼板搁置长度	±10	钢尺检查
3	相邻板面高低差	2	钢尺检查
4	预制楼板拼缝平整度	3	用 2m 靠尺和塞尺检查

2）项目部质检人员检查完毕合格后报监理公司，由专业监理工程师进行复检。

（9）混凝土浇筑

1）监理工程师及建设单位工程师复检合格后，方能进行叠合墙板混凝土浇筑。

2）本工程的叠合楼板混凝土浇筑与叠合楼板、暗柱、框架梁一起浇筑。

3）混凝土浇筑前，清理叠合楼板上的杂物并向叠合楼板上部洒水，保证叠合板表面充分湿润，但不宜有过多的明水。

4）本工程采用微膨胀细石混凝土，从原材料上保证混凝土的质量。

5）振捣时要防止钢筋发生位移。

8.2.3　可拆卸式钢筋桁架楼承板

可拆卸式钢筋桁架楼承板技术由于具有施工速度快、施工质量易于控制、结构布置灵活、可重复利用等一系列优势，在钢结构工程施工中应用范围不断扩大，对于提高钢结构工程施工质量、进度以及成本效益方面发挥了重要的作用。

可拆底模式钢筋桁架楼承板具有的特点如下：①结构灵活，适用范围广，工程造价低。②施工作业灵活便捷，大大减少或无须施工用临时支撑。③技术安全可靠。④可重复利用。

1. 装配式组合式钢筋桁架楼承板施工

1）吊装。对于组合式钢筋桁架楼承板的吊装，应该首先将高空吊架两端的槽钢件插入包装捆之间，将纵向角钢与两端构件通过螺栓连接固定；然后插入两端上下各两根钢管，拧紧销栓。待检查无误后，将吊索与吊架四角的吊耳锁扣牢固。当包装捆放置在设定位置后，卸下吊架，并及时将钢管回插到吊架上，锁扣牢固，将吊架吊运回地面。

2）栓钉焊接。步骤同预制混凝土叠合楼板。

3）管线敷设。步骤同预制混凝土叠合楼板。

4）装配式组合式钢筋桁架楼承板的铺设。

① 堵缝角钢与固定角钢的设置。楼承板铺设之前，应先在区块范围内的钢梁两侧设置堵缝角钢。然后在下层楼面将通长角钢和固定角钢用自攻钉固定好，置于钢梁上翼缘，固定角钢应避开栓钉，并与钢梁翼缘焊接。

② 楼承板的铺设。在铺设块楼承板时，应严格控制块楼承板侧边及两端与钢梁的定位关系，确保钢筋桁架起始端和结束端深入钢梁的距离为60mm。在块楼承板的结束端，应保持钢筋桁架腹杆底脚与钢梁上翼缘搭接距离在10~60mm，并确保楼承板的收边板应搭接在堵缝角钢上。当铺设后一块楼承板时，应使平行于桁架长度方向上的模板边与钢梁翼缘保持缝隙，将模板搭接在堵缝角钢上。楼承板就位后应仔细调整，定位完毕应立即将其端部的腹杆底脚或支座钢筋与钢梁点焊牢固。

③ 特殊位置处楼承板铺设。框架柱处楼承板的铺设，应在钢柱上预焊支承角钢；核心筒处楼承板的铺设，应设置临时支撑或支承角钢。如果采用临时支撑，应在铺板前设置并与混凝土墙体可靠固定。如果采用支承角钢，可以按照上述②连接方式处理。对于局部降板处，应预先在钢梁侧面设置钢结构板托，楼承板应铺设在板托上。

5）浇筑混凝土。步骤同预制混凝土叠合楼板。

6）拆模。拆模应该严格按照装配式组合式钢筋桁架楼承板拆模作业相关要求进行施工作业。在拆模过程中，应轻拿轻放，及时收集连接件。对于拆模时间的确定，应该根据楼板跨度以及对于混凝土强度等级的要求，确定拆模时间，一般需要在混凝土强度达到75%以上方可拆除模板。对于楼板跨度>8m或悬挑楼板，则应在混凝土强度达到100%时方可拆除模板。拆除模板前，应先拆去钢梁侧堵缝角钢以及临时支撑。拆模应该严格按照装配式组合式钢筋桁架楼承板拆模作业相关要求进行施工作业，在拆模过程中，应轻拿轻放，及时收集连接件。

2. 检查校验

1）工作人员应该检查钢筋桁架楼承板的外形是否符合规定的要求。

2）钢筋桁架楼承板端部支座竖筋以及模板边等，是否已经和钢梁焊接稳固。

3）由于不同的连接处或是特殊部位都需要预留洞口，相关工作人员也应该检查预留洞口位置是否在允许偏差的范围内。

4）工作人员还应该认真检查一下钢筋桁架板侧边拉接钩的相关连接，是否符合紧密稳固的要求。

3. 可拆式钢筋桁架楼承板施工注意事项

1）钢筋桁架楼承板吊运时应轻起轻放，不得碰撞，防止钢筋桁架楼承板变形。

2）钢筋桁架楼承板的装卸、吊装均采用角钢或槽钢制作的专用吊架配合软吊带来吊装，不得使用钢索直接兜吊钢筋桁架楼承板，避免钢筋桁架楼承板板边在吊运过程中受到钢索挤压变形，影响施工。

3）软吊带必须配套，多次使用后应及时进行全面检查，有损坏则需要报废换新。若无专用吊架时，钢筋桁架楼承板下面应设枕木。

4）如果将钢筋桁架楼承板堆放在起吊位置，则应按照钢筋桁架楼承板布置图及包装标识堆放，同时进行起吊工序。

8.3 预制外墙板安装

8.3.1 蒸压加气混凝土外墙板安装

蒸压加气混凝土条板（图 8-16）是以石英砂、水泥、石灰、铝膏或铝粉等为主原料，内配经防腐处理焊接的双层钢筋网片，经过高压蒸汽养护而成的多气孔混凝土成型板材，既可做墙体材料，又可做屋面保温板，是一种性能优越的新型建材。

图 8-16 蒸压加气混凝土条板

1. 外墙安装工艺的介绍

（1）钢管锚工艺板材安装 板材安装前先清理基层，然后放线定位，根据弹出的控制线确定板材安装位置，焊接 63 × 6 角钢，条板运输至相应部位后，通过立板机或相关设备将条板竖起直立，板材接缝处按要求涂抹粘结砂浆，按图纸尺寸打孔并植入锚固钢管，套入连接螺栓。将条板下端用撬棍垫起，填入垫块或专用砂浆后按所弹边线调整条板水平度及垂直度，精确定位后套入滑动 S 板并拧紧连接螺栓。

（2）拼装单元体板材安装 板材安装前先清理基层、放线定位，根据弹出的控制线确定板材安装位置，在上口钢梁相应位置焊接压板及连接件，焊接牢固后临时固定 L140 × 90 × 8 角钢；然后在下口楼板位置固定专用支撑件，单元体条板运输至相应部位后，通过立板机或相关设备将条板竖起直立，板材接缝处按要求涂抹粘结砂浆，通过 M14 螺栓将板材预埋铁与上下口角钢及专用支撑件连接。按图纸要求预留板缝间隙，并填入相应密封材料，调整单元体水平度及垂直度后拧紧连接螺栓。

（3）自复位减振摇摆工艺板材安装 板材安装前先清理基层，然后放线定位，根据弹出的控制线确定板材安装位置，在下口结构楼板面放置埋板，焊接 140 × 80 × 6 角钢，条板运输至相应部位后，通过立板机或相关设备将条板竖起直立，板材接缝处按要求涂抹粘结砂浆，将条板下端用撬棍垫起，填入垫块或专用砂浆后按所弹边线调整条板水平度及垂直度，精确定位后拧紧 M14 连接螺栓。

2. 施工前准备

（1）作业环境 条板安装前应具备以下施工条件：

1）工程主体应验收合格，具有二次结构条板安装等下道工序的程序文件。

2）“三通一平”即通路、通水、通电和施工场地平整，以满足材料运输、堆放和安装的基本条件。

3）外挂升降电梯或塔式起重机应具备为条板垂直运输的使用条件，及时将运输至现场的条板转运至相应楼层。如用塔式起重机吊运板材应在相应楼层设置上料平台。

4）加气混凝土墙板安装前合同已签订，并接到施工方通知后进场。

施工过程中应注意：加气混凝土墙板码放应尽量靠近施工地点，以免材料的二次搬运。

加气混凝土墙板码放时应距板两端 1/5 处用垫木或加气砖垫平，一米垫一层，每垛不能超过 2m。

（2）墙板材料检验

1）蒸压加气混凝土板进场后，须经材料、技术、质检对外观质量、尺寸偏差进行检查验收。蒸压加气混凝土条板的尺寸偏差见表 8-5。

表 8-5　蒸压加气混凝土条板的尺寸偏差

序号	项目	指标 /mm
1	长度 L	±4
2	宽度 B	0；−4
3	厚度 D	±2
4	侧向弯曲	$\leqslant L/1000$
5	对角线差	$\leqslant L/600$
6	表面平整	≤ 3

2）蒸压加气混凝土板按同一种原材料、同一工艺生产、相同质量等级的每 3000 块为一个检验批，不足 3000 块的也按一批计，随机抽取 50 块板进行外观质量和尺寸偏差的检验。外观缺陷限值和外观质量见表 8-6。

表 8-6　外观缺陷限值和外观质量

项目	允许修补的缺陷限值	外观质量
大面上平行于板宽的裂缝（横向裂缝）	不允许	无
大面上平行于板长的裂缝（纵向裂缝）	宽度 <0.2mm，数量不大于 3 条，总长 $\leqslant 1/10L$	无
大面凹陷	面积 $\leqslant 150\text{cm}^2$，深度 $t \leqslant 10\text{mm}$，数量不得多于 2 处	无
大气泡	直径 ≤ 20mm	无直径 >8mm、深 >3mm 的气泡
掉角	每个端部的板宽方向不多于 1 处，其尺寸为 $b_1 \leqslant 100\text{mm}$、$d_1 \leqslant 2D/3$、$L_1 \leqslant 300\text{mm}$	每块板 ≤ 1 处（$b_1 \leqslant 20\text{mm}$，$d_1 \leqslant 20\text{mm}$，$L_1 \leqslant 100\text{mm}$）
侧面损伤或缺棱	≤ 3m 的板不多于 2 处；>3m 的板不多于 3 处；每处长度 $L_2 \leqslant 300\text{mm}$，深度 $b_2 \leqslant 50\text{mm}$	每侧 ≤ 1 处（$b_2 \leqslant 10\text{mm}$，$L_2 \leqslant 120\text{mm}$）

3. 外墙板安装工艺流程

工艺流程为：清理基层→定位放线→预检复核→焊接连接件→选板运输→板材就位与安装→检查校正→防锈处理→修补→报验。

1）清理基层：板材安装区域地面应清理干净、平整，不应出现塌陷。

2）定位放线：测量放线人员依据图纸在现场弹出墙体轴线、控制线和一道边线，并按照排板设计标明板的位置，并弹出位置线。放线时应严格按照门窗洞口边线向两侧排列，保证立面门窗位置准确。

3）预检复核：放线完成后由质检员和测量员进行复核验收，并报请监理单位验收通过后方可进行下一道工序施工。

4）焊接连接件：按照图纸焊接埋件及角钢连接件，焊缝为沿搭接长度满焊，焊脚高度不小于4mm。

5）选板运输：应严格按照排板图标明区域板号选择相应板材，通过外挂升降电梯（轿厢长度应大于3 m）或塔式起重机 + 上料平台方式运至各板材对应楼层，再由水平运输车分别送至对应安装部位，并码放整齐。

6）板材就位与安装：使用专用立板设备，将墙板放置于准确的安装部位，调整并核实无误后将连接件与墙板进行连接固定。板材平整度调整完毕后将连接件与结构梁及埋板进行焊接。板材安装时，先清除板侧面的浮灰或杂物，于板材接缝处满刮专用粘结砂浆，专用粘结砂浆要随配随用。墙板拼接时板缝宽度不大于5mm，安装时应以缝隙间挤出砂浆为宜。粘接砂浆应饱满均匀，厚度不大于5mm，饱满度大于80%。在粘结剂没有产生一定强度前，严禁碰撞振动，以免造成松脱或错位。

7）检查校正：每装一块板都应用吊线和2 m靠尺检查垂直度和平整度，如不符合要求则可使用专用撬棍进行调整至符合要求。

8）防锈处理：所有焊接部位清理焊渣，并刷涂防锈漆。

9）修补：使用专用修补剂对板材破损处进行修补。

10）报验：按安装允许偏差规定由质检员自检自查，自检合格后再报请监理单位进行检查验收。

4. 成品保护

1）派专人负责成品保护工作。

2）墙板安装完毕后，所有可能损坏墙板的危险器物不得靠近墙板，对容易受到损伤的部位做防护围挡，对容易受到污染的部位进行覆盖保护。

3）与加气混凝土板材有关的工种施工时要进行现场监护，防止加气混凝土板材受到损伤。

4）加气墙板安装完毕后，应注意保护，严禁撞击与磕碰。加气墙板支撑件其他工种不得随意拆除。

5）墙板安装完毕后，所有须在墙板上开洞、开槽的工作需经协商后方可施工，并采取有效保护措施，以避免墙板破损。

5. 安装加气混凝土外墙应注意的问题

1）加气墙板运输时应用良好的绑扎措施，运输中要平放，不能单边垫起，严禁死扛硬撬。

2）加气墙板进场后应单独设立放置区，并做好围挡工作。

3）施工现场配备安全员，负责施工安全有关工作，特殊作业工种持证上岗，一般施工人员经过岗位技能培训，合格后上岗。

4）加气混凝土板材切割时，现场要派专人进行洒水降尘，对切割下的废弃物要及时清扫干净。

5）加气墙板吊装时应采用专用夹具，避免板材损坏。

6）安装墙板时，为了确保板材上下两端与主体结构有可靠的连接质量，应严格按照排板图和节点图施工。

7）对于在施工中造成的板材的局部破损，可用砂浆进行修补。

8.3.2 PC 外墙板安装

PC 外墙板即预制装配式外墙板，是在工厂中制作、养护，成型后运抵施工现场，安装就位后和现浇部分整浇形成叠合墙体，如图 8-17 所示。预制装配式外墙板采用工业化生产方式，符合建筑工业化施工、绿色施工的要求，可显著减少外墙湿作业、提高施工质量和作业效率。

图 8-17　蒸压加气混凝土外墙板

1. 墙板材料检验

1）对所有墙板进行检查，固定在模板上的预埋件、预留孔和预留洞的安装位置的偏差应符合表 8-7 的规定。

表 8-7　预埋件和预留孔洞的允许偏差

项目		允许偏差 /mm	检验方法
预埋钢板	中心线位置	3	钢尺检查
	安装平整度	5	靠尺和塞尺检查
预埋管、预留孔中心线位置		3	钢尺检查
插筋	中心线位置	5	钢尺检查
	外露长度	+8，0	钢尺检查
预埋吊环	中心线位置	5	钢尺检查
	外露长度	+8，0	钢尺检查
预留洞	中心线位置	5	钢尺检查
	尺寸	+8，0	钢尺检查
预埋接驳器	中心线位置	5	钢尺检查

2）预制构件的外观质量不宜有一般缺陷，构件的外观质量应符合表 8-8 的规定。对已经出现的一般缺陷，应按技术处理方案进行处理，并重新检查验收。

表 8-8　构件的外观质量

名称	现象	质量要求	检验方法
露筋	构件内钢筋未被混凝土包裹而外露	主筋不应有，其他允许有少量	观察
蜂窝	混凝土表面缺少水泥砂浆而形成石子外露	主筋部位和搁置点位置不应有，其他允许有少量	观察
孔洞	混凝土中孔穴深度和长度均超过保护层厚度	不应有	观察
裂缝	缝隙从混凝土表面延伸至混凝土内部	影响结构性能的裂缝不应有，不影响结构性能或使用功能的裂缝不宜有	观察
连接部位缺陷	构件连接处混凝土缺陷及连接钢筋、连接件松动	不应有	观察
外形缺陷	内表面缺棱掉角、棱角不直、翘曲不平等。外表面面砖粘结不牢、位置偏差、面砖嵌缝没有达到横平竖直，转角面砖棱角不直、面砖表面翘曲不平等	清水表面不应有，混水表面不宜有	观察
外表缺陷	构件内表面麻面、掉皮、起砂、沾污等 外表面面砖污染、铝窗框保护纸破坏	清水表面不应有，混水表面不宜有	观察

3）对构件的尺寸进行检查。当同一规格（品种）、同一个工作班生产的构件连续 10 件检验合格时，可按批检验。同一规格（品种）、同一个工作班为一检验批，每检验批抽检不应少于 30%，且不少于 5 件。构件尺寸允许偏差应符合表 8-9 的规定。

2. PC 外墙安装施工

施工流程：定位放线→焊接连接件→外墙吊装→检查校验→外墙安装连接→打密封防水胶。

（1）定位放线　测量放线人员依据图纸在现场弹出墙体轴线、控制线和一道边线，并按照排板设计标明板的位置，并弹出位置线。放线时应严格按照门窗洞口边线向两侧排列，保证立面门窗位置准确。

（2）焊接连接件　按照图纸焊接埋件及角钢连接件，焊缝为沿搭接长度满焊，焊脚高度不小于 4mm。

（3）外墙吊装

1）打胶衬条前应先扫净混凝土表面灰尘，涂上专用粘结剂后压入粘牢衬条。衬条接头处宜 45° 切口搭接，不留空隙。

2）构件根部应系好缆风绳，人工控制构件转动，保证构件平稳就位。

3）预制构件与楼层预埋连接件形成可靠连接后，再脱钩、松钢丝绳和卸去吊具。

4）预制构件临时吊装支撑应符合设计及相关技术标准要求，安装就位后，应采取保证构件稳定的临时固定措施。

（4）检查校验　预制墙板安装就位，应根据水准点和轴线校正位置。预制构件吊装尺寸偏差应符合表 8-10 的规定。

表 8-9　构件尺寸允许偏差

项目		允许偏差 /mm	检验方法
长度	板	±4	钢尺检查
	墙板	±4	
宽度	板、墙板	0，−4	钢尺量一端及中部，取其中较大值
高（厚）度	板	+2，−3	钢尺量一端及中部，取其中较大值
	墙板	0，−4	
侧向弯曲	板	L/1000 且≤ 15	拉线、钢尺量最大侧向弯曲处
	墙板	L/1500 且≤ 15	
对角线差	板	6	钢尺量两个对角线
	墙板	4	
表面平整度	板、墙板	3	2m 靠尺和塞尺检查
翘曲	板、墙板	L/1500	调平尺在两端量测
预埋钢板	中心线位置	4	靠尺和塞尺检查
	安装平整度	5	
插 筋	中心线位置	5	钢尺检查
	外露长度	+8，0	
预埋吊环	中心线位置	5	钢尺检查
	外露长度	+8，0	
预留洞	中心线位置	5	钢尺检查
	尺 寸	+8，0	
预埋管、预留孔中心线位置		3	钢尺检查
预埋接驳器中心线位置		5	钢尺检查

注：L 为构件长度（mm）。

表 8-10　吊装尺寸允许偏差

项 目	允许偏差 /mm	检验方法
轴线位置	5	钢尺检查
底模上表面标高	±5	水准仪或拉线、钢尺检查
每块外墙板垂直度	5	2m 拖线板检查 （四角预埋件限位）
相邻两板表面高低差	2	2m 靠尺和塞尺检查
外墙板外表面平整度（含面砖）	3	2m 靠尺和塞尺检查
空腔处两板对接对缝偏差	±3	钢尺检查
外墙板单边尺寸偏差	±3	钢尺量一端及中部， 取其中较大值
连接件位置偏差	±5	钢尺检查
斜撑杆位置偏差	±20	钢尺检查

（5）外墙安装连接 预制墙板就位校验后，通过垫片和螺母将墙板与楼板进行连接固定，再将连接处进行焊接处理。

（6）打密封防水胶 打密封胶的目的是防水、防尘、保温及确保外墙面的整体效果。

1）对密封防水胶的性能、质量和配合比进行检查，耐老化与使用年限应满足设计要求。打胶衬条的材质应与密封胶的材质相容。

2）预制外墙板外侧水平、竖直接缝的密封防水胶封堵前，先用高压喷气去尘，再用甲苯或二甲苯清洗打胶面，使打胶面保持干净、无杂物。

3）板缝用直径30mm的背衬圆棒填塞，并严格控制嵌入深度。

4）在板缝两边贴胶带加以遮盖保护PC板。

5）打胶时打胶枪的胶嘴尽量触及接口底部，以确保密封胶填满。

6）使用硬质塑料条做成凸形工具进行表面修整，以确保密封胶表面的平滑美观及饱满，密封胶结皮后48h内不宜触摸。

7）预制外墙板连接缝施工完成后应在外墙面做淋水、喷水试验，并在外墙内侧观察墙体有无渗漏。

3. 成品保护

1）预制外墙板饰面砖、石材、涂刷表面采用贴膜保护。

2）预制构件暴露在空气中的预埋铁件应涂抹防锈漆，防止产生锈蚀。

3）对连接止水条、高低口、墙体转角等易损部位，应采用定型保护垫块或专用套件加强保护。

4）PC吊装完成后，外墙板预埋门、窗框及预制楼梯要进行成品保护，防止其他工种施工过程中造成损坏。门、窗框应用槽型木框保护，楼梯踏步宜铺设木板或其他覆盖形式保护。

5）墙板安装完毕后，所有须在墙板上开洞、开槽的工作需经协商后方可施工，并采取有效保护措施，以避免墙板破损。

4. PC外墙吊装注意的问题

1）吊装工作人员及拉缆风绳工作人员，必须严格遵守国家现行标准《建筑施工高处作业安全技术规范》(JGJ 80—2016）的规定。

2）在PC墙体进场之前，应当在PC构件厂事先进行墙体的检查，待质量合格后，再运往工地现场。

3）预制外墙板相邻两板之间的连接件应紧固到位，不可虚松。

4）外墙吊装应该提前考虑不能安放两台塔式起重机的情况，此时可能需要采用一台大型塔式起重机。

8.4 预制内墙板安装

分户墙是两户之间的分隔墙，是两户之间共有的墙体。预制内墙板是以节约能耗减少扬尘、降低成本、加快施工进度、减少人工、提高墙体质量为目标的分户墙。其中，砂加气条板作为预制内墙板的一种，既保证了墙面的平整度，又提高了墙体的整体性、隔音性和抗震强度，完全符合墙体材料的发展趋势，尤为突出了轻质、节能、环保的特点。现以砂加气条板（图8-18）为例进行工艺解读。

1. 施工流程

施工流程：施工前准备→弹墨线→切割墙板→板顶抹砂浆→竖起墙板→墙板就位与校正→墙板固定→接缝灌浆→墙面抹灰。

图 8-18　砂加气条板

1）弹墨线：在墙板安装部位弹基线与板底或梁底基线垂直，保证安装墙板平直。

2）锯板：根据要求用手提机切割，调整墙板的宽度和长度，使墙板损耗率降低。

3）板顶抹砂浆：用水泥加中砂（1∶2）再加建筑胶调成糊状，先用清水刷湿墙板的凹凸槽，再将聚合物砂浆抹在墙板的凹凸槽内和地板基线内。

4）竖起墙板：将上好砂浆的墙板搬到装拼位置立起，上下对好基线位置，用铁撬将墙板从底部撬起用力使板与板之间靠紧。

5）墙板就位与校正：将墙板用力靠紧，使砂浆从接缝挤出，保证砂浆饱满，用木楔将其临时固定。并用垂直度 2m 的直靠尺校正位置。

6）墙板固定：用冲击钻以 45° 在榫头或榫槽面中间钻孔，然后用 $\phi 6\times 200$ 的钢筋锚固。

7）接缝灌浆：安装校正好的墙板用水泥砂浆（1∶2）再加建筑胶调成聚合物浆状填充上、下缝和板与板之间的接缝，并将其木楔拔出用砂浆填平。

8）墙面抹灰：配制水泥砂浆并涂抹面层。

2. 质量检查

1）一面墙安装完毕后，检查合格后在板底填塞实专用砂浆，并确保板缝的砂浆饱满。

2）门洞尺寸要控制好标高统一，可在墙板安好后用水准仪测出一标高线，再以具体尺寸上翻，使门洞上边尺寸统一。

3）安装好的条板隔墙不得有起皮、空鼓等缺陷，面层应平整，不得露出增强钢筋，接缝应平整、顺直，转角应规正。

4）条板隔墙安装的允许偏差应符合尺寸要求。墙板安装允许偏差和检验方法见表 8-11。

表 8-11　墙板安装允许偏差和检验方法

序号	项目	单位	质量标准	检验方法
1	整体	mm	墙板周边连接平直牢固、表面平整，板缝均有玻璃纤维布粘贴	观察检查
2	间距偏差	mm	≤ 10	用钢尺量
3	轴线偏差	mm	≤ 10	用钢尺量
4	垂直偏差	mm	±4	用托线板或经纬仪
5	板面平整度	mm	±3/m（板缝粘结料饱满）	用 2m 靠尺
6	门、窗洞中心偏差	mm	≤ 4	用钢尺量
7	门、窗洞口尺寸偏差	mm	≤ 5	用钢尺量

8.5 门窗楼梯安装

8.5.1 楼梯安装

预制楼梯（图 8-19）分为预制钢梯、预制混凝土楼梯与预制木梯。以预制钢梯为例进行工艺解读。

a)

b)

c)

图 8-19 预制楼梯

a）预制钢梯 b）预制混凝土楼梯 c）预制木梯

预制钢梯安装的流程为：施工前准备→定位、放线→铺设找平层→轴线复核→楼梯试吊→楼梯就位→校正→楼梯段与平台板的焊接→涂刷防锈漆。

1. 楼梯安装准备

1）预制楼梯的入场检验：根据《固定式钢梯及平台安全要求》（GB 4053—2009），对进场的部件进行结构性能检验。

2）搭设临时脚手架：安装过程中采根据楼层高度搭设脚手架，楼层较低的采用移动式脚手架，便于操作；楼层较高的采用钢管脚手架，整体稳定性好。

3）埋件：脚手架搭设好后，对钢梯或平台埋件的位置进行量测，如有较大位移，及时上报监理。确认无误后，将埋件表面水泥浆清理干净，与埋件四周焊接完成后进行除锈、打磨确保其光滑平整。

4）起吊前检查吊索具，确保其保持正常工作性能。吊具螺栓出现裂纹、部分螺纹损坏时，应立即进行更换，同时保证施工三层更换一次吊具螺栓，确保吊装安全。检查吊具与预制板背面的四个预埋吊环是否扣牢，确认无误后方可缓慢起吊。

2. 预制楼梯安装施工

1）定位放线：在楼梯洞口外的板面放样（楼梯上下段板控制线）；在楼梯平台上画出安装位置（左右、前后控制线）；在墙面上画出标高控制线。

2）在梯段上下口梯梁处铺水泥砂浆找平层，找平层标高要控制准确。

3）弹出楼梯安装控制线，对控制线及标高进行复核，控制安装标高。楼梯侧面距结构墙体预留 30mm 空隙，为保温砂浆抹灰层预留空间。

4）预制楼梯试吊装：预制楼梯梯段采用水平吊装。构件吊装前必须进行试吊，吊起距地 500mm 后停止，检查钢丝绳、吊钩的受力情况，使楼梯保持水平，然后吊至作业层上空。吊装时，应使踏步平面呈水平状态，便于就位。将楼梯吊具用高强螺栓与楼梯板预埋的内螺纹连接，以便钢丝绳吊具及倒链连接吊装。板起吊前，检查吊环，用卡环销紧。

5）预制楼梯就位：就位时楼梯板要从上垂直向下安装，在作业层上空 300mm 左右略作停顿，施工人员手扶楼梯板调整方向，将楼梯板的边线与梯梁上的安放位置线对准，放下时要停稳慢放，严禁快速猛放，以避免冲击力过大造成板面振动裂缝。

6）校正：基本就位后再用撬棍微调楼梯板，直到位置正确，搁置平稳。安装楼梯板时，应特别注意标高正确，校正后再脱钩。

7）楼梯段与平台板的焊接：楼梯段校正完毕后，将梯段上口预埋件与平台预埋件用连接角钢进行焊接，焊接完毕，接缝部位采用灌浆料进行灌浆。

8）涂刷防锈漆。钢梯安装完成后除锈等级满足相关规范的技术要求，应对其至少涂一层底漆或一层（或多层）面漆或采用等效的防锈防腐涂装。按照以下防腐顺序进行涂刷作业：

① 环氧富新底漆：1 道，干膜厚度（40±10）μm。

② 环氧云铁中间漆：1 道，干膜厚度（60±10）μm。

③ 丙烯酸聚氨酯面漆：1 道，干膜厚度（40±10）μm。

3. 操作要点与工艺要求

1）要严格按《钢结构工程施工质量验收规范》(GB 50205—2001）进行加工，每道工序均应严格检查，合格后方可转入下道工序，成品检查合格后即可运输至安装现场。

2）钢斜梯应采用焊接连接，焊接要求应符合《钢结构工程施工质量验收规范》(GB 50205—2011）的规定。采用其他方式连接时，连接强度不应低于焊接。安装后的梯子不应有歪斜、扭曲、变形及其他缺陷。

3）制造安装工艺应确保梯子及其所有构件的表面光滑，无锐边、尖角、毛刺或其他可能对梯子使用者造成伤害或妨碍其通过的外部缺陷。

4）钢斜梯与平台梁、吊柱相连接时，连接处采用开长圆孔的螺栓连接。

5）预制楼梯吊装过程应有监理全程旁站监督，吊装时遇 5 级及以上风时应停止吊装。

8.5.2 外窗安装

窗是建筑物围护结构系统中重要的组成部分（图 8-20 为预制外窗），又是建筑造型的重要组成部分，具有通风和采光的作用。外窗按材料分为铝合金窗、木窗、铝木窗、断桥隔热窗、钢窗、塑钢窗、彩钢窗。本节以铝合金窗为例进行工艺解读。

图 8-20 预制外窗

外窗施工流程为：测量放线→安装副框→安装窗框→安装玻璃→安装窗扇→密封处理→清理验收。

1. 施工前准备

1）需要吊运组装后的外窗，应用非金属绳索捆绑，严禁碰撞、挤压，以防损伤和变形。

2）窗口应按照设计要求完成防水及保温砂浆的收口处理。

3）清除洞口四周的杂土及灰尘。

2. 安装施工

（1）测量放线　由水平基准线和各立面的垂直基准线、中心线弹出标高线，窗进出位置线及中心位置线参照建施图对外窗洞口位置、尺寸进行复核。保证上、下窗在一条线上；保证每层窗在同一水平面上。

（2）副框安装

1）按照作业计划将即将安装的钢副框运到指定位置，同时注意其表面的保护。

2）将固定片镶入组装好的钢副框，四角各一对，距端部50~100mm。严格按照图纸设计安装点采用膨胀螺栓和固定片安装。

3）将副框放入洞口，按照调整后的安装基准线准确安装副框，将副框找正。

4）将副框与主体结构用固定片和膨胀螺栓连接，侧面副框中间位置为膨胀螺栓，上下两端为固定片。

5）安装就位后，在膨胀螺栓钉帽处将膨胀螺栓与钢副框点焊连接，以防止膨胀螺栓在外力作用下松动。

6）对膨胀螺栓钉帽焊缝用防锈漆进行防锈处理。

7）副框下部用水泥砂浆固定几点，间距约500mm。当封堵水泥砂浆强度达到3.5MPa以上后，取下木楔及上次砂浆固定块。

8）副框与墙体间缝隙用1∶2.5水泥砂浆封堵，要求100%填充。

（3）外窗安装

1）按规定将外窗放入洞口。

2）用木楔或垫块将外窗下侧两端垫起10mm左右并调至水平，平移外窗使两侧与副框间隙相等，向非边侧推压外窗四周使外窗靠紧泡沫不干胶条。

3）确认外窗的水平及铅直状态，如不合格应重新调整合格，然后用垫块将外窗塞紧并固定。

4）外窗主框于附框、洞口之间安装，固定点位置及中心距应满足设计要求，距离角部的距离不大于150mm，其余部分的中心距不大于500mm，宜在窗框受力杆件中心位置两侧150mm内设置。

5）用自攻钉将外窗固定到钢附框上，固定作业过程中不可移动外窗位置。

（4）安装玻璃　外窗框立口安装完毕后，检查“三线”无误后方可安装玻璃。先将框上的保护带除掉，并将框内的杂物清理干净后安装玻璃。

（5）安装窗扇　部分五金可在车间安装在窗扇上，运输、搬运时应小心轻放，防止丢失。若为外开窗，风撑、合页的一部分必须在工地现场进行安装。安装完毕后，必须进行细心的调试，做到开启灵活自如，左右、上下搭接一致，外观协调、美观。

（6）密封处理

1）外窗安装定位结束后，再次用清水淋湿四周副框，而后在外窗与副框间隙中由下至上充填聚氨酯发泡胶，充填必须饱满，为保护外窗表面，必要时先贴好保护膜，然后填充发泡胶。

2）待发泡胶固化后用刀片修刮至与框体内侧表面平齐，并将窗体表面残胶清除干净，修刮与清除作业应避免损伤窗体表面。

3）在外窗的外侧用中性硅酮耐候密封胶将外窗与砂浆或饰面材料交角处进行密封处理，封闭层应密实均匀。在充打硅酮密封胶以前，必须将外窗框外侧及饰面材料表面的杂物用毛刷清理干净，必要时可用棉布擦净。

3. 外窗安装质量检查

1）外窗的安装的偏差应在允许范围内，允许偏差见表 8-12。

表 8-12　外窗安装的允许偏差

<table>
<tr><th colspan="2">项　目</th><th>允许偏差 /mm</th><th>检验方法</th></tr>
<tr><td colspan="2">外窗中线与洞口中线偏差</td><td>±5.0</td><td rowspan="5">用线坠、水平靠尺检查</td></tr>
<tr><td rowspan="2">垂直杆件
侧面垂直度</td><td>≤ 2000</td><td>±2.0</td></tr>
<tr><td>>2000</td><td>±3.0</td></tr>
<tr><td rowspan="2">垂直杆件
正面垂直度</td><td>≤ 2000</td><td>0 ≤外倾量≤ 2.0</td></tr>
<tr><td>>2000</td><td>0 ≤外倾量≤ 3.0</td></tr>
<tr><td rowspan="2">水平杆件
水平度</td><td>≤ 2000</td><td>±2.0</td><td rowspan="2">用水平靠尺检查</td></tr>
<tr><td>>2000</td><td>±3.0</td></tr>
<tr><td colspan="2">下框的标高</td><td>±5.0</td><td>用钢板尺对比基线检查</td></tr>
<tr><td rowspan="2">最大对角线
长度差</td><td>≤ 2000</td><td>3.0</td><td rowspan="2">用钢卷尺检查</td></tr>
<tr><td>>2000</td><td>5.0</td></tr>
<tr><td rowspan="2">左右边框
中部进深差</td><td>窗宽≤ 2000</td><td>±3.0</td><td rowspan="2">用钢板尺对比基线检查</td></tr>
<tr><td>窗宽 >2000</td><td>±5.0</td></tr>
</table>

2）观感质量检查。

① 窗扇开关灵活、关闭严密、无倒翘。

② 表面洁净、平整、光滑，大面积无划痕、碰伤。

③ 窗扇密封条不得脱落。

④ 耐候胶粘结牢固、表面光洁、顺直，无裂纹。

⑤ 玻璃密封条与玻璃及玻璃槽口的接缝平整，无卷边、脱槽等。

⑥ 五金件安装牢固、位置正确，开启灵活。

8.5.3　防火门的安装

门作为建筑围护体系中的重要组成部分，起到室内外交通联系、交通疏散，并兼顾通风采光的作用。采用的分类方法不同，其分类也有不同。门常见的分类方法如下。

1）按材料分：木门、钢门、铝合金门、不锈钢门、玻璃门等。

2）按开户方式分：平开门、弹簧门、推拉门、折叠门、转门、卷帘门等。

3）按作用分：大门、进户门、室内门、防爆门、抗爆门、防火门等。

4）按用途及形式分：安全门、钢质门、防火门、防盗门、隔断门、防爆玻璃门等。

本节以防火门（图 8-21）为例，对门的安装进行工艺解读。

图 8-21　防火门

1. 施工前准备

（1）技术准备

1）认真、细致地熟悉安装位置及现场情况，做到心中有数。

2）安装地坪基准线应明确、清晰，墙面已弹好 +100cm 线。

3）明确开启方向（左外、右外、左内、右内）和安装形式（齐外、居中、齐内）。

4）检查现场情况，整理并清洁好工作区域，检查门洞或门框的预留尺寸是否符合要求。

5）门洞必须水平、垂直，门洞墙体平整，门洞尺寸准确无误。

（2）材料准备

1）防火门在运输时，门框、门扇应分开装。防火门装车时应绑扎牢固可靠，有垫板，不能直接接触门框和门扇的表面，以免运输中划伤表面涂层。

2）门扇、门框在室内应用垫板叠放，门框与门扇分开。严禁与酸碱等物一起存放，室内应清洁、干燥、通风。

3）门框和门扇应正立堆放时，码放角度不小于 70°，单排码放数量不能多于 50 个。

4）安装前必须仔细检查产品的数量、款式、颜色 、尺寸和表面用肉眼可检测到的质量问题，若有问题必须先处理后安装。

2. 钢质防火门施工工艺

施工工艺：划线定位→门洞口处理→门框内灌浆→门框就位和临时固定→门框固定→门框与墙体间隙的处理→门扇安装→五金配件安装。

1）划线定位：按设计要求尺寸、标高和方向，弹出门框框口位置线。

2）门洞口处理：安装前检查门洞口尺寸，偏位、不垂直、不方正的要进行剔凿或抹灰处理。

3）门框内灌浆：对于钢质防火门，需在门框内填充 1∶3 水泥砂浆。填充前应先把门关好，将门扇开启面的门框与门扇之间的防漏孔塞上塑料盖后，方可进行填充。填充水泥砂浆不能过量，防止门框变形影响开启。

4）门框就位和临时固定：先拆掉门框下部的固定板，将门框用木楔临时固定在洞口内，经校正合格后，固定木楔。门框埋入 ±0.000m 标高以下 20mm，须保证框口上下尺寸相同，允许误差 <1.5mm，对角线允许误差 <2mm。

5）门框固定：采用 1.5mm 厚镀锌连接件固定。连接件与墙体采用膨胀螺栓固定安装。门框与门洞墙体之间预留的安装空间：胀栓固定预留 20~30mm。门框每边均不应少于 3 个连接点。

6）门框与墙体间隙间的处理：门框周边缝隙，用 1∶2 水泥砂浆嵌缝牢固，应保证与墙体结成整体，经养护凝固后，再粉刷洞口及墙体。门框与墙体连接处打建筑密封胶。

7）门扇安装：先用十字螺钉旋具把合页固定在门扇上。把门扇挂在门框上。挂门时，先将门扇竖放在门框合页边框旁，与门框成 90° 夹角，为安装方便，门扇底部可用木块垫起。对准合页位置，将门扇通过合页固定在门框上。

8）五金配件安装：安装五金配件及有关防火装置。门扇关闭后，门缝应均匀平整，开启自由轻便，不得有过紧、过松和反弹现象。

9）门框与门扇的正常间隙：左、中（双开门、子母门）、右（3±1）mm，上部（2±1）mm，下部（4±1）mm 间隙。调整框与扇的间隙，做到门扇在门框里平整、密合，无翘曲和明显反弹。

3. 质量检查

1）钢质防火门尺寸与形位公差见表 8-13、表 8-14。

表 8-13　尺寸公差表

部位名称	极限偏差 /mm	部位名称	极限偏差 /mm
门扇高度	+ 2，−1	门框槽口高度	±3
门扇宽度	−1，−3	门框侧壁宽度	±2
门扇厚度	+ 2，−1	门框槽口宽度	±1

表 8-14　形位公差

名称	测量项目	公差 /mm
门框	槽口两对角线长度差	≤ 3
门扇	两对角线长度差	≤ 3
	扭曲度	≤ 5
	高度方向弯曲度	≤ 2
门框、门扇	门框与门扇组合（前表面）高低差	≤ 3

2）其他要求。

① 防火门的品种、类型、规格、尺寸、开启方向、安装位置及防腐处理应符合设计要求。

② 防火门的安装必须牢固，门扇开启无异响，开、关灵活自如。

③ 防火门门扇关严后与密封条结合紧密，不摆动。

4. 成品保护

1）门扇安装完毕后，如有保护膜破裂，用透明胶带与透明保护膜表面粘接，避免出现表面划伤、磕碰。门扇保护膜修复后，将锁具装好，并用 PVC 保护膜把面板、把手分别粘贴，避免表面划伤、磕碰。

2）门扇、锁具安装完毕后，要将门扇锁紧，防止成品碰伤、划伤，锁具丢失。

3）抹灰及墙面装饰前用塑料膜将门扇保护好，任何工序不得损坏其保护膜，防止砂浆、污物对表面的污染。

4）防火门面漆为后做时，应贴 50mm 宽纸条，对装修后的墙面进行保护。

5）门扇表面有污点，可用清水擦洗掉。

8.6 整体厨卫安装

8.6.1 整体厨房的安装

1. 整体厨房的介绍

（1）整体厨房概念　整体厨房（图 8-22）是将橱柜、抽油烟机、燃气灶具、消毒柜、洗碗机、冰箱、微波炉、电烤箱、水盆、各式抽屉拉篮、垃圾粉碎器等厨房用具和厨房电器进行系统搭配而成的一种新型厨房形式。“整体”的涵义是指整体配置，整体设计，整体施工装修。“系统搭配”是指将橱柜、厨具和各种厨用家电按其形状、尺寸及使用要求进行合理布局，实现厨房用具一体化。依照家庭成员的身高、色彩偏好、文化修养、烹饪习惯及厨房空间结构、照明结合人体工程学、人体工效学、工程材料学和装饰艺术的原理进行设计，使科学和艺术的和谐统一在厨房中体现得淋漓尽致。

图 8-22　整体厨房

（2）整体厨房的优点

1）整体。整体是最为突出也最为显著的优点。整体厨房设计将整个厨房当中的厨房用具和厨房电器进行了系统的搭配，从而让厨房变成一个有机整体，实现整体配置、整体装修设计与施工，实现厨房在功能、科学和艺术三方面的完整统一。

2）健康。整体厨房使用的板材多为无毒无害环保材料，能够保证人们不再受到甲醛和辐射的困扰。另外，整体厨房专门使用的材料和精心的设计也能够让人们告别“烟熏火燎”和“卫生死角”的年代。

3）安全。整体厨房的设计和打造，在厨房当中实现了水与火、电与气之间的完美整合，这样的设计可以完美地杜绝厨房当中的各种安全隐患。

4）舒适。整体厨房的设计和打造过程当中，完美地融入进了人体工程学、人体工效学和工程材料学等各式原理。这样的设计突出了整体厨房以人为本的理念，更能让人们零距离地感受舒适生活。

5）美观。现代化设计的整体厨房不仅能够做到功能齐全，还是整个完美家居空间当中一道最为亮眼的风景线，它能够让厨房拥有别样的内涵，甚至可以把它当作既是做饭劳作的空间，也是休憩娱乐的休闲场所。

2. 整体厨房安装流程

整体厨房构件加工生产出厂后，将在现场安装施工，过程中需要经过墙板安装、吊顶安装、地板安装及橱柜安装等流程。

（1）CCA 墙板安装

1）型材的定位及安装。基准线是墙板安装施工的基础，首先利用激光水平仪定位基准线，然后用弹线器在墙上弹线；通过膨胀螺栓将 L 形角码按照标准线固定在墙面上，进行双向内装铝钢管龙骨的安装，然后利用靠尺测量平整度，通过 1mm 垫片调平。激光定位与墙面弹线如图 8-23、图 8-24 所示。

2）CCA 墙板打胶（图 8-25）。在安装好的铝钢管龙骨型材上涂满结构胶，通过型材的紧固及与铝钢管龙骨型材的粘合力将 CCA 板进行固定。

3）CCA 墙板铺贴。先安装地面一排基准 CCA 墙板，从下往上铺贴剩余墙板，再将开关及电管处预留口在墙板上进行开孔（图 8-26），最后将门窗洞口、窗台位置的 CCA 板进行安装。

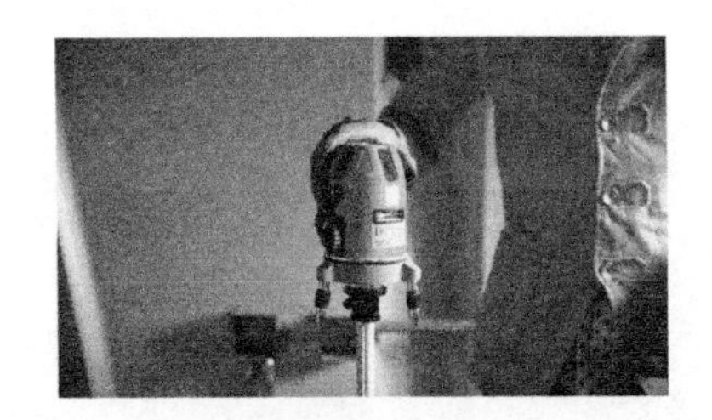

图 8-23　激光定位

图 8-24　墙面弹线

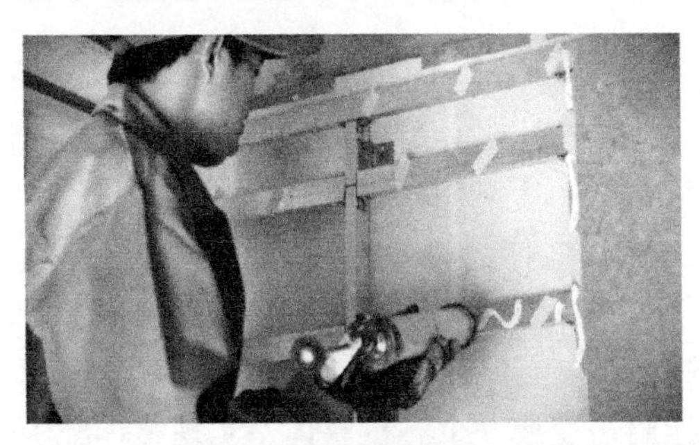

图 8-25　墙板打胶

图 8-26　墙板开孔

4）墙面勾缝及清理。墙板安装完成后，板墙接缝做法采用坡口刮平缝，将接缝腻子用小刮刀嵌入板缝，与坡口刮平，粘贴玻纤带，压实刮平。

（2）CCA 地板安装

1）地面横梁安装。清理地面杂物（图 8-27），按照施工模型进行施工放线，按照标准线安装地面调节支座（图 8-28），然后安装地板横梁及支撑板。调节角之间按 600mm 的间距进行排布，对于小于 600mm 的间距需进行裁切。

2）地板铺贴（图 8-29）。在安装好的横梁支撑板上进行地板铺设，铺设后用橡胶锤轻打地板边缘，以确保地板锁扣安装稳定，然后板材铺设好后进行勾缝处理。在勾缝完成的两个小时后进行橱柜安装。

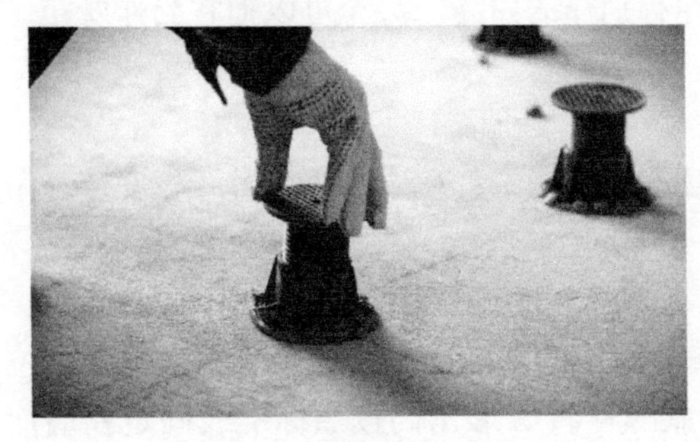

图 8-27　清理地面杂物

图 8-28　支座安放

（3）集成吊顶安装

1）安装收边条（图 8-30）。首先安装收边条至调平，然后进行顶板画线定位，画线定位时一定要与基准面平行。在标准线上用电钻打孔，安装膨胀管、吊件。

图 8-29　地板铺贴

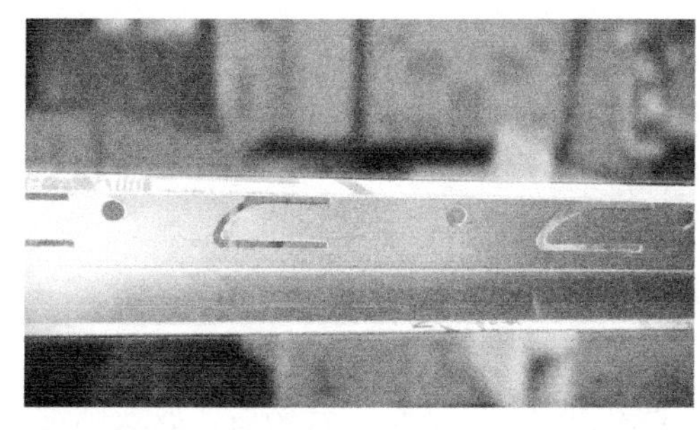

图 8-30　安装收边条

2）安装龙骨。在安装好的吊件上利用特殊连接件将主龙骨吊装，再用转接件将副龙骨固定。龙骨走向的不同会影响安装效果的不同，所以安装时应认真与模型校对。龙骨安装、顶板安装如图 8-31、图 8-32 所示。

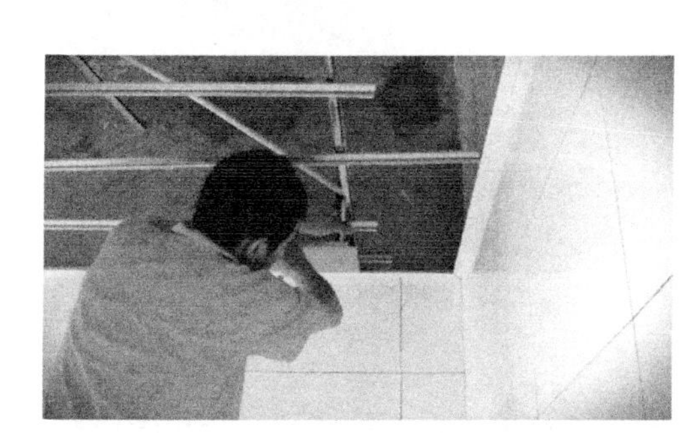

图 8-31　安装龙骨

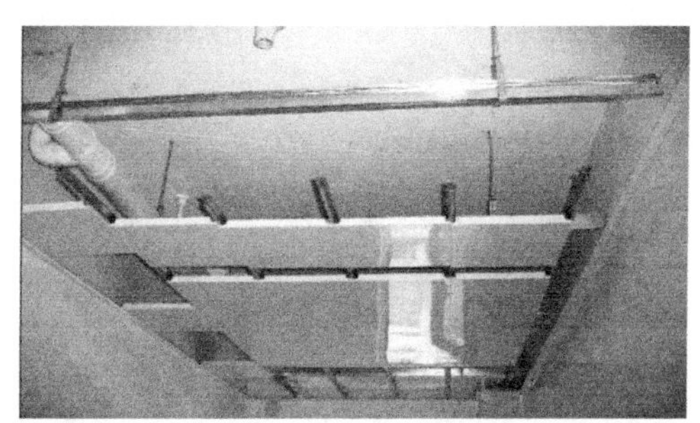

图 8-32　安装顶板

3）安装铝扣板及电器。安装扣板时尽量将非整板安装在吊柜上部位置，电器部分最后安装。安装时应注意对扣板及电器表面的保护。

8.6.2　整体卫浴安装

1. 整体卫浴介绍

1）整体卫生间（图 8-33），是采用一体化的防水盘与壁板、顶板构成整体框架，配上各种功能洁具形成的独立卫生单元，具有洗浴、盥洗、如厕三项基本功能。整体卫生间是独立结构，不与建筑的墙、顶面固定连接，适用于砖混结构、钢筋混凝土结构、钢

图 8-33　整体卫浴

结构、砖木等结构建筑。采用复合材料，模具一次性压制成型，所有部件全部在工厂内生产完毕，运至现场装配或整体吊装，节省劳动力，而且干法作业，安装速度快，质量有保证，不渗漏，耐用、环保、节能、低碳、安全。整体卫生间属于技术成熟可靠、品质稳定优良的工业化成套住宅部品。

2）整体卫浴具备的优点：

① 杜绝渗漏：一体成型防水底盘，专利防水反沿和流水坡度设计，无渗漏隐患。

② 结构牢固可靠：与建筑的构架分开独立，实现良好的负重支撑。

③ 表面强度高：FRP、SMC与石材、瓷砖的表面都具有很高的表面强度，耐腐蚀、易清洁。

④ 舒适：肤感细腻，无冰冷不适感，且保温隔热性能好。

⑤ 不需做防水处理：实际安装照耀调整水平即可，不需要做防水。

⑥ 安装简便：在现场底盘直接放在基层上固定。

⑦ 缩短工期：施工不受季节影响，与湿作业相比，工期大大缩短。

⑧ 集成排水：采用一体式排水地漏，只需在现场连接排水管。

2. 整体卫浴安装流程

1）底盘安装（图8-34）。首先确定地面无杂物和积水，平整度合格后，放线确定底部安装位置；然后在底盘上装好地脚螺栓，再用扳手将地脚螺栓调节至统一高度，调整完成后将螺母锁紧并盖上橡胶帽；接着在底板上安装地漏及排污法兰，安装完成后将底盘安放在确定的位置；最后进行下水配管的安装。

图8-34　底盘安装

2）墙板安装。按编号顺序编好隔墙板，墙板用U形件和螺栓连接，拼接完成后安装墙板正面加强筋，墙板安装前将底盘做好成品保护工作，将墙板卡入底盘边缘安装面的卡件内，固定在底盘上，墙角转角处用专用型材固定，利用木榫将密封条敲进墙板内，将冷热水管电管等配接。墙板卡件、冷热水管配接如图8-35、图8-36所示 。

图8-35　安装墙板卡件

图8-36　配接冷热水管

3）浴室顶板安装。保证顶盖与墙板结合处缝隙均匀，为自然缝；用自钻钉将天花与墙板依次连接，同时两块天花之间也用自攻钉连接好，注意表面平整；盖好天花板检修口。需要注意的是安装天花板前，要将墙板上端的灰尘、杂物清除干净；自钻螺钉安装要牢固，安装要按顺时针或逆时针方向依次钻入，不可将螺钉打入浴室内；操作过程中不可用力下压天花板；各天花板与墙板的四周搭接要均匀；对于大浴室的拼接式天花板，拼接面要整齐，缝隙要均匀。

4）主体部件及附件安装。进行内部构件的安装，包括洗面台、座便器、淋浴间、化妆镜、灯具、电路装置等的安装。洗面台、座便器安装如图 8-37、图 8-38 所示。

① 安装洗面台。严格按照切割模板切割台面。脸盆与排水接头处应紧密固定且便于拆卸，连接处不得敞口，且确保不漏水，不得使用各类胶粘剂连接接口部分。

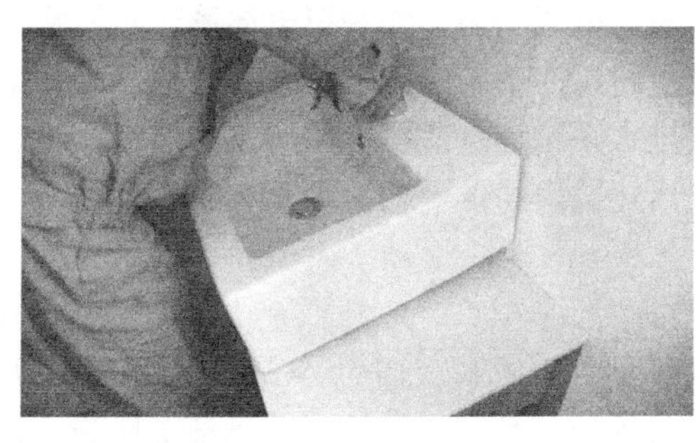

图 8-37 洗面台的安装

图 8-38 座便器的安装

② 安装座便器。安装前需检查排污管道与地面的水平度，然后安装排污管，固定马桶，安装底部密封圈，安装水箱配件。完成安装后需要进行调试检验。

③ 淋浴间的安装。在铺设底座的位置涂刷防水层，防水层干透后在标记好的位置铺设淋浴底座，并固定好。淋浴底座安装完之后在底座与地面周边缝隙打胶。安装玻璃、玻璃门、扶手及其他配件，玻璃门安装要开关自如，胶条安装牢固、平直顺畅。扶手及其他配件安装时要锁紧。淋浴房玻璃安装完成后，玻璃与墙面、底座周边接触处进行打胶，打胶要均匀平直、饱满。

④ 化妆镜的安装。安装大块镜面需用单向立筋。立筋横平竖直，以便于木衬板和镜面的固定。用小铁钉与墙筋钉接衬板，钉头没入板内。将镜面放在操作台案上，按钻孔位置量好尺寸，标注清楚。钻孔时，应不断往镜面上浇水，直至钻透，注意要在钻透时减轻用力。最后用螺钉将镜面固定。

⑤ 灯具、电路的安装。按照设计相应位置按照灯具、插座灯电路。

5）试水、通电、清洗。

① 试水。缓慢向管内注水，注水点在最低点，便于把空气排出。管道充满水后，在静压状态下检查各管道及其接头是否漏水。通水后，检查检修口处冷热水接头的密封性，应无渗漏。检查浴缸水嘴、洗面台水嘴、淋浴间水嘴冷热水接口，应无渗漏。打开坐便器调压阀，检查坐便器调压阀进水阀处，应无渗漏。调整好水箱水位高度，确保坐便器冲洗干净。检查花洒及花洒接管处，确保无渗漏现象。用水塞封住浴缸排水口和洗面盆排水口。打开水嘴向浴缸和洗面盆内放水，直至水面上升到溢水口为止。分别仔细检查浴缸排水口、溢水口，洗面台排水口、溢水口，应无渗漏。打开水塞，浴缸、洗面台应在规定时间内将水排完，检查排水的通畅性，地漏内水不应流向底盘表面。检查洗

面盆排水管件、浴缸底部排水管道各接点，应无渗漏。

② 通电。分别将每组电源线进行通电试验，确保通电正常。检查各用电装置的工作状况，确保各用电装置运作正常。

③ 清洗。调试完毕后，对整体浴室进行清洗。将整体浴室内的安装残留物清扫干净，特别是较隐蔽处，如浴缸下、地漏内等。将整体浴室内墙板等部件上的残留玻璃胶、笔线条清理干净。清洗过程中，不要将喷水头对准各用电器喷射，以免引起电线短路。把开箱后的杂物、安装后的垃圾清理干净，堆放在规定的场所，不得妨碍他人施工及行走。

8.7 机电管线安装

建筑的机电安装分为给排水安装、暖通安装与电气安装，作为机电体系，它是装配式钢结构的重要组成部分。给排水安装是指整个建筑内部的给水和排水系统的安装。本节只介绍给水系统，排水系统将在下节以同层排水系统为例进行介绍与工艺解读。暖通安装主要是采暖设备的安装。电气安装主要包括建筑内的供电和自动化控制的安装。

8.7.1 给水管道安装

给水管道是以卫生级聚氯乙烯 (PVC) 树脂为主要原料，通过冷却、固化、定型、检验、包装等工序以完成管材、管件的生产。水管的分类有三种：第一类是金属管，如内搪塑料的热镀铸铁管、铜管、不锈钢管等；第二类是塑复金属管，如塑复钢管、铝塑复合管等；第三类是塑料管，如聚丁烯（PB）管、聚乙烯（PE）管、聚氯乙烯 (PVC) 管等（图 8-39）。

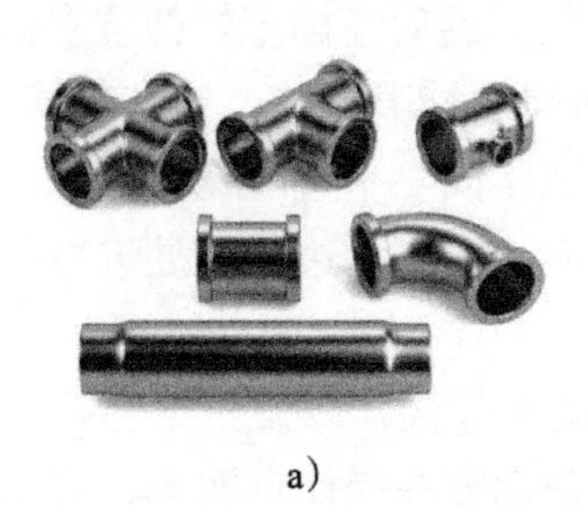

a)

b)

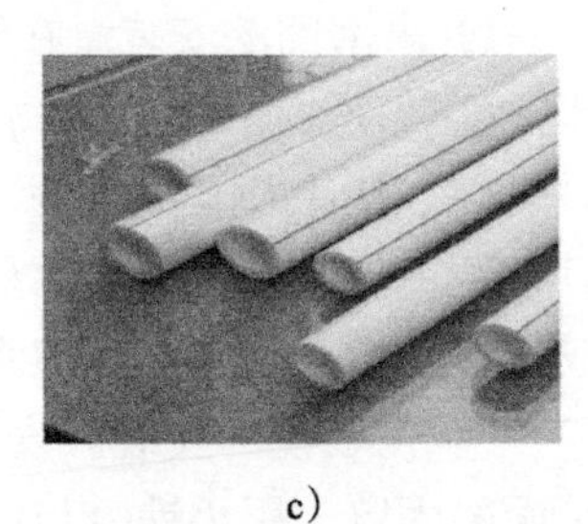

c)

图 8-39　水管

a) 金属水管　b) 塑复水管　c) PVC 水管

以铸铁管为例进行工艺解读。安装工艺为：干管安装→立管安装→支管安装→管道试压→管道冲洗→管道防腐和保温→质量检查。

1. 干管安装

1）在干管安装前清扫管膛，承口朝来水方向顺序排列。找平找直后，将管道固定。管道拐弯和始端处应支撑顶牢，所有管口随时封堵好。

2）将油麻绳拧成麻花状，用麻钎捻入承口内，使承口周围间隙保持均匀，将油麻捻实后进行捻灰，用捻凿将灰填入承口，随填随捣，填满后用手锤打实。承口捻完后用湿土覆盖或用麻绳等物缠住接口，定时浇水养护。

3）采用青铅接口的给水铸铁管在承口油麻打实后，用定型卡箍或包有胶泥的麻绳紧贴承口，缝隙用胶泥抹严。

2. 立管安装

1）立管明装：每层从上至下统一吊线安装卡件，清除麻头，校核预留甩口的高度、方向是否正确。外露丝扣和镀锌层破损处刷好防锈漆。支管甩口均加好临时丝堵。安装完后用线坠吊直找正，配合土建堵好楼板洞。

2）立管暗装：安装在墙内的立管应在结构施工中须留管槽，立管安装后吊直找正，用卡件固定。支管的甩口应露明并加好临时丝堵。

3）热水立管：按设计要求加好套管。立管与导管连接要采用两个弯头。

3. 支管安装

1）支管明装：将预制好的支管从立管甩口依次逐段进行安装，根据管道长度适当加好临时固定卡，找平找正后栽支管卡件，去掉临时固定卡，上好临时丝堵。支管如装有水表先装上连接管，试压后在交工前拆下连接管，安装水表。

2）支管暗装：确定支管高度后画线定位，剔出管槽，将预制好的支管敷在槽内，找平找正定位后用勾钉固定。卫生器具的冷热水预留口要做在明处，加好丝堵。

3）热水支管：热水支管做在冷水支管的上方，支管预留口位置应为左热右冷。其余安装方法同冷水支管。

4. 管道试压

水压试验时放净空气，充满水后进行加压，当压力升到规定要求时停止加压，进行检查，如各接口和阀门均无渗漏，持续到规定时间，观察其压力下降是否在允许范围内。然后把水泄净，被破损的镀锌层和外露丝扣处做好防腐处理，再进行隐蔽工作。

5. 管道冲洗

管道在试压完成后即可做冲洗，冲洗应用自来水连续进行，应保证有充足的流量。

6. 管道防腐和保温

1）管道防腐：所有型钢支架及管道镀锌层破损处和外露丝扣要补刷防锈漆。

2）管道保温：按照规定做好管道防冻保温、管道防热损失保温、管道防结露保温。

7. 质量检查

1）管及管件表面不得有裂纹，管及管件不得有妨碍使用的凹凸不平的缺陷。

2）采用橡胶圈柔性接口的铸铁、球墨铸铁管，承口的内工作面和插口的外工作面应光滑、轮廓清晰，不得有影响接口密封性的缺陷。

3）沿直线安装管道时，宜选用管径公差组合最小的管节组对连接，接口的环向间隙应均匀，承插口间的纵向间隙不应小于3mm。

4）铸铁管安装允许偏差见表8-15。

表8-15 铸铁管安装允许偏差

项　目	允　许　偏　差/mm	
	无压力管道	压力管道
轴线位置	15	30
高　程	±10	±20

8. 成品保护

1）安装好的管道不得用做支撑或放脚手板，不得踏压，其支托卡架不得作为其他用途的受力点。

2）管道在喷浆前要加以保护，防止灰浆污染管道。

3）截门的手轮在安装时应卸下，交工前统一安装完好。

4）水表应有保护措施，为防止损坏，可统一在交工前装好。

8.7.2 暖通安装

采暖方式分为空调采暖、暖气片采暖、地面辐射采暖三种方式。暖气片又称为采暖散热器，是采暖系统的散热终端，和热水锅炉、采暖管道等一起组成建筑物的供暖系统。暖气的主要材质有铸铁、钢制、铝质等。本节以铸铁暖气片安装为例对暖通安装进行工艺解读。

1. 施工准备

1）铸铁散热片、托钩和卡子均已除锈干净，并刷好一道防锈漆。

2）室内墙面和地面施工完毕。

3）室内采暖干管、立管安装完毕，接往各暖气片的支管预留管口的位置正确，标高符合要求。

2. 暖气片安装流程

1）将不同型号、规格和组对好并试压完毕的暖气片运到各房间，根据安装位置及高度在墙上画出安装线。

2）托钩和固定卡安装如下：

① 在规定位置安装柱型代腿暖气片固定卡。

② 根据片数及托钩数量分布的相应位置，画出托钩安装位置的中心线。

③ 用錾子或冲击钻等在墙上按画出的位置打孔洞。

④ 用水冲净洞内杂物，填入 M20 水泥砂浆到洞深的一半时，将固定卡、托钩插入洞内，塞紧，填满砂浆抹平。

⑤ 将某组暖气片全部卡子、托钩栽好；成排托钩和卡子需将两端钩、卡栽好，定点拉线，然后再将中间钩、卡按线依次栽好。

3）安装（图 8-40）。

① 将铸铁暖气片的炉堵和炉补心抹铅油，加石棉橡胶垫后拧紧。

② 每组钢制闭式串片型暖气片及钢制板式暖气片在四角上焊带孔的钢板支架，而后将暖气片固定在墙上的固定支架上。

③ 将暖气片找直、找正，垫牢后上紧螺母。

图 8-40　铸铁暖气片安装

3. 质量要求

1）暖气片组对后，以及整组出厂的暖气片在安装之前应进行水压试验。试验压力如设计无要求时应为工作压力的 1.5 倍，但不小于 0.6MPa。

2）管道及设备保温的偏差符合表 8-16 的规定。

表 8-16 管道及设备保温的允许偏差

项次	项 目		允许偏差 /mm
1	厚 度		+0.1δ −0.05δ
2	表面平整度	卷材	5
		涂抹	10

3）暖气片安装允许偏差符合表 8-17 的规定。

表 8-17 暖气片安装允许偏差

项次	项 目	允许偏差 /mm
1	暖气片背面与墙内表面距离	3
2	与窗中心线或设计定位尺寸	20
3	暖气片垂直度	3

4）铸铁或钢制暖气片表面的防腐及面漆应附着良好，色泽均匀，无脱落、起泡、流淌和漏涂缺陷。

4. 成品保护措施

1）预留管口的临时丝堵不得随意打开，以防掉进杂物造成管道堵塞。

2）预制好的管道要码放整齐、垫平、垫牢、不许用脚踩或物压，也不得双层平放。

3）不许在安装好的托、吊管道上搭设架子或拴吊物品，竖井内管道在每层楼板处要做型钢支架固定。

4）管道安装完成后，应将所有管口封闭严密，防止杂物进入，造成管道堵塞。

5）严禁利用塑料管道做脚手架的支点或安全带的拉点、吊顶的吊点。不允许明火烘烤塑料管，以防管道变形。

8.7.3 电气安装

电气安装是机电体系安装的一部分，包括配管安装、电缆安装、配电箱安装、灯具安装、避雷针安装等。施工流程为：配管安装→桥架安装→电缆敷设→配电箱安装→灯具安装→避雷针敷设。

1. 电气安装流程

（1）配管安装

1）管子煨弯：应采用机械冷煨弯，既能保证弯管质量，还能减轻施工人员劳动强度，加快施工进度。

2）测定接线盒：根据设计图纸或规范要求，以土建给定的标准水平线确定接线盒标高、位置。

3）接线盒固定：开关及接线盒做角钢和扁钢支架固定。接线盒的固定应牢固平整，盒与盖之间使用密封垫。

4）管路连接：管箍丝接时，使用通丝管箍，管口应对齐。连接管的对口应在套管的中心，焊口牢固严密。

5）变形缝处的处理：在变形缝两侧各设置一个接线箱，在一侧接线箱内固定管的一端，在另一侧的接线箱口接管径 2 倍的孔，两侧焊接好跨接地线。

6）接地线连接：非镀锌钢管可用焊接方式，将圆钢或扁钢焊接在钢管连接处两端，接地线的使用视钢管的直径而选用，管端焊螺栓将接地线与配电箱等用电设备进行连接。

（2）电缆桥架安装

1）电缆桥架的进货检验：桥架产品包装箱内应有装箱清单、产品合格证和出厂检验报告，并按清单清点桥架或附件的规格和数量。

2）划线定位：根据设计图或施工方案，从电缆桥架始端（先干线后支线）找好水平或垂直线，确定并标出支撑物的具体位置。桥架支、吊架安装前应根据桥架走向弹线定位，标出固定点的位置。

3）固定支架：支架下部固定采用 10 号槽钢，槽钢距墙边不小于 50mm，座在楼板的预留洞口，与预埋在洞口的埋件焊接固定或采用膨胀螺栓与楼板固定。在槽钢上固定两根角钢，用来直接与桥架连接固定。

4）桥架安装：电缆桥架间采用连接板连接，先安装主干线，后安装支干线，桥架与支架之间固定采用螺栓。

（3）电缆敷设的施工方法

1）施工前对电缆进行详细检查，并做绝缘摇篮测，用 1kV 摇测，线间及对地的绝缘电阻应不低于 10MΩ。

2）沿支架桥架敷设电缆，电缆敷设时应排列整齐，不宜交叉在其两端拐弯处交叉处挂标识牌。

3）电缆固定。在下述地方应将电缆加以固定：垂直敷设或超过倾斜敷设的电缆在每个桥架上；水平敷设的电缆，在电缆首末两端及转弯、电缆接头的两端处；当对电缆间距有要求时，每隔 5~10m 处设固定点。

4）电缆就位：根据电缆在层架上敷设顺序分层将电缆穿入屏柜内，确保电缆就位弧度一致，层次分明。

（4）配电箱的安装

1）设备进场检验：明配电箱、柜进场时，设备应有铭牌，并注明厂家名称，附备件齐全，设备开箱检查应由监理、供货方共同进行，并做好检查记录。

2）弹线定位：根据设计要求找出明配电箱位置，并按照箱的外形尺寸进行弹线定位。

3）配线安放：配电箱配线排列整齐、绑扎成束，并应固定。盘面引出及引进的导线应留有余量以便于维修。

4）箱体安装：将角钢调直，量好尺寸，画好锯口线，锯断煨弯，钻孔位，焊接。再按照标高用高强度等级水泥砂浆将铁架燕尾端埋入牢固，待水泥砂浆凝固后再把配电箱箱体固定在铁架上。

5）箱体固定：用电钻或冲击钻在墙体及箱体固定点位置钻孔，将箱体的孔洞与墙体的孔洞对正，加镀锌弹垫、平垫，将箱体稍加固定，用水平尺将箱体调整平直后，再把螺栓逐个拧牢固。

6）绝缘摇测：配电箱的全部电器安装完毕后，用 500V 兆欧表对线路进行绝缘摇测。

（5）灯具安装

1）灯具检查：灯具进场后对灯具的规格、型号、数量进行检查。

2）灯具组装：根据厂家提供的说明书及组装图认真核对紧固件、连接件及其他附件。

3）灯具通电试亮：根据灯具的电压标识，选择相应的电压，接入已准备好的插座或开关，并通过插座或开关接通灯具使其通电，灯具工作正常后方可安装。

4）定位放线：按施工图及技术交底来确定灯具位置及标高，并采用十字交叉法放线、画线。

5）导线绝缘测试：灯具安装前，必须进行导线绝缘电阻测试。

6）顶灯安装：安装时将托板托起，将电源线和从灯具穿出的导线连接并绑扎严密。将托板用螺栓固定，调整各个灯口，使托板四周和顶棚贴紧，安装灯具附件，上好灯管或灯泡。

7）通电试运行：通电后应仔细检查开关与灯具控制顺序是否相对应，灯具的控制是否灵活、准确。

（6）避雷针敷设

1）接地体的安装：按设计图要求标好位置，将底板钢筋搭界焊接好，再将柱主筋底部与底板筋搭接焊，并在室外地面以下将主筋焊接连接板，清除药皮，并将两根主筋用色漆做好标记，以便引出和检查。

2）接地干线安装：首先进行接地干线的调直、测位、打眼、煨弯，并安装断接卡子及接地端子。敷设前按设计要求的尺寸位置先开挖沟槽，然后将扁钢侧放埋入。回填土应压实，接地干线末端露出地面应不超过 0.5m，以便接引地线。

3）支架安装：按设计图要求标好位置，并用螺栓将支架固定再相应位置。

4）防雷引下线暗敷设：用 ϕ10 镀锌圆钢，焊在基础底板主钢筋上，引下线至上至下逐点焊接，上层与顶层避雷针焊牢，整个引下线埋设在粉刷层内，避雷接地遥测点距地面 1.8m。

5）避雷针安装：先将支座钢板的底板固定的预埋地脚螺栓上，焊上一块肋板，再将避雷针立起、找直、找正后进行点焊，然后加以校正，焊上其他三块肋板。最后将引下线焊在底板上，清除药皮刷防锈漆及银粉。

2. 成品保护

1）配电箱箱体安装完后，应采取保护措施，避免土建刮腻子、喷浆、刷油漆时污染箱体内壁；箱体内各个线管管口应堵塞严密，以防杂物进入线管内。

2）安装箱盘盘芯、面板或贴脸时，应注意保持墙面整洁。安装完后应锁好箱门，以防箱内电具、仪表损坏。

3）灯具进入现场后应码放整齐、稳固，并要注意防潮，搬运时应轻拿轻放，以免碰坏表面的镀锌层、油漆及玻璃罩。

4）安装灯具时不要碰坏建筑物的门窗及墙面；灯具安装完毕后不得再次喷浆，以防止器具污染。

5）安装开关时不得碰坏墙面，要保持墙面的清洁；开关插座安装完毕后，不得再次进行喷浆，以保持面板清洁。

6）穿线后管口应堵塞严密防止积水及潮气侵入。

8.8 同层排水安装

8.8.1 同层排水介绍

1）同层排水系统（图 8-41）是排水横支管布置在排水层或室外，器具排水管不穿越楼层的排水方式。相对于传统的隔层排水处理方式，同层排水方案最根本的理念改变是通过本层内的管道合理布局，彻底摆脱了相邻楼层间的束缚，避免了由于排水横管侵占下层空间而造成的一系列麻烦和隐患，包括产权不明晰、噪声干扰、渗漏隐患、空间局限等，同时采用壁挂式卫生器具，地面上不再有任何卫生死角，清洁打扫变得格外方便。

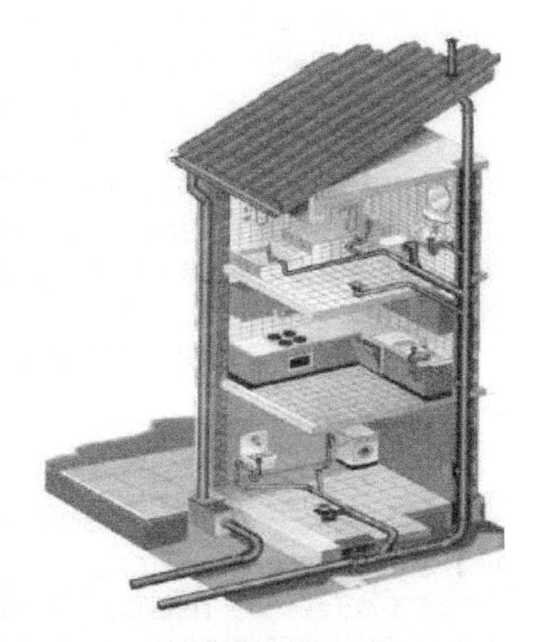

图 8-41 同层排水系统

同层排水是卫生间排水系统中的一个新颖技术，排水管道在本层内敷设，采用了一个共用的水封管配件代替了诸多的 P 弯、S 弯，整体结构合理，所以不易发生堵塞，而且容易清理、疏通，用户可以根据自己的爱好和意愿，个性化布置卫生间洁具的位置。

2）同层排水的优点是：

① 房屋产权明晰：卫生间排水管路系统布置在本层业主家中，管道检修可在本家内进行，不干扰下层住户。

② 卫生器具的布置不受限制：因为楼板上没有卫生器具的排水管道预留孔，用户可自由布置卫生器具的位置，满足卫生洁具个性化的要求，开发商可提供卫生间多样化的布置格局，提高了房屋的品位。

③ 排水噪声小：排水管布置在楼板上，被回填垫层覆盖后有较好的隔声效果，从而排水噪声大大减小。

④ 渗漏水几率小：卫生间楼板不被卫生器具管道穿越，减小了渗漏水的几率，也能有效地防止疾病的传播。

⑤ 不需要旧式 P 弯或 S 弯：由“座便接入器”“多功能地漏”“多功能顺水三通”接入，取代了传统下排水方式中各个卫生器具设置的 P 弯或 S 弯。由旧式 P 弯和 S 弯产生而其自身无法克服的弊端，同层安装排水方式可以解决。

8.8.2 同层排水系统安装

同层排水系统安装包括安装前准备、定位放线、同层排水预制管件的安装、管道安装及闭水通球试验，安装流程如下：施工前准备→预制加工→管道安装→闭水试验→通球试验。

1. 施工前准备

1）平面布置图已确认，卫生器具型号已确认。

2）厨房卫生间排水管道的预留的尺寸、位置已进行沟通确认。

2. 同层排水施工

（1）预制加工

1）根据施工图纸尺寸要求切割预置管段、管件焊接。立管按照设计的管段长度和配件够在工棚内全部预制，然后将其移至安装现场，用导向管卡及时将管道固定在墙面上。横支管可预先根据平面布置，量出尺寸，在工棚内（或者其他可用区域）部分预制，然后再根据现场情况用电焊管箍与立管连接。

2）高密度聚乙烯管道系统安装方式有：对焊连接、电焊管箍连接、带密封圈的承插连接、丝扣连接、线性伸缩承插管连接、法兰连接等。高密度聚乙烯管道系统安装方式如图 8-42 所示。

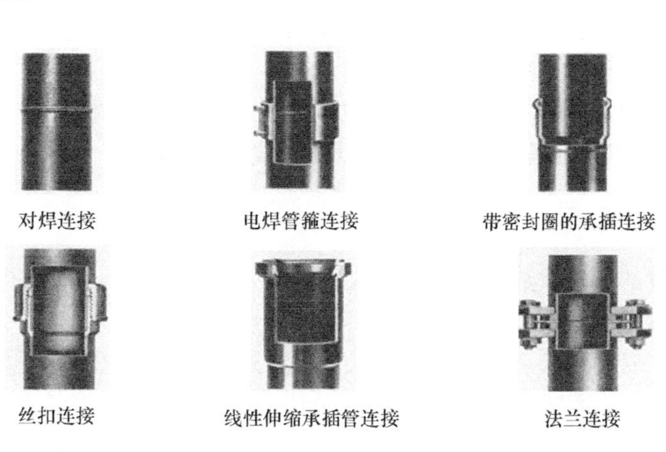

图 8-42　高密度聚乙烯管道系统安装方式

（2）管道安装

1）用激光定位仪定位出同层排水管道的安装位置，并画线。

2）根据排污口的方式（墙排、地排）、进水方式（上进、后进）来确定摆放支架摆放的具体置。

3）在穿越楼板和墙壁的位置设套管。套管应采用比管道大 2 号的硬塑管或钢管。楼板上套管顶部高出楼板 20mm，底部与楼板平齐，穿墙套管两端与墙面平齐。套管与管道之间填塞油麻石棉绳及防水材料，然后采用水泥砂浆封口抹平。

4）安装专用的存水弯。存水弯（图 8-43）是建筑内排水管道的主要附件之一，构造中不具备者和工业废水受水器与生活污水管道或其他可能产生有害气体的排水管道连接时，为阻止排水管道内各种污染空气以及小虫进入室内，必须在排水口以下设存水弯。水封必须达到国家规范的相关要求。

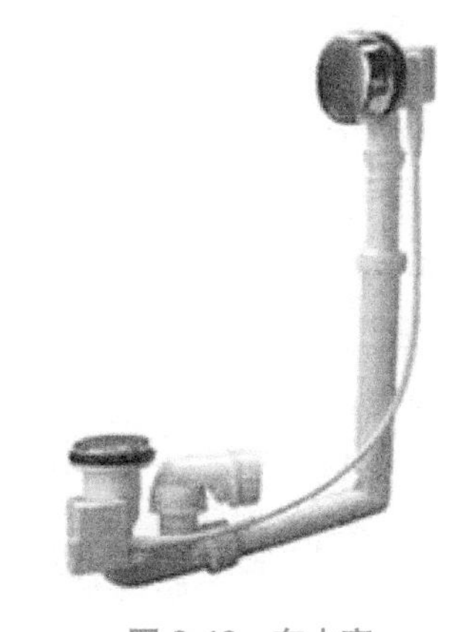

图 8-43　存水弯

5）横管、立管的安装。同层排水系统中对横管的坡度要求应保证在 1% 左右，施工过程中，安装管道时必须横平竖直，确保安装效果美观，所有的弯头和三通都应用 45°（除地漏和洗脸盆局部连接外）。每道工序施工完后要及时对管道系统施工质量进行检查，及时调整偏差部位，水平管道的水平度和立管的垂直度应调整至符合设计要求，管卡要有效，外观应整洁美观。立管的垂直度应调整至符合设计要求，在立管底层和顶层及每隔 6 层设置检查口。

6）排水弯管的安装。排水弯管有竖直和侧向左右 45° 两种安装方式。根据排污口的位置确定排水弯管是否需要切割、要用移位器转接等。调整的排水弯管安装在支架上。排水弯管有两处安装位置。横截面小的是针对垂直排污的安装；横截面大的是针对侧向左右 45° 排污的安装。

（3）闭水试验　塑料管排水系统在试验压力下稳压 1h，压力降不得超过 0.05MPa，然后在工作压力的 1.15 倍状态下稳压 2h，压力降不得超过 0.03MPa，同时检查各连接处不得渗漏。

（4）通球试验

1）立管的通球试验：自立管顶端将球投入，在首层立管检查口处检查，有设备层的在设备层上部检查口处检查。

2）横干管及引出管的通球试验：将试球投入检查管管段的始端，通水冲至引出管末段排出。室内检查井处需加临时网罩，以便将试球取出。

8.8.3　施工注意事项

1）排水横管的转弯次数不得多于两次，转弯处应采用两个 45° 弯头。

2）排水横管末端宜设置清扫口。

3）塑料排水管道在外墙敷设时，应采用抗紫外线、防老化的管材。

4）排水管材及其配套管件、连接件等必须采用同一产品品牌和型号，且具有统一的配合公差。安装和固定管道用的支管（管卡）、托架和吊架宜由提供管材的生产厂配套供应。

5）塑料排水横管的最小坡度和最大设计充满度符合表 8-18 的规定。

表 8-18　塑料排水横管的最小坡度和最大设计充满度

管径 /mm	最小坡度	最大设计充满度
50	0.012	0.5
75	0.007	
90	0.005	
110	0.004	
125	0.0035	
160	0.002	0.6

8.9　内隔墙、吊顶、地面装饰装修精装

8.9.1　轻钢龙骨吊顶

轻钢龙骨吊顶（图 8-44）是天花板的一种，是用轻钢龙骨做框架，然后覆上石膏板

制成。轻钢龙骨吊顶按承重分为上人轻钢龙骨吊顶和不上人轻钢龙骨吊顶。轻钢龙骨按龙骨截面可分为：U 型龙骨和 C 型龙骨。本节以轻钢龙骨为例，对吊顶安装进行工艺解读。

图 8-44 轻钢龙骨吊顶

1. 施工工艺流程

弹线→安装主龙骨吊杆→安装主次龙骨→安装纸面石膏板→涂刷饰面涂料→饰面清理。

（1）弹线 根据楼层标高水平线、设计标高，沿墙四周弹顶棚标高水平线，并沿顶棚的标高水平线，在墙上划好龙骨分档位置线。

（2）安装主龙骨吊杆 在弹好顶棚标高水平线及龙骨位置线后，确定吊杆下端头的标高，安装吊筋，点分布要均匀。

（3）安装主次龙骨 主龙骨用与之配套的龙骨吊件与吊筋安装，安装时用水泥钉固定。安全次龙骨时，在覆面次龙骨与承载主龙骨的交叉布置点，使用其配套的龙骨挂件将二者上下连接固定，龙骨挂件的下部勾挂住覆面龙骨，上端搭在承载龙骨上。轻钢龙骨如图 8-45 所示。

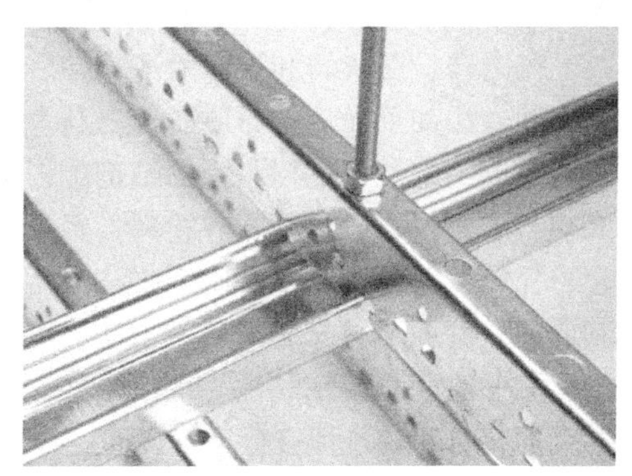
图 8-45 轻钢龙骨

（4）安装纸面石膏板 在已安装好并经验收的轻钢骨架下面安装纸面石膏板。安装纸面石膏板用自攻螺钉固定，均匀布置，并与板面垂直，钉头嵌入纸面石膏板深度 0.5mm。

（5）涂刷饰面涂料 涂刷时注意必须待石膏板基层表面腻子硬结时方可进行涂刷，并应从一个方向顺序向另一个方向涂刷。第一遍涂料涂刷完毕 2h 后进行第二遍涂料的涂刷。

（6）饰面清理 清理饰面，保持饰面材料表面洁净、色泽一致。

2. 质量检查

1）吊顶标高、尺寸、起拱和造型应符合设计要求。

2）饰面材料的材质、品种、规格、图案和颜色应符合设计要求。

3）吊顶工程的吊杆、龙骨和饰面材料的安装必须牢固。

4）吊杆、龙骨的材质、规格、安装间距及连接方式应符合设计要求。金属吊杆、龙骨应经过表面防腐处理。

5）石膏板的接缝应按其施工工艺标准进行板缝防裂处理。安装双层石膏板时，面层板与基层板的接缝应错开，并不得在同一根龙骨上接缝。

6）饰面材料表面应洁净、色泽一致，不得有翘曲、裂缝及缺损。压条应平直、宽窄一致。

7）饰面板上的灯具、烟感器、喷淋头、风口箅子等设备的位置应合理、美观，与饰面板的交接应吻合、严密。

8）金属吊杆、龙骨的接缝应均匀一致，角缝应吻合，表面应平整，无翘曲、锤印。

9）吊顶内填充吸声材料的品种和铺设厚度应符合设计要求，并应有防散落措施。

3. 施工注意事项

1）石膏板安装前，必须对龙骨进行内部验收，要求吊杆、反向撑杆、主龙骨、次龙骨连接牢固，具有足够的强度、刚度和稳定性。吊杆、龙骨均经过防腐防锈处理。

2）饰面板上的灯具、烟感器、风口箅子必须事先准确标出其位置，保证交接部位的吻合、严密。

3）根据拟安装的罩面板单位面积重量，决定主龙骨的起拱量。

4）罩面板安装前要对型号、规格、厚度和表面平整度进行检查，不符合要求的，必须调换。筛选工作应在一些用木板自制的简易卡具上进行。

5）对温度变形较大的罩面板安装时应预留一定的缝隙。

8.9.2 墙面石材干挂

装饰类石材（图 8-46）可分为天然石材和人造石材两大类。天然石材指的是大理石、花岗岩、石灰岩和板岩等经锯切、抛光等物理方法加工而成的石质建筑材料。人造石材是以不饱和聚酯树脂为黏结剂配以天然大理石或方解石、白云石等粉料，经配料混合、瓷铸、振动压缩、挤压等方法成型固化制成的。墙面石材安装有三种方法，即干挂法、湿贴法、直接粘贴法。现以干挂法为例对墙面石材安装过程进行工艺解读。

图 8-46 装饰类石材

1. 施工前准备

（1）挑选石材

1）石材到现场后须对材质、加工质量、花纹和尺寸等进行检查，将色差较大、缺棱掉角、崩边等有缺陷的石材挑出并加以更换。

2）将选出的石材按使用部位和安装顺序进行编号，选择在较为平整的场地做预排，检查拼接出的板块是否存在色差、是否满足现场尺寸要求，完成此项工作后将板材按编号存放备用。天然花岗石板材正面外观缺陷见表 8-19。

表 8-19 天然花岗石板材正面外观缺陷

缺陷名称	规定内容
缺棱	长度不超过 10mm、宽度不超过 1.2mm（长度小于 5mm、宽度小于 1.0mm 不计），周边每米长允许个数
缺角	沿板材边长，长度≤ 3mm、宽度≤ 3mm（长度≤ 2mm，宽度≤ 2mm 不计），每块板允许个数
裂纹	长度不超过两端顺延至板边总长度的 1/10（长度小于 20mm 的不计），每块板材允许个数
色斑	面积不超过 15mm × 30mm（面积小于 10mm × 10mm 不计），每块板材允许个数
色线	长度不超过两端顺延至板边总长度的 1/10（长度小于 40mm 的不计），每块板材允许个数

（2）作业条件

1）将墙面基层表面清理干净，对局部影响骨架安装的凸出部分应剔凿干净。

2）检查装饰基层及构造层的强度、密实度，应符合设计规范要求。

3）根据装饰墙面的位置检查墙体，局部进行剔凿，以保证足够的装饰厚度。

2. 施工工艺流程

工艺流程：放控制线→打膨胀螺栓→安装钢骨架→安装调节片→石材开槽→石材安装→打胶→表面清理与打蜡。

（1）放控制线

1）按设计标高在墙体上弹出 50cm 水平控制线和每层石材标高线，并在墙上做控制桩，拉线控制墙体水平位置，找出房间及墙面规矩和方正。

2）根据石材分格图弹线，确定金属胀锚螺栓的安装位置。

（2）打膨胀螺栓孔　按设计的石材排版和骨架设计要求，确定膨胀螺栓间距，划出打孔点，用冲击钻在结构上打出孔洞以便安装膨胀螺栓，孔洞大小按照膨胀螺栓的规格确定。

（3）安装骨架　用台钻钻出骨架的安装孔并刷防锈漆处理，安装骨架时应注意保证垂直度和平整度，并拉线控制，使墙面或房间方正。

（4）安装调节片　调节片根据石材板块规格确定，按设计要求加工；利用螺钉与骨架连接，调节挂件须安装牢固。

（5）石材开槽　石材安装前用云石机在侧面开槽，开槽深度根据挂件尺寸确定，一般要求不小于 10mm 且在板材后侧边中心。为保证开槽不崩边，开槽距边缘距离为 1/4 边长且不小于 50mm。

（6）石材安装　从底层开始，吊垂直线依次向上安装。根据石材编号将石材轻放在挂件上，按线就位后调整准确位置并立即清孔，槽内注入耐候胶，保证锚固胶有 4~8h 的凝固时间，以避免过早凝固而脆裂，过慢凝固而松动。

（7）表面清理与打蜡　石材挂接完毕后，用棉纱等柔软物对石材表面的污物进行初步清理，待胶凝固后再用壁纸刀、棉纱等清理表面。打蜡一般应按蜡的使用操作方法进行，原则上烫硬蜡、擦软蜡，要求均匀不露底色，色泽一致，表面整洁。

3. 质量检查

1）饰面石材板的品种、防腐、规格、形状、平整度、几何尺寸、光洁度、颜色和图案必须符合规定。

2）面层与基底应安装牢固；粘贴用料、干挂配件必须符合设计要求和国家现行有关标准的规定。

3）石材板表面平整、洁净；纹理清晰通顺，颜色均匀一致；非整板部位安排适宜，阴阳角处的板压向正确。

4）缝格均匀，板缝通顺，接缝填嵌密实，宽窄一致，无错台错位。

5）凸出物周围板采取整板套割，尺寸准确，边缘吻合整齐、平顺，墙裙、贴脸等上口平直。

6）室内墙面干挂石材安装偏差在允许范围内，允许偏差见表 8-20。

4. 成品保护

1）及时清擦干净残留在门窗框、玻璃和金属饰面板上的污物，如密封胶、手印、尘土、水等杂物，宜粘贴保护膜，预防污染、锈蚀。

表 8-20 室内墙面干挂石材允许偏差

项次	项 目	允许偏差 /mm	检验方法
		光 面	
1	立面垂直室内	2	用 2m 托线板和尺量检查
2	表面平整	1	用 2m 托线板和塞尺检查
3	阳角方正	2	用 20cm 方尺和塞尺检查
4	接缝平直	2	用 5m 小线和尺量检查
5	墙裙上口平直	2	用 5m 小线和尺量检查
6	接缝高低	1	用钢板短尺和塞尺检查
7	接缝宽度	1	用尺量检查

2）拆改架子和上料时，严禁碰撞干挂石材饰面板。

3）外饰面完活后，易破损部分的棱角处要钉护角保护，其他工种操作时不得划伤面漆和碰坏石材。

4）在室外刷罩面剂未干燥前，严禁下渣土和翻架子脚手板等。

5）已完工的干挂石材应设专人看管，遇有害成品的行为，应立即制止并严肃处理。

8.9.3 不锈钢踢脚安装

踢脚线（图 8-47）顾名思义就是脚踢得到、较易受到冲击的墙面区域。做踢脚线可以更好地使墙体和地面之间结合牢固，减少墙体变形，避免外力碰撞造成破坏。另外，踢脚线可以使墙体避免拖地时溅上脏水。踢脚线除了它本身的保护墙面的功能之外，在家居美观的比重上也占有相当比例。在居室设计中，踢脚线起着视觉的平衡作用，利用它们的线形感觉及材质、色彩等，可以起到较好的美化装饰效果。常见的踢脚线可分为木质踢脚线、PVC 踢脚线、不锈钢踢脚线、铝合金踢脚线、陶瓷或石材踢脚线、玻璃踢脚线。本节以不锈钢踢脚线为例，对踢脚线安装工艺进行解读。

图 8-47 踢脚线

1. 施工流程

施工流程：弹线→固定木楔安装→安固定卡→安踢脚线。

1）弹线：根据设计尺寸，弹出踢脚标高线，高低差不得大于 2mm。

2）固定木楔安装：在墙内安装踢脚板基板的位置，每隔 400mm 划分固定点并打入木楔。

3）安固定卡板：用木工射钉枪固定卡板，并使固定卡板和踢脚线内外接头错开。

4）安踢脚线：将踢脚线上槽倾斜半挂在卡扣的上口，安装踢脚线使卡扣上部凸卡完全进入踢脚线上部凹槽。安装完毕后，撕去踢脚线所有保护膜。

2. 质量检查

1）踢脚板的材质、品种、规格、颜色必须符合设计要求和国家现行有关标准规定。

2）踢脚板的外观质量不得有划痕、掉漆、起皮、变形等缺陷。

3）安装接缝平整，高度一致，牢固无松动，阴阳角方正，出墙厚度一致，上口平直，割角准确。

4）不锈钢饰面板板缝、接口处高差不大于 0.5mm，平整不大于 0.5mm、接缝宽度不大于 1mm。

3. 成品保护

1）安装踢脚板过程中，应注意保护好已施工完的墙、地、门套、幕墙使其不受损坏和污染。

2）安装踢脚板过程中，应对其自身加以保护，使其不受弯曲、损坏、污染。

3）安装踢脚板的房间，应注意保护不得随意拆动、碰撞，其他项目施工时要严防污染和损坏已安装好的踢脚板。

8.9.4 内隔墙安装

内隔墙作为分室墙，用于一个住户内部的各个房间的分隔，常采用轻钢龙骨纸面石膏板作为墙体材料。轻钢龙骨是以优质的连续热镀锌板带为原材料，经冷弯工艺轧制而成的建筑用金属骨架，用于以纸面石膏板、装饰石膏板等轻质板材做饰面的非承重墙体和建筑物屋顶的造型装饰，适用于多种建筑物屋顶的造型装饰、建筑物的内外墙体及棚架式吊顶的基础材料。按用途可分为吊顶龙骨和隔断龙骨，按断面形式可分为 V 形、C 形、T 形、L 形龙骨。轻钢龙骨石膏板隔墙适用于一般民用与工业建筑的非承重隔墙、室内吊顶装修构造。轻钢龙骨石膏板隔墙具有质轻、刚度大、强度高、抗震性能好、结构牢等优点。

1. 施工准备

1）主体结构已验收，屋面已做完防水层，顶棚、墙体抹灰已完成。

2）室内弹出 +50cm 标高线。

3）作业的环境温度不应低于 5℃。

4）根据设计图和提出的备料计划，查实隔墙全部材料，使其配套齐全。安装各种系统的管、线盒及其他准备工作已到位。

2. 施工工艺

施工工艺：弹线→制作地枕带→固定沿顶、沿地龙骨→固定边框龙骨→安装门、窗框→分档安装竖向龙骨→电气铺管、安附墙设备→检查龙骨安装→安装石膏罩面板→接缝及护角处理→面层施工。

1）弹线：在隔墙与上、下及两边基体的相接处，应按龙骨的宽度弹线。弹线清楚，位置准确，确定竖向龙骨、横撑及附加龙骨的位置。

2）制作地枕带：按设计要求支模板，并用细石混凝土振捣密实。

3）固定沿顶、沿地龙骨：沿弹线位置固定沿顶、沿地龙骨，可用射钉或膨胀螺栓固定，龙骨对接应保持平直。

4）固定边框龙骨：沿弹线位置固定边框龙骨，龙骨的边线应与弹线重合。龙骨的端部固定牢固。边框龙骨与基体之间，按设计要求安装密封条。

5）安装门、窗框：放线定位后按设计图纸，将隔墙的门洞口框安装完毕。门窗或特殊节点处，使用附加龙骨，安装应符合设计要求。

6）分档安装竖向龙骨：竖龙骨分档，根据隔墙放线门洞口位置，安装竖向龙骨，龙骨间距应按设计要求布置。

7）电气铺管、安装附墙设备：按图纸要求预埋管道和附墙设备。要求与龙骨的安装同步进行，或在另一面石膏板封板前进行，并采取局部加强措施，固定牢固。电气设备专业在墙中铺设管线时，应避免切断横、竖向龙骨，同时避免在沿墙下端设置管线。

8）龙骨检查校正补强：安装罩面板前，应检查隔断骨架的牢固程度，门窗框、各种附墙设备、管道的安装和固定是否符合设计要求。

9）安装石膏罩面板。

① 石膏板竖向铺设，长边（即包封边）接缝落在竖龙骨上。

② 龙骨两侧的石膏板及龙骨一侧的内外两层石膏板错缝排列，接缝不得落在同一根龙骨上。

③ 用自攻螺钉固定石膏板。沿石膏板周边螺钉间距不应大于 200mm，中间部分螺钉间距不应大于 300mm，螺钉与板边缘的距离应为 10~16mm。

④ 安装石膏板时，应从板的中部向板的四边固定，打钉前应先钻孔，钉头略埋入板内，但不得损坏纸面。钉头应抹防锈漆保护，钉眼应用石膏腻子抹平。

⑤ 安装防火墙石膏板时，石膏板不得固定在沿顶、沿地龙骨上，应另设横撑龙骨加以固定。

10）铺放墙体内的岩棉，与安装另一侧纸面石膏板同时进行，填充材料应铺满铺平。

11）平缝的处理。

① 纸面石膏板安装时，其接缝处应适当留缝（一般为 3~6mm），且必须坡口与坡口相接。接缝内浮土清除干净后，刷一道 50% 浓度的 108 胶水溶液。

② 用小刮刀把接缝腻子嵌入板缝，板缝要嵌满嵌实，与坡口刮平。待腻子干透后，检查嵌缝处是否有裂纹产生，如产生裂纹要分析原因，并重新嵌缝。

③ 在接缝坡口处刮约 1mm 厚的腻子，然后粘贴玻纤带，压实刮平。

④ 当腻子开始凝固又尚处于潮湿状态时，再刮一道腻子，将玻纤带埋入腻子中，并将板缝填满刮平。

12）阳角的处理。

① 阳角粘贴两层玻纤布条，角两边均拐过 100mm，粘贴方法同平缝处理，表面用腻子刮平。

② 当设计要求作金属护角条时，按设计要求的部位、高度，先刮一层腻子，随即用镀锌钉固定金属护角条，并用腻子刮平。

13）面层施工：待石膏板基层表面腻子硬结时，涂刷涂料并从一个方向顺序向另一个方向涂刷。第一遍涂料涂刷完毕 2h 后进行第二遍涂料的涂刷。

3. 质量检查

1）骨架隔墙所用龙骨、配件、墙面板、填充材料及嵌缝材料的品种规格性能和木材的含水率应符合设计要求。

2）骨架隔墙工程边框龙骨必须与基体结构连接牢固，并应平整、垂直、位置正确。

3）骨架隔墙中龙骨间距和构造连接方法应符合设计要求。骨架内设备管线的安装、门窗洞口等部位加强龙骨应安装牢固、位置正确，填充材料的设置应符合设计要求。

4）骨架隔墙的墙面板应安装牢固，无脱层、翘曲、折裂及缺损。

5）墙面板所用接缝材料和接缝方法应符合设计要求，骨架隔墙内的填充材料应干燥，填充应密实、均匀、无下坠。

6）骨架隔墙表面应平整光滑、色泽一致、洁净、无裂缝，接缝应均匀、顺直。

7）骨架隔墙上的孔洞、槽、盒应位置正确、套割吻合、边缘整齐。

4. 成品保护

1）轻钢骨架隔墙施工中，各工种间应保证已安装项目不受损坏，墙内电线管及附墙设备不得碰动、错位及损伤。

2）轻钢龙骨及纸面石膏板入场，现场堆放下边应垫木方或石膏板垫条，存放、使用过程中应妥善保管，保证不变形、不受潮、不污染、无损坏。

3）施工部位已安装的门窗、场面、墙面、窗台等应注意保护，防止损坏。

4）已安装好的墙体不得碰撞，保持墙面不受损坏和污染。

8.9.5 架空地面板安装

架空地板又称为耗散型静电地板，是用支架、横梁、面板组装而成的一种地板。架空地板和地面之间拥有一定的悬空空间，可以用来放置各种线路。架空地板按材质可分为合金钢架空地板、铝合金架空地板、硫酸钙架空地板。架空地面板如图 8-48 所示。

图 8-48 架空地面板

1. 施工工艺流程

施工工艺流程：施工前准备→放线→安装支承脚→调整支撑脚标高→安装面板→清理和饰面保护。

1）放线：在要铺设架高地板的地面上，根据架高地板的排板图和现场的轴线位置，放出架高地板的地面分格线。

2）安装支承脚：用粘结剂抹在支撑杆的底座上，并用锚固螺栓将地板支撑脚牢固地安装在底层地板上。

3）调整支撑脚标高：根据地面标高情况，调整支撑脚的高度，通过拧螺纹、套等部分进行升高或降低，达到标高要求，调整好后，在螺纹（或铝柱上）加一个调平螺母和带有防震动移位的调平螺母。

4）安装面板：在板面组装四周要画线，使其连接适配，板面与垂直面相接处的缝隙不大于 3mm。用便携式抬高器具铺设面板。

5）清理和饰面保护：铺设后的地面，用真空吸尘器全面清扫，然后报验收，经检查合格后，用塑料布覆盖严密，防止灰尘的进入和被其他施工人员破坏。

2. 质量检查

1）架空地板的品种、规格、技术性能必须符合设计要求和施工规范的规定。

2）架空地板安装完毕后，行走必须无声响，无摆动，牢固性好。

3）地板表面洁净，接缝均匀，无裂纹、掉角和缺棱等现象。

4）地板安装允许偏差符合表 8-21 的规定。

表 8-21　地板安装允许偏差

序号	项目	允许偏差 /mm	检验方法
1	表面平整度	2.0	用 2m 靠尺和楔形塞尺检查
2	缝格平直	2.5	拉 5m 线和用钢尺检查
3	接缝高低差	0.4	用钢尺和楔形塞尺检查
4	板块间隙宽度	0.3	用钢尺检查

3. 成品保护

1）地板材料应码放整齐，使用时轻拿轻放，不可以乱扔乱堆，以免损坏棱角。

2）地板上作业应穿软底鞋，且不得在地板面上敲砸，防止损坏面层。

3）地板施工应注意保证环境的温度、湿度。施工完应及时覆盖塑料薄膜，防止开裂变形。

4）通水和通暖时应注意截门及管道的三通、弯头等处，防止渗漏后浸湿地板造成地板开裂和起鼓。

8.10　智能家居系统安装

8.10.1　智能家居介绍

1. 智能家居系统简介

智能家居系统（图 8-49）是以住宅为平台，利用综合布线技术、网络通信技术、安全防范技术、自动控制技术、音视频技术将家居生活有关的设施集成，构建高效的住宅设施与家庭日程事务的管理系统，提升家居安全性、便利性、舒适性、艺术性，并实现环保节能的居住环境。

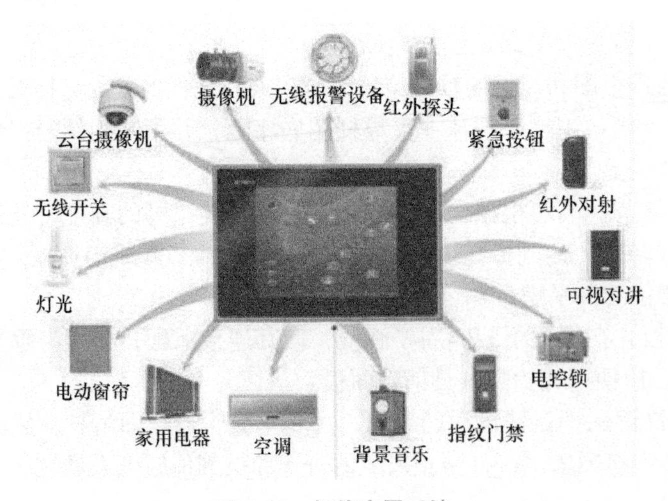

图 8-49　智能家居系统

2. 智能家居子系统

智能家居子系统包括家居布线系统、家庭网络系统、智能家居（中央）控制管理系统、家庭安防系统、背景音乐系统（如 TVC 平板音响）、家庭影院与多媒体系统、家庭环境控制系统等七大系统。其中，智能家居（中央）控制管理系统（包括数据安全管理系统）、家庭安防系统是必备系统，家居布线系统、家庭网络系统、背景音乐系统、家庭影院与多媒体系统、家庭环境控制系统为可选系统。

8.10.2 智能家居各个系统

1. 布线系统

布线系统是通过一个总管理箱将电话线、有线电视线、宽带网络线、音响线等各种弱电线路统一规划在一个有序的状态下，对居室内的电话、传真、计算机、电视、影碟机、安防监控设备和其他的网络信息家电进行统一管理。

2. 家庭网络系统

家庭网络系统主要用于远程网络控制和电器工作状态信息查询。在有网络的地方，就可以通过 Internet 登录到家庭网络系统中，从而控制家中的电器。

3. 智能家居控制管理系统（图 8–50）

图 8-50 智能家居控制管理系统

1）遥控控制。可以使用遥控器来控制家中灯光、热水器、电动窗帘、饮水机、空调等设备的开启和关闭；同时还可以控制家中的红外电器诸如电视、DVD、音响等红外电器设备。

2）电话控制。可以通过手机、固定电话来查询和控制家中的空调、窗帘、灯光等的开启和关闭状态。

3）定时控制。可以提前设定某些产品的自动开启关闭时间。

4）集中控制。可以在进门的玄关处就同时打开客厅、餐厅和厨房的灯光、厨宝等电器，可以在卧室控制客厅和卫生间的灯光电器，既方便又安全，还可以查询它们的工作状态。

4. 安防系统

1）监控功能。可以在任何时间、任何地点直接透过局域网络或宽带网络，使用浏览器，进行远程影像监控，语音通话。支持远程 PC 机、本地 SD 卡存储，移动侦测邮件传输、FTP 传输等功能。

2）报警功能。当有警情发生时，能自动拨打电话，并联动相关电器做报警处理。

3）指纹锁。可在单位或外地用手机“查询”家中指纹锁的“开、关”状态。除通过指纹外，还可使用密码和机械钥匙开门。

5. 背景音乐系统

在任何房间中，均可布上背景音乐线，通过 1 个或多个音源，可以让每个房间都能听到美妙的背景音乐。配合影视交换产品，可以实现每个房间音频和视频信号的共享。

6. 家庭影院系统

运用影音系统技术，可以对收藏海量高清电影自动分类及播放。应用 APP 技术，影柜平板端、手机端应用程序，通过局域网可随时将媒体中心的内容同步进行无线自由操控。

7. 家庭环境控制系统

家庭环境控制系统（图 8-51）可以不用整日开窗，定时更换经过过滤的新鲜空气，还可以根据外部天气的优劣适当的加湿屋内空气和利用空调等设施对屋内进行升温。通过环境控制系统，可以控制窗户和紫外线杀菌装置，进行换气或杀菌，控制卧室的柜橱对衣物、鞋子、被褥等进行杀菌、晾晒，还可以自动给花草浇水、进行宠物喂食等。

图 8-51　家庭环境控制系统

本章小结

本章主要介绍了装配式建筑部品部件的施工与技术要点。对楼承板施工、预制外墙板安装、预制内墙板安装、门窗楼梯安装、机电管线安装、内隔墙安装、吊顶安装、地面装饰装修安装等进行论述；并介绍了整体厨卫、同层排水、智能家居等内容。

随堂思考

1. 简述装配式钢结构楼承板施工流程。
2. 请用流程图表示预制外墙板、预制内墙板安装施工流程。
3. 简述掌握门窗楼梯安装、机电管线安装施工包含哪些内容。
4. 简述整体厨卫、同层排水、智能家居等的概念及核心内容。

参考文献

[1] 中国建筑金属结构协会钢结构专家委员会. 装配式钢结构建筑技术研究及应用 [M]. 北京：中国建筑工业出版社，2017.

[2] 张亚军，张昊 . 钢结构加工焊接工艺与图解 [M]. 北京：化学工业出版社，2017.

[3] 杜绍堂 . 钢结构施工 [M]. 北京：高等教育出版社 ,2009.

[4] 刘大海，杨翠如 . 高楼钢结构设计 [M]. 北京：中国建筑工业出版社，2017.

[5] 中国钢结构协会 . 建筑钢结构施工手册 [M]. 北京：中国计划出版社，2002.

[6] 马瑞强，郭猛，等 . 钢结构构造与识图 [M]. 北京：人民交通出版社，2016.

[7] 胡慨 . 建筑钢结构施工组织与管理 [M]. 北京：中国水利水电出版社，2013.

[8] 刘雯 . 钢结构安装 [M]. 北京：中国水利水电出版社，2013.